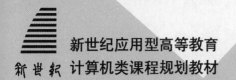

新世纪应用型高等教育
新世纪 计算机类课程规划教材

数据结构

Data Structure

主　编　张　娟　谷德丽　孟祥瑞

副主编　李　慧　宋　岩

U0245177

 大连理工大学出版社

图书在版编目(CIP)数据

数据结构 / 张娟,谷德丽,孟祥瑞主编. -- 大连：大连理工大学出版社,2019.8(2023.7重印)

新世纪应用型高等教育计算机类课程规划教材

ISBN 978-7-5685-2162-8

Ⅰ. ①数… Ⅱ. ①张… ②谷… ③孟… Ⅲ. ①数据结构－高等学校－教材 Ⅳ. ①TP311.12

中国版本图书馆 CIP 数据核字(2019)第 165555 号

数据结构
SHUJU JIEGOU

大连理工大学出版社出版

地址：大连市软件园路 80 号　邮政编码：116023
发行：0411-84708842　邮购：0411-84708943　传真：0411-84701466
E-mail：dutp@dutp.cn　URL：https://www.dutp.cn
辽宁新华印务有限公司印刷　　　　　　大连理工大学出版社发行

幅面尺寸：185mm×260mm	印张：19	字数：462 千字
2019 年 8 月第 1 版		2023 年 7 月第 6 次印刷

责任编辑：王晓历	责任校对：李明轩
	封面设计：对岸书影

ISBN 978-7-5685-2162-8　　　　　　　　　定　价：55.00 元

本书如有印装质量问题,请与我社发行部联系更换。

　　《数据结构》是新世纪应用型高等教育教材编审委员会组编的计算机类课程规划教材之一。

　　在计算机科学中,数据结构是一门研究非数值计算的程序设计问题中,计算机的操作对象(数据元素)以及它们之间的关系和运算的学科,而且确保经过这些运算后所得到的新结构仍然是原来的结构类型。

　　数据结构作为一门独立的课程,是在 1968 年开始设立的。1968 年,美国唐纳德·克努特(Donald Ervin Knuth)教授建立了数据结构的最初体系,他所著的《计算机程序设计艺术》第一卷《基本算法》是第一本较系统地阐述数据的逻辑结构和存储结构及其操作的著作。该教材在计算机科学中是一门综合性的专业基础课,其是介于数学、计算机硬件和计算机软件三者之间的一门核心课程。这门课程的内容不仅是一般程序设计(特别是非数值性程序设计)的基础,还是设计和实现编译程序、操作系统、数据库系统及其他系统程序的重要基础。为了满足这门课程的日常学习和晋级考试的需求,编者总结多年的教学经验、细化学习技巧,精心编写了本教材,旨在系统、全面地讲解数据结构课程的研究内容。本教材重点突出,理论知识剖析清楚,且注重解题思路及实用技巧的培养,具有以下特色:

　　(1)深入浅出,通俗易懂。如何系统而全面地掌握数据结构的解题思路和算法设计思想是学习数据结构课程的难点,而有效理解数据表示和数据处理、正确分析算法设计的要点、建立算法设计思路成为学好本教材的关键。本教材详细介绍了线性表、栈和队列、串、数组和广义表、树和图等数据结构,以及在程序设计过程中经常遇到的查找和排序问题。全书共分 10 章,每章从应用出发,系统地进行理论阐述并配以精确的算法分析与描述,帮助读者快速理解数据结构中的各个知识点、掌握重点内容、突破学习瓶颈,从而使读者更好地应对各种应用需求。

　　(2)本教材中的算法例程均采用 C 语言编写,可在 C 语言环境下直接调试运行。目前,同类图书中的算法描述大多比较粗略,且采用伪代码描述,没有使用真正的计算机语言实现,不便于学生理解和参考。本教材中的主要算法在逻辑分析之后,均采用 C 语言编写实现,学生在学习完理论知识后可直接调用算法程序调试运行,从而获得直观印象,帮助学生更好地理解算法细节,激发学生的学习热情。

(3)理论联系实际。教材中每章末都附有本章小结和典型习题,可以帮助学生更好地规纳重点知识并检测学习效果。

本教材响应二十大精神,推进教育数字化,建设全民终身学习的学习型社会、学习型大国,配备了数字化教学资源,具体内容包括实例代码、实训指导以及习题答案,以上内容可通过扫描教材中二维码或封底二维码获得,使得教材更具及时性、内容的丰富性和环境的可交互性等特征,使读者学习时更轻松、更有趣味,促进了碎片化学习,提高了学习效果和效率。

适合阅读本教材的读者非常广泛,包括在读的本专科等计算机专业学生、想转行做软件开发的非专业人员、欲考取计算机专业研究生的应届或在职人员,以及工作后需要补学或温习数据结构和算法的程序员等各类读者。

本教材是集体智慧的结晶,编者都是从事多年教学工作并有丰富实践教学经验的教师。本教材由张娟、谷德丽、孟祥瑞任主编,由李慧、宋岩任副主编。具体编写分工如下:第 2 章、第 4 章由张娟编写,第 1 章、第 6 章由谷德丽编写,第 8 章、第 9 章、第 10 章由孟祥瑞编写,第 3 章、第 5 章由李慧编写,第 7 章由宋岩编写。

在编写本教材的过程中,编者参考、引用和改编了国内外出版物中的相关资料以及网络资源,在此表示深深的谢意!相关著作权人看到本教材后,请与出版社联系,出版社将按照相关法律的规定支付稿酬。

限于水平,书中仍有疏漏和不妥之处,敬请专家和读者批评指正,以使教材日臻完善。

编　者

2019 年 8 月

所有意见和建议请发往:dutpbk@163.com

欢迎访问高教数字化服务平台:https://www.dutp.cn/hep/

联系电话:0411-84708445　84708462

目 录

第 1 章
绪 论

数据作为计算机加工处理的对象,在计算机中如何表示、存储是计算机科学研究的主要内容之一,更是计算机技术需要解决的关键问题之一。数据是计算机化的信息,它是计算机可以直接处理的最基本和最重要的对象。科学计算、数据处理、过程控制、文件存储、数据库技术等,都是对数据进行加工处理的过程。因此,要设计出一个结构好、效率高的程序,必须研究数据的特性及数据间的相互关系及其对应的存储表示,并利用这些特性和关系设计出相应的算法和程序。

1.1 引 言

1.1.1 为什么要学习数据结构

"数据结构"作为计算机科学与技术专业的专业基础课,是十分重要的核心课程,也是其他非计算机专业的重要选修课程。其主要的研究内容就是数据之间的逻辑关系和物理实现,探索有利的数据组织形式及存取方式。所有的计算机系统软件和应用软件的设计、开发都要用到各种类型的数据结构。因此,要想更好地运用计算机来解决实际问题,仅掌握几种计算机程序设计语言是难以应付众多复杂的课题的。要想有效地使用计算机、充分发挥计算机的性能,还必须学习和掌握数据结构的有关知识。

1.1.2 数据结构课程的主要内容

在计算机技术发展的初期,人们使用计算机的目的主要是处理数值计算问题。当人们使用计算机解决具体问题时,一般需要经过以下几个步骤:首先从该具体问题抽象出一个适当的数学模型,然后设计或选择一个解此数学模型的算法,最后编出程序进行调试、测试,直至得到最终的结果如图 1.1 所示。例如,求解梁架结构中应力的数学模型的线性方程组,该方程组可以使用迭代算法来求解。

图 1.1　计算机解决问题的一般过程

由于当时所涉及的运算对象是简单的整型、实型或布尔型数据,所以程序设计者的主要精力集中在程序设计的技巧上,而无须重视数据结构。随着计算机应用领域的扩大和软、硬件的发展,非数值计算问题越来越显示出重要性。据统计,当今处理非数值计算性问题占用了 90% 以上的机器时间。这类问题涉及的处理对象不再是简单的数据类型,其形式更加多样,结构更为复杂,数据元素之间的相互关系一般无法直接用数学方程式加以描述。因此,解决这类问题的关键不再是数学分析和计算方法,而是要设计出合理的数据结构,才能有效地解决问题。下面所列举的就是属于这一类的具体问题。

【例 1.1】　图书信息检索系统。在现代图书馆中,人们往往借助计算机图书检索系统来查找需要的图书信息,或者直接通过图书馆信息系统进行图书借阅。为此,人们需要将图书信息按不同分类进行编排,建立合适的数据结构进行存储和管理,按照某种算法编写相关程序,就可以实现计算机自动检索。由此,一个简单的信息检索系统就是建立一张按图书分类号和登录号顺序排列的图书信息表,以及分别按作者名、出版社等顺序排列的各类索引表,如图 1.2 所示。由这 3 张表构成的文件就是图书信息检索的数学模型,计算机的主要操作就是按照用户的要求(如给定书名)通过不同的索引表对图书信息进行查询。

图书分类号	登录号	书名	作者	出版社
B259.1	3240	梁启超家书	张品兴	中国文联出版社
C52	5231	探寻语碎	李泽厚	上海文艺出版社
D035.5	6712	市政学	张永桃	高等教育出版社
G206	1422	传播学	邵陪仁	高等教育出版社
H319.4	1008	英语阅读策略	李宗宏	兰州大学出版社
K825.4.00	5819	围棋人生	聂卫平	中国文联出版社
P1.00	8810	通向太空之路	邹惠成	科学出版社
TN915	7911	通信与网络技术概述	刘云	中国铁道出版社
TP312	7623	计算机软件技术基础	王宇川	科学出版社
TP393.07	8001	网络管理与应用	张琳	人民邮电出版社
Q3.00	2501	普通遗传学	杨业华	高等教育出版社

(a) 图书信息表

姓名	序号
邵陪仁	4
李泽厚	2
李宗宏	5
刘云	8
聂卫平	6
王宇川	9
杨业华	11
张琳	10
张品兴	1
张永桃	3
邹惠成	7

(b)作者名索引表

出版社	序号
中国文联出版社	序号
高等教育出版社	3,4,11
科学出版社	7,9
兰州大学出版社	5
人民邮电出版社	10
上海文艺出版社	2
中国铁道出版社	8
中国文联出版社	1,6

(c)出版社索引表

图 1.2 图书信息检索系统中的数据结构

诸如此类的还有电话自动查号系统、学生信息查询系统、仓库库存管理系统等。在这类文档管理的数学模型中,计算机处理的对象之间通常存在着一种简单的线性关系,这类数学模型可称为线性的数据结构。

【例1.2】 人机对弈问题。人机对弈是一个古老的人工智能问题,其解题思想是将对弈的策略事先存入计算机,策略包括对弈过程中所有可能出现的情况以及响应的对策。在决定对策时,根据当前状态,考虑局势发展的趋势做出最有利的选择。由此,计算机操作的对象(数据元素)是对弈过程中的每步棋盘状态(格局),数据元素之间的关系由比赛规则决定。通常,这个关系不是线性的,因为从一个格局可以派生出多个格局,因此常用树型结构来表示。如图1.3所示是井字棋的对弈树。

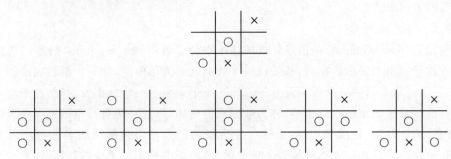

图1.3 井字棋对弈树

【例1.3】 教学计划编排问题。一个教学计划包含许多课程,在教学计划包含的课程之间,有些课程必须按规定的先后次序进行学习,有些则没有次序要求。即有些课程之间有先修和后序的关系。这种各个课程之间先修和后序的次序关系可用一个称作"有向图"的数据结构来表示,如图1.4所示。有向图中的每个顶点表示一门课程,如果从顶点 C_i 到 C_j 之间存在有向边 $<C_i, C_j>$,则表示课程 i 必须先于课程 j 进行。

课程编号	课程名称	先修课程
C_1	计算机导论	无
C_2	数据结构	C_1, C_4
C_3	汇编语言	C_1
C_4	C程序设计语言	C_1
C_5	计算机图形学	C_2, C_3, C_4
C_6	接口技术	C_3
C_7	数据库原理	C_2, C_9
C_8	编译原理	C_4
C_9	操作系统	C_2

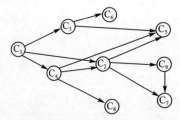

(a)计算机专业的课程设置　　　　(b)课程之间优先关系的有向图

图1.4 教学计划编排问题的数据结构

由以上几个例子可见,描述这类非数值计算问题的数学模型不再是数学方程,而是诸如表、树、图之类的数据结构。因此,可以说数据结构课程主要是研究非数值计算的程序设计问题中所出现的计算机处理对象以及它们之间的关系和操作的学科。

学习数据结构的目的是了解计算机处理对象的特性,将实际问题中所涉及的处理对象在计算机中表示出来并对它们进行处理。与此同时,通过算法训练提高学生的思维能力;通过程序设计的技能训练促进学生的综合应用能力,提高学生的专业素质。

1.2 基本概念和常用术语

在系统地学习数据结构知识之前,先掌握一些基本概念和常用术语。

1.数据

数据(data)是对客观事物的符号表示。在计算机学科中,数据是指所有能输入到计算机中,并能被计算机程序所处理的符号的总称。因此,除了日常所习惯的符号,如除数字构成的整数和实数、字母构成的串之外,还有标点符号、键盘符号,甚至于图形、图像、声音等也都是数据的表示形式。

2.数据元素和数据项

数据元素(data element)是描述数据的基本单位。数据项(data item)是描述数据的最小单位。在计算机中表示数据时,都是以一个数据元素为单位的,如一个整数表示的一个数据元素、一条记录表示的一个数据元素等。用一条记录表示一个数据元素时,这条记录中一般还会有多个描述记录属性的小项,称为数据项。比如,描述一辆自行车的记录中可以包括车型、颜色、出厂日期、材质等小项;描述一个班级的记录可以包括班级名、人数、男女生比例、教室、班委会成员和团支部成员等小项。通常,数据项是不可再分的数据。

3.数据对象

数据对象(data object)是性质相同的一类数据元素的集合。数据是非常广泛的一个概念,是用来描述千变万化的客观世界的。从中取出一部分,而这部分元素具有共同的性质,这些数据元素就可以组成一个数据对象,实质上,数据对象是数据的一个子集。如整数集、字符集、由记录组成的文件等。

4.数据结构

数据结构是指相互之间存在一种或多种特定关系的数据元素集合。通常数据对象中的数据元素不是孤立的,而是彼此之间存在着关系,如表结构(图1.2(a)图书信息表,元素之间存在线性关系)、树型结构(图1.3井字棋对弈树,元素之间存在一对多的层次关系)、图状结构(图1.4(b)课程之间优先关系图,元素之间存在多对多的任意关系),我们把数据元素相互之间的关系称为"结构",即数据的组织形式,所以也可以说数据结构是带有结构的数据元素的集合。

数据结构是一个二元组:

Data_Structure=(D,R)

其中 D 是数据元素的有限集,R 是 D 上关系的有限集。

5.数据类型

在客观世界中,任何数据元素都应该有自身的取值范围和所允许进行的运算操作。比如,车是一个数据对象,车族中有各种各样的汽车、火车、三轮车、自行车等,如果给车安装一对翅膀那就超出了车的范围,变成了飞机。车能进行的操作是安装、行驶、载人运货、比赛等,如果让车到天上去飞,那就太难为它了。因此,数据类型(data type)就是一个值的集合和定义在这个值集上的一组操作的总称。例如,C 语言中的基本整数类型(signed int),它的值集是-32768~32767,在这个值集上能进行的操作有加、减、乘、除和取余数等,而在实数类型(float)上就不能进行取余数的操作。按值的不同特性,数据类型又可分为不可分解的原子类型及可分解的结构类型。比如 C 语言中的整型、实型、字符型就属于原子类型,而数组、结构体和共用体类型就属于结构类型,可由其他类型构造得到。

6.抽象的数据类型

抽象的数据类型(abstract data type,ADT)是指一个数学模型以及定义在该模型上的一组操作。抽象数据类型的定义仅取决于它的一组逻辑特性,而与其在计算机内部如何表示和实现无关,即不论其内部结构如何变化,只要它的数学特性不变,都不影响其外部的使用。抽象的数据类型可以细分为如下 3 种类型。

(1)原子类型(atomic data type):其值是不可分的。

(2)固定聚合类型(fixed_aggregate data type):其值由确定数目的成分按某种结构组成。

(3)可变聚合类型(variable_aggregate data type):其值由不确定数目的成分构成。一个抽象的数据类型的软件模块通常包含定义、表示和实现 3 个部分。

7.多型数据类型

多型数据类型(polymorphic data type):是指其值的成分不确定的数据类型。

1.3 数据的逻辑结构、存储结构及运算

1.3.1 数据的逻辑结构

数据的逻辑结构是指数据元素之间逻辑关系的描述。

可以用一个二元组,形式化的描述数据的逻辑结构:

Data_Structure=(D,R)其中 D 是数据元素的有限集,R 是 D 上关系的有限集。

这里的关系描述的是数据元素之间的逻辑关系,因此又称为数据的逻辑结构。一个数据元素通常称为一个结点,描绘时用一个圆圈表示。根据数据元素之间关系的不同特性,通常有四种基本结构:(1)集合结构;(2)线性结构;(3)树状结构;(4)图状结构。如图 1.5 所示。

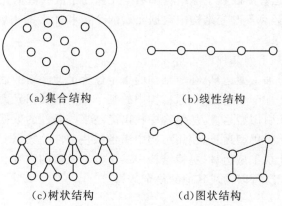

(a)集合结构　　　　　　(b)线性结构

(c)树状结构　　　　　　(d)图状结构

图 1.5　四类基本结构关系图

(1)集合结构:结构中的数据元素之间除了同属于一个集合的关系外,无任何其他关系。

(2)线性结构:结构中的数据元素之间存在着一对一的线性关系。

(3)树状结构:结构中的数据元素之间存在着一对多的层次关系。

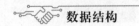

(4)图状结构:结构中的数据元素之间存在着多对多的任意关系。

根据数据元素之间关系的不同特性,数据结构又可分为两大类:线性结构和非线性结构。按照这种划分原则,本书要介绍的数据结构可划分为线性结构:线性表、栈、队列、字符串、数组和广义表;非线性结构:树和图;另外,还将介绍基本的数据处理技术查找和排序方法。

1.3.2 数据的存储结构

数据的逻辑结构是从逻辑上来描述数据元素之间的关系的,是独立于计算机的。然而讨论数据结构的目的是在计算机中实现对它的操作,因此还需要研究数据元素之间的关系如何在计算机中表示,这就是数据的存储结构。

大家知道,计算机的存储器是由很多存储单元组成的,每个存储单元有唯一的地址。数据存储结构要讨论的就是数据结构在计算机存储器上的存储映像方法。数据结构在计算机中的表示(又称映像)称为数据的物理结构或者存储结构。它包括数据元素的表示和关系的表示。

数据元素在计算机中用若干个二进制"位串"表示。

数据元素之间的关系在计算机中有两种表示方法:顺序映像和非顺序映像。并由此得到两种不同的存储结构:顺序存储和链式存储。顺序存储的特点是借助元素在存储器中的相对位置来表示数据元素之间的逻辑关系;链式存储的特点是借助指针表示数据元素之间的逻辑关系。

逻辑结构与存储结构的关系为:存储结构是逻辑关系的映象与元素本身的映象,是数据结构的实现;逻辑结构是数据结构的抽象。

任何一个算法的设计(决定有什么样的操作或运算)都取决于选定的数据(逻辑)结构,而算法的实现依赖于采用的存储结构。

1.3.3 数据的运算

在编写程序时,运算和结构是紧密地联系在一起的。运算可以分为下列两种基本类型。

(1)加工型运算:运算后改变了原结构中数据元素的个数或数据元素的内容。

(2)引用型运算:运算不改变结构中数据元素的个数和元素的内容,只从结构中提取某些信息作为运算的结果。

基本运算主要包括下列几种。

● 插入运算:属于加工型运算,在原结构的指定位置上增添新的数据元素。
● 删除运算:属于加工型运算,将原结构中的某个指定的数据元素删除。
● 查找运算:属于引用型运算,从结构中找出满足某些条件的数据元素的位置。
● 读取运算:属于引用型运算,使用结构中满足某些条件的数据元素的内容。
● 更新运算:属于加工型运算,更换结构中某个数据元素的内容。

使用这些基本运算,可以构成其他的复杂运算。

1.4 算法和算法分析

算法与数据结构关系紧密,在算法设计前一定要先明确相应的数据结构,讨论某一种数据结构也必然要涉及相应的算法。

1.4.1　算法

算法是对特定问题求解步骤的一种描述,是指令的有限序列。其中,每一条指令表示一个或多个操作。一个算法应该具有以下特性。

(1)有穷性:一个算法总是对任何合法的输入值在执行有穷步之后结束,且每一步都可在有穷时间内完成。

(2)确定性:每一条指令必须有确切的含义,不会产生二义性。且在任何条件下,算法只有唯一的一条执行路径,即对于相同的输入只能得出相同的输出。

(3)可行性:算法中的操作是可以通过已经实现的基本运算执行有限次来实现的。

(4)输入:一个算法有零个或多个输入,这些输入取自某个特定的对象集合。

(5)输出:一个算法有一个或多个输出,这些输出是同输入有着某些特定关系的量。

算法与数据结构相辅相成。解决具体问题首先要选择合适的数据结构,然后根据其数据结构来设计合理高效的算法,数据结构的选择是否恰当直接影响算法的效率。一个算法的设计取决于选定的数据(逻辑)结构,而算法的实现依赖于采用的存储结构。如不特殊声明,本书所提到的数据结构均指数据的逻辑结构。

1.4.2　算法设计的要求

要设计一个"好"的算法,通常要考虑到以下目标:

(1)正确性:算法应当满足具体问题的需求,按算法编码好的计算机程序的执行结果应当符合预先设定的功能和性能要求,是正确的。

(2)可读性:一个算法应当思路清晰、层次分明、易读易懂。可读性好才能使人对算法进行更好的理解。

(3)健壮性:所谓健壮性,是指算法能够根据输入数据的正确与否给出合适的处理。当输入数据合法时,算法能够给出正确的处理结果;当输入数据不合法时,算法应该能检测到错误,并做适当处理,而不致引起严重后果。

(4)效率与低存储量需求:指有效使用存储空间和有较高的时间效率。对于同一个问题,通常可以有多个算法解决,执行时间短、占用存储空间少,即为"好的算法"。效率与低存储量需求都与问题的规模有关,通常使用算法的时间复杂度和空间复杂度两个指标衡量。

1.4.3　算法效率的度量

1.时间复杂度(Time Complexity)

一个算法的执行时间是指依据该算法编码实现的计算机程序在计算机上执行时,从运行开始到结束所需要的全部时间。显然,我们无法准确计算算法的执行时间,因此,通常使用事前分析估算的方法。算法的执行时间取决于以下因素:

(1)硬件速度。

(2)编码程序使用的语言。对于同一个算法,使用语言的级别越高,其执行效率就越低。

(3)编译程序所生成目标代码的质量。代码优化好的编译程序,其生成的机器代码质量也较高。

(4)问题的规模。例如,求 100 以内的自然数累加和,其执行时间一定少于求 1000 以内的自然数累加和。

撇开上述与计算机相关的硬件、软件因素,我们可以认为:一个特定算法的运行工作量仅与问题的规模有关,或者说,是问题规模的函数。

一个算法由控制结构和原操作构成,其执行时间由两者综合决定。为便于比较同一问题的不同算法,通常的做法是:从算法中选取一种对于所研究的问题来说是基本操作的原操作,以该原操作重复执行的次数作为算法的时间量度。即算法中原操作重复执行的次数是问题规模 n 的某个函数 $T(n)$。例如:

```
for(i=1; i<n; i++)
  for(j=1; j<=n-i; j++)
   { if(a[j]> a[j+1])
     {t=a[j];
       a[j]=a[j+1];
       a[j+1]=t;
     }
   }
```

上述程序段是大家在 C 语言程序设计中学习的冒泡算法。从中我们可以看到,"相邻两个元素交换位置"运算是冒泡排序算法的基本原操作。整个算法的执行时间取决于该基本操作重复执行次数的时间,其近似于 n^2 成正比,故记做 $T(n)=O(n^2)$。

这里请注意,要精确地计算 $T(n)$ 是很困难的,因此,引入"渐近时间复杂度"在数量级上来估算一个算法的执行时间,从而达到分析算法的目的。算法中,基本操作重复执行的次数是问题规模 n 的某个函数 $f(n)$,算法的时间量度记做

$$T(n)=O(f(n))$$

随着问题规模的增大,算法执行时间的增长率和 $f(n)$ 的增长率相同,称为算法的渐近时间复杂度(Asymptotic Time Complexity),简称时间复杂度。这个原操作通常是算法最深层循环内语句中的原操作,它的执行次数和最深层循环语句的频度相同。再来看以下程序段:

① ｛i=i＊2;｝

② for(i=0;i<n;i++)
　　 a[i]=i＊2;

③ i=1;
　 while(i<n)
　 i=i＊2;

④ for(i=0;i<n;i++)
　　 for(j=i;j<n;j++)
　　 b[i][j]=i＊2;

上述 4 个程序段中,其原操作"$i=i*2;$""$a[i]=i*2;$""$i=i*2;$""$b[i][j]=i*2;$"的语句频度分别是 1、n、$\log_2 n$、n^2。因此,这 4 个程序段的时间复杂度分别是 $O(1)$、$O(n)$、$O(\log_2 n)$、$O(n^2)$,称为常量阶、线性阶、对数阶、平方阶。除此之外,常见的时间复杂度还有线性对数阶 $O(n\log_2 n)$、立方阶 $O(n^3)$、指数阶 $O(2^n)$……。

按数量级递增排列：

$$O(1) < O(\log_2 n) < O(n) < O(n\log_2 n) < O(n^2) < O(n^3) < \cdots < O(2^n)$$

对于指数阶 $O(2^n)$ 时间复杂度的算法，其执行时间会随问题规模 n 的增大呈指数量级递增，因此，一定要避免指数阶时间复杂度的算法设计。

2.空间复杂度(Space Complexity)

一个算法的存储空间需求指依据该算法编码实现的计算机程序在计算机上执行时，从运行开始到结束所需要的全部存储空间，以空间复杂度作为量度，记做：

$$S(n) = O(f(n))$$

其中，n 是问题的规模。程序的一次运行是针对所求解的特定问题实例开展的，除了需要固定的存储空间来寄存程序本身的代码指令、常数、常量和输入数据外，还需要一些动态空间来存储程序以及与问题规模有关的特定数据。如对 100 个数据元素进行排序与对 10000 个数据元素进行排序，所需的存储空间显然是不同的。可见，支持程序运行所需的存储空间具有不确定性，难以估量。同时，随着计算机硬件设备性能的大幅提高和价格的降低，目前，算法的空间复杂度已不作为算法的主要性能度量。

1.4.4　算法的存储空间需求

算法的空间复杂性(Space Complexity)是算法所需存储空间的度量，它也是问题规模 n 的函数。渐进的空间复杂性简称为空间复杂性，记为 $S(n)$。

一个算法在计算机存储器上所占用的存储空间应该包括三个方面：存储算法本身所占用的存储空间；算法输入或输出数据所占用的空间；以及算法运行过程中临时占用的存储空间。

算法本身占用的存储空间与算法书写的长短成正比。要压缩这方面的存储空间，就必须编写出较精练的算法。输入或输出数据所占用的存储空间是由解决问题的规模所决定的，它不随算法的不同而改变，只有算法在运行过程中临时占用的存储空间因算法不同而异。

分析一个算法占用的存储空间要综合考虑各方面的因素。例如，对于递归算法来说，算法本身比较简短，所占用的存储空间较少，但是算法运行时，需要设置一个附加堆栈，从而占用较多的临时工作单元；若写成相应的非递归算法，算法本身占用的存储空间较多，但是算法运行时需要的临时存储单元相对较少。有的算法只需要占用少量的临时工作单元，而且不随问题规模的改变而改变，我们称这种算法是"就地"进行的，是节约存储空间的算法；有的算法需要占用临时工作单元的数目会随问题规模的增加而增加，当问题规模较大时，算法将占用较多的存储单元。

算法的存储空间需求量是很容易计算的，包括局部变量所占用的存储空间和系统为实现递归所使用的堆栈空间两个部分。算法的空间需求一般用空间复杂度的数量级给出，记做：

$$S(n) = O(F(n))$$

通常，一个算法的复杂度是算法的时间复杂度和空间复杂度的总称。

1.5 本章小结

本章主要介绍了贯穿和应用于整个"数据结构"课程的基本概念和算法分析方法,概括地反映了后续各章的基本内容,为进入具体内容的学习提供了必要的引导。学好本章内容,将为后续章节的学习打下良好的基础。

1.本章的复习要点

(1)理解数据、数据元素、数据项、数据对象、数据结构、数据类型的概念及其相互关系。

(2)理解数据的逻辑结构、数据的存储结构、数据处理及数据结构的概念和意义,以及它们之间的联系,理解存储结构和逻辑结构的区别。

(3)理解算法、算法的时间复杂度和空间复杂度,以及与算法有关的一些概念;必须清楚地了解算法的定义、特性及对算法编制的质量要求;掌握算法性能(时间和空间)的简单分析方法,能够分析所给的程序(程序段和函数),并能用数量级的形式表示算法的时间复杂度。

(4)本书的全部算法均用 C 语言来描述,因此,要求熟练掌握用 C 语言编写应用程序的基本技术。

2.本章的重点和难点

本章的重点是:数据、数据元素、数据结构等基本概念和术语;数据结构的逻辑结构、存储结构,以及数据处理的概念和相互间的关系;算法的概念、算法的评价标准和算法性能(时间和空间)的分析方法。

本章的难点是:数据的逻辑结构和算法时间复杂度的数量级表示。

习题1

一、单项选择题

❶ 数据结构是指( )。

A.数据元素的组织形式 　　　　　　　B.数据类型

C.数据存储结构 　　　　　　　　　　D.数据定义

❷ 数据在计算机存储器内表示时,物理地址与逻辑地址不相同的,称之为( )。

A.存储结构 　　　　　　　　　　　　B.逻辑结构

C.链式存储结构 　　　　　　　　　　D.顺序存储结构

❸ 树型结构是数据元素之间存在一种( )。

A.一对一关系 　　　　　　　　　　　B.多对多关系

C.多对一关系 　　　　　　　　　　　D.一对多关系

❹ 设语句 x++的时间是单位时间,则以下语句的时间复杂度为( )。

```
for(i=1; i<=n; i++)
  for(j=i; j<=n; j++)
    x++;
```

A.O(1) 　　　　　B.O(n^2) 　　　　　C.O(n) 　　　　　D.O(n^3)

❺ 算法分析的目的是( ),算法分析的两个主要方面是( )。

(1) A.找出数据结构的合理性 　　　　B.研究算法中的输入和输出关系

C.分析算法的效率以求改进　　　　　　D.分析算法的易懂性和文档性

（2）A.空间复杂度和时间复杂度　　　　B.正确性和简明性

C.可读性和文档性　　　　　　　　　　D.数据复杂性和程序复杂性

❻ 计算机算法指的是（　　　），它具备输入、输出和（　　　）等五个特性。

（1）A.计算方法　　　　　　　　　　　B.排序方法

C.解决问题的有限运算序列　　　　　　D.调度方法

（2）A.可行性，可移植性和可扩充性　　B.可行性，确定性和有穷性

C.确定性，有穷性和稳定性　　　　　　D.易读性，稳定性和安全性

❼ 数据在计算机内有链式和顺序两种存储方式，在存储空间使用的灵活性上，链式存储比顺序存储要（　　　）。

A.低　　　　　　　B.高　　　　　　　C.相同　　　　　　　D.不好说

❽ 数据结构作为一门独立的课程出现是在（　　　）年。

A.1946　　　　　　B.1953　　　　　　C.1964　　　　　　D.1968

❾ 数据结构只是研究数据的逻辑结构和物理结构，这种观点（　　　）。

A.正确　　　　　　　　　　　　　　　B.错误

C.前半句对，后半句错　　　　　　　　D.前半句错，后半句对

❿ 计算机内部数据处理的基本单位是（　　　）。

A.数据　　　　　　B.数据元素　　　　C.数据项　　　　　　D.数据库

二、填空题

❶ 数据结构按逻辑结构可分为两大类，分别是_____和_____。

❷ 数据的逻辑结构有四种基本形态，分别是_____、_____、_____和_____。

❸ 线性结构反映结点间的逻辑关系是_____的，非线性结构反映结点间的逻辑关系是_____的。

❹ 一个算法的效率可分为_____效率和_____效率。

❺ 在树型结构中，树根结点没有_____结点，其余每个结点有且只有_____个前趋驱结点；叶子结点没有_____结点；其余每个结点的后续结点可以_____。

❻ 在图状结构中，每个结点的前驱结点数和后续结点数可以_____。

❼ 线性结构中元素之间存在_____关系；树型结构中元素之间存在_____关系；图状结构中元素之间存在_____关系。

❽ 下面程序段的时间复杂度是_____。

```
for(i=0;i<n;i++)
  for(j=0;j<n;j++)
    A[i][j]=0;
```

❾ 下面程序段的时间复杂度是_____。

```
i=s=0;
while(s<n)
{  i++;
   s+=i;
}
```

⑩ 下面程序段的时间复杂度是_____。

```
s=0;
for(i=0;i<n;i++)
  for(j=0;j<n;j++)
    s+=B[i][j];
sum=s;
```

⑪ 下面程序段的时间复杂度是_____。

```
i=1;
while(i<=n)
  i=i*3;
```

⑫ 衡量算法正确性的标准通常是_____。

⑬ 算法时间复杂度的分析通常有两种方法,即_____和_____的方法,通常我们对算法求时间复杂度时,采用后一种方法。

三、求下列程序段的时间复杂度。

❶
```
x=0;
for(i=1;i<n;i++)
    for(j=i+1;j<=n;j++)
      x++;
```

❷
```
x=0;
for(i=1;i<n;i++)
    for(j=1;j<=n-i;j++)
      x++;
```

❸
```
int i,j,k;
for(i=0;i<n;i++)
    for(j=0;j<=n;j++)
    {c[i][j]=0;
      for(k=0;k<n;k++)
        c[i][j]=a[i][k]*b[k][j]
    }
```

❹
```
i=n-1;
while((i>=0)&&A[i]!=k))
    j--;
        return(i);
```

❺
```
fact(n)
  {if(n<=1)
      return(1);
    else
      return(n*fact(n-1));
  }
```

第 2 章
线性表

线性结构是最基本、最简单、最常用的一种数据结构,不仅是很多应用直接选用的数据结构,也是构成其他复杂数据结构的基本单元。线性结构的数据元素之间满足一种一对一的线性关系,按照这种关系所有数据元素可以形成一个线性序列。作为一种典型的线性结构,线性表在信息管理、程序设计、语言编译等方面有着广泛的应用。本章主要介绍线性表的概念、存储表示、基本操作及其应用。

2.1 线性表的逻辑结构

线性表是一种最基本、最常用的数据结构。本节主要介绍线性表的定义和基本运算。

2.1.1 线性表的定义

线性表是一种既简单而应用又十分广泛的数据结构,其定义如下:

线性表(Linear List)是由 $n(n \geqslant 0)$ 个数据元素(结点)$a_1, a_2, a_3, \cdots, a_n$ 组成的有限序列。通常,我们把非空的线性表($n > 0$)记为:

$$A = (a_1, a_2, a_3, \cdots, a_n)$$

其中,

①A 是线性表的表名。一个线性表可以用一个标识符来命名。

②$a_i (1 \leqslant i \leqslant n)$ 是表中的数据元素。其具体含义在不同的情况下是不相同的,它可以是一个数、一个字符、一个字符串,也可以是一条记录,甚至还可以是更为复杂的数据对象。数据元素的类型可以是高级语言所提供的简单类型或者用户自己定义的任何类型。本书采用 C 语言实现,数据元素所具有的类型有整型、实型、字符型、结构体等。

③n 是线性表中数据元素的个数,也称为线性表的长度。$n = 0$ 的线性表称为空表,此时,表中不包含任何数据元素。

线性表中数据元素在位置上是有序的。表中除第一个元素 a_1 外,每个元素有且仅有一个前驱元素;除最后一个元素 a_n,外,每个元素有且仅有一个后继元素。如果 a_i 和 a_{i+1} 是相邻的具有前后关系的两个元素,则 a_i 称为 a_{i+1} 的前驱元素,a_{i+1} 称为 a_i 的后继元素。线性表中数据元素之间的逻辑关系就是其相互位置上的邻接关系。由于该关系是线性的,因此,线性表是一种线性结构。

线性表中数据元素的相对位置是确定的。如果改变一个线性表的数据元素的位置,那么变动后的线性表与原来的线性表是两个不同的线性表。

在日常生活中,线性表的例子不胜枚举。例如,人事档案表、职工工资表、学生成绩表、图书目录表、列车时刻表等都是线性表。下面给出几个线性表的实例。

【例 2.1】 26 个大写英文字母组成的字母表(A,B,C,D,…,Z)就是一个线性表。其中字母表中的"A"是第一个数据元素,"Z"是最后一个数据元素;"A"是"B"的直接前驱,"B"是"A"的直接后继……该线性表的长度为 26。

【例 2.2】 有一组实验数据(41,21,34,53,62,71,75,81,76,45),这也是一个线性表,数据之间有着一定的顺序(可能是随时间推移取得的实验数据)。这个线性表的长度为 10,数据元素 34 的直接前驱是 21,而直接后继是 53。在一定的意义下,这些元素之间的相互位置关系是不能变动的。

【例 2.3】 学生成绩统计表也是一个线性表,见表 2.1。在线性表中每个学生的成绩是一个数据元素,它由学号、姓名、数学、物理、外语和总分这 6 个数据项组成。该线性表的长度为 5。

表 2.1 某班学生成绩统计表

学号	姓名	数学	物理	外语	总分
1	李华	88	89	90	267
2	王芳	98	90	87	275
3	张丽	78	84	90	252
4	田爽	79	76	95	250
5	孟想	89	69	78	236

2.1.2 线性表的基本运算

线性表上常用的基本运算有以下 9 种。

①线性表的初始化(initiate):将线性表设置成一个空表。

②求表的长度(length):求线性表的长度。

③取出表的元素(getdata):访问线性表中的第 i 个元素。

④查找运算(search):查找线性表中具有某个特征值的数据元素。

⑤插入运算(insert):在线性表中的第 i 个元素之前或之后插入一个新元素。

⑥删除运算(delete):删除线性表中第 i 个元素或满足给定条件的第一个元素。

⑦排序运算(sort):将线性表中的所有元素按给定的关键字进行排序。

⑧归并运算(catenate):把两个线性表合并为一个线性表。

⑨分离运算(separate):将线性表按某要求分解成两个或几个线性表。

对于不同问题中的线性表,需要执行的运算可能不同。我们不可能也没有必要给出一组适合各种需要的运算,因此,一般只给出一组最基本的运算,利用上述几种基本运算的组合可以实现线性表的其他运算。例如,求任一给定结点的直接后继结点或直接前驱结点,将两个线性表合并等。在实际运用中,可以根据具体需要选择适当的基本运算的组合来解决实际问题中涉及的更为复杂的运算。

每种数据结构的运算,都与其存储结构有着密切的关系。这是学习数据结构要牢记的要点。线性表的基本运算和数据的存储方式是密切相关的,因此,在介绍线性表的顺序存储结构和链接存储结构时,我们将结合数据的存储方式再给出这些运算对应的算法描述。

本章将主要讨论线性表的建立、插入、删除、遍历等基本运算及其实现方法,其他几种运算如排序、查找、合并等将在以后的章节中分别详细介绍。

2.2 线性表的顺序存储及运算实现

线性表常用的存储方式有两种:顺序存储方式和链接存储方式。用顺序存储方式实现的线性表称为顺序表,用链接存储方式实现的线性表称为链表。下面将分别介绍这两种存储结构,以及在这两种存储结构上如何实现线性表的基本运算。

2.2.1 线性表的顺序存储结构

线性表的顺序存储方法是:将线性表的所有元素按其逻辑顺序依次存放在内存中一组连续的存储单元中,也就是将线性表的所有元素连续地存放到计算机相邻的内存单元中,以保证线性表元素逻辑上的有序性。用这种方法存储的线性表简称为顺序表。

顺序表的特点是:其逻辑关系相邻的两个结点在物理位置上也相邻,结点的逻辑次序和物理次序一致。

线性表的顺序存储结构可用数组来实现。数组元素的类型就是线性表中数据元素的类型,数组的大小(即下标的上界值,它等于数组所包含的元素个数)最好大于线性表的长度。因此,顺序存储结构的实现就是把线性表中每个元素 $a_1, a_2, a_3, \cdots, a_n$ 依次存放到数组下标为 $0, 1, 2, \cdots, n-1$ 的位置上。

假设用数组 data[MAXSIZE] 来存储线性表 $A = (a_1, a_2, a_3, \cdots, a_n)$,则线性表 A 对应的顺序存储结构如图 2.1 所示。

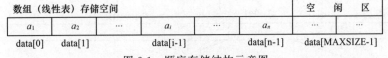

图 2.1 顺序存储结构示意图

由于线性表中所有结点的数据类型是相同的,因此每个结点占用的存储空间也是相同的。假设每个结点占用 d 个存储单元,若线性表中第一个结点 a_1 的存储地址为 $LOC(a_1)$,那么结点 a_i 的存储地址 $LOC(a_i)$ 可以通过下面的公式计算得到:

$$LOC(a_i) = LOC(a_1) + (i-1) \times d \, (1 \leqslant i \leqslant n) \qquad (2.1)$$

式中,$LOC(a_1)$ 是线性表第一个元素的存储地址,称为线性表的存储首地址或基址。

顺序存储结构的特点是:在线性表中,每个结点 a_i 的存储地址是该结点在表中位置 i 的线性函数,只要知道基址和每个结点占用存储单元的个数,利用地址计算公式就可以直接计算出任意结点的存储地址,从而实现线性表中数据元素的快速存取,其算法的时间复杂度为 O(1),与线性表的长度无关。由此可知,线性表是一种具有很高存取效率的随机存取结构。

采用顺序存储结构表示线性表时,如果将存储数据元素的数组和存储线性表实际长度的变量同时存放在结构类型 sequenlist 中,则顺序表的类型定义如下:

```
# define MAXSIZE 1000        /* 线性表可能的最大长度,假设为 1000 */
typedef int datatype;        /* datatype 可为任何类型,假设为 int */
typedef struct selist
{ datatype data[MAXSIZE];    /* 定义线性表为一维数组 */
int last;                    /* last 为线性表当前的长度 */
}sequenlist;                 /* 顺序表的结构类型为 sequenlist */
sequenlist *l;               /* 定义指针类型 */
```

其中:数据域 data 是一个一维数组存放线性表的元素,线性表中第 $1,2,\cdots,$last 个元素分别存放在数组第 $0,1,\cdots,$last-1 位置上;MAXSIZE 是数组 data 能容纳元素的最大值,也称为线性表的容量;last 是线性表当前的实际长度;datatype 是线性表元素的类型,应视具体情况而定。如果线性表是英文字母表,则 datatype 就是字符型;如果线性表是学生成绩统计表,则 datatype 就是学生情况的结构类型。

例如,用顺序表存储表 2.1 的学生成绩统计表时,其顺序存储分配情况如图 2.2 所示。学生成绩统计表的存储结构的类型说明如下:

```
# define MAX 500            /* 线性表可能的最大长度,假设为 500 */
typedef struct node         /* 定义学生记录为结构类型 */
{ char no[10];              /* 定义学生的学号 */
  char name[10];            /* 定义学生的姓名 */
  float score[5];           /* 定义学生各科成绩 */
}datatype;                  /* 定义学生记录为结构类型 datatype */
typedef struct selist
{ datatype data[MAX];       /* data 数组存放学生成绩统计表 */
  int last;                 /* last 表示学生成绩统计表中实际学生人数 */
}sequenlist;                /* 顺序表的结构类型为 sequenlist */
sequenlist *l;              /* 定义指针类型 */
```

图 2.2　数据元素为记录的线性表的顺序存储示意图

2.2.2　顺序表上基本运算的实现

定义线性表的顺序存储结构之后,就可以讨论在该存储结构上如何实现顺序表的基本运算了。下面给出顺序表的插入、删除、查找和遍历运算。

1. 在顺序表中插入一个新结点 x

顺序表的插入运算是指在表的第 $i(1 < i \leqslant n+1)$ 个位置上,插入一个新的结点 x,使长

度为 n 的线性表：

$$(a_1,\cdots,a_{i-1},a_i,a_{i+1},\cdots,a_n)$$

变成为长度为 $n+1$ 的线性表：

$$(a_1,\cdots,a_{i-1},x,a_i,a_{i+1},\cdots,a_n)$$

由于顺序表中结点在计算机中是连续存放的，若在第 i 个结点之前插入一个新结点 x，就必须将表中下标位置为 $i,i+1,\cdots,n$ 上的结点依次向后移动到 $i+1,i+2,\cdots,n+1$ 的位置上，空出第 i 个位置，然后在该位置上插入新结点 x。仅当插入位置 $i=n+1$ 时，才无须移动结点，直接将 x 插到表的末尾。新结点插入后，顺序表的长度变成 $n+1$。

在顺序表中插入一个新结点的过程如下：

①检查顺序表的存储空间是否已满，若满则停止插入，退出程序运行；

②将第 $i \sim n$ 个结点的所有结点依次向后移动一个位置，空出第 i 个位置；

③将新结点 x 插入第 i 个位置；

④修改线性表的长度，使其加 1；

⑤若插入成功，则函数返回值为 1，否则函数值返回值为 0。

在顺序表中插入一个新结点的算法如下：

```
int insert_listseq(l,x,i)              /*在顺序表中给定的位置上插入值为 x 的结点的算法*/
sequenlist *1;                         /*1 是 sequenlist 类型的指针变量*/
int i;                                 /*给出在顺序表中的插入位置 i*/
datatype x;                            /*给出插入结点的数据 x*/
{ int j;
  if((*1).last>MAXSIZE)                /*检查顺序表的长度*/
    {printf("\n\t 溢出错误! \n");        /*打印溢出错误信息*/
     return (NULL);}                   /*结点插入失败,函数返回 0*/
  else if((i<1)||(i>(*1).last+1))      /*若是非法插入位置,则插入失败*/
    {printf("\n\t 该位置不存在! \n");    /*输出非法插入位置出错信息*/
     return (NULL);}                   /*结点插入失败,函数返回 0*/
  else
  {for(j=(*1).last-1;j>=i-1;j--)       /*在第 i 个结点 aᵢ 位置插入值为 x 的结点*/
   (*1).data[j+1]=(*1).data[j];        /*将结点依次向后移动一个位置*/
   (*1).data[i-1]=x;                   /*将 x 插入第 i 个结点(*1).data[i-1]中*/
   (*1).last=(*1).last+1;              /*将线性表的长度加 1*/
   return (1);                         /*结点插入成功,函数返回 1*/
  }
}/* INSERT_LISTSEQ */
```

2.在顺序表中删除给定位置的结点

顺序表的删除运算是指将表中第 $i(1 \leqslant i \leqslant n)$ 个结点删去，使长度为 n 的线性表：

$$(a_1,\cdots,a_{i-1},a_i,a_{i+1},\cdots,a_n)$$

变为长度为 $n-1$ 的线性表：

$$(a_1,\cdots,a_{i-1},a_{i+1},\cdots,a_n)$$

若要删除表中第 i 个结点，就必须把表中第 $i+1$ 个结点到第 n 个结点之间的所有结点依次向前移动一个位置，以覆盖其前一个位置上的内容，使线性表的长度变成 $n-1$。

在顺序表中删除给定位置的结点的过程如下：

①检查给定结点的删除位置是否正确，若删除位置有错，则显示出错信息，退出程序运行；

②把表中第 $i+1\sim n$ 个结点的所有结点依次向前移动一个位置；

③将线性表的长度减 1；

④若删除成功，函数返回 1，否则函数返回 0。

在顺序表中删除某给定位置上结点的算法如下：

```
int delete_address(1,i)              /* 在顺序表中删除第 i 个结点的算法 */
sequenlist *1;                       /* 1 为顺序表 */
int i;                               /* 删除第 i 个位置上的结点 */
{ int j;
  if((i<1)||(i>(*1).last))           /* 若是非法的删除位置,则删除失败 */
    {printf("\n\t 该结点不存在! \n");  /* 给出非法位置提示信息 */
     return (NULL);}                 /* 删除失败,函数返回 0 */
  else
    {for(j=i-1;j<(*1).last;j++)      /* 第 i 个结点 a_i 存储在(*1).data[i-1]中 */
     (*1).data[j]=(*1).data[j+1];    /* 将结点从第 i 个结点开始依次向前移动 */
     (*1).last--;                    /* 将线性表的长度减 1 */
     return (1);                     /* 删除成功,函数返回 1 */
    }
}/* DELETE_ADDRESS */
```

3.在顺序表中删除给定值为 x 的结点

在顺序表中删除某个值为 x 的结点，其删除过程如下：

①首先在顺序表中查找值等于 x 的结点；

②若查找成功，则删除该结点，即将其后面的所有元素均向前移动一个位置，然后将序表的长度减 1，函数返回 1；

③若查找失败，则函数返回 0。

在顺序表中删除某个给定值为 x 的结点的算法如下：

```
int delete_data(1,x)                 /* 在顺序表中删除值为 x 的结点的算法 */
sequenlist *1;
int x;
{int i=0,j,len;
 len=(*1).last;
 while((x!=(*1).data[i])&&(i<len))    /* 查找值为 x 的结点的位置 i */
  i++;
 if(x==(*1).data[i])                  /* 若找到 x 结点,则删除之 */
  {for(j=i-1;j<(*1).last;j++)
   (*1).data[j]=(*1).data[j+1];       /* 从第 i 个结点开始前移 */
   (*1).last--;                       /* 将表的长度减 1 */
   return (1);                        /* 删除成功,则函数返回 1 */
  }
 else{printf("\n\t 该结点不存在! \n");
     return (NULL);}                  /* 删除失败,则函数返回 0 */
}/* DELETE_DATA */
```

4.在顺序表中查找关键字为 key 的结点

查找运算是在具有 n 个结点的顺序表中,查找关键字为 key 的元素。若查找成功,则函数返回该关键字在表中的位置;若查找失败,则函数返回 0。在顺序表中的查找过程如下:

①从顺序表的第一个结点(即数组下标为 0 的结点)开始依次向后查找;

②若第 i 个结点的值等于 key,则查找成功,函数返回结点 key 在表中的位置 $i+1$;

③若查找失败,即表中不存在关键字为 key 的结点,则函数返回 0。

在顺序表中查找结点关键字为 key 的算法如下:

```
int search_listseq(l,key)              /*在顺序表中查找关键字为 key 的结点算法*/
sequenlist *l;
/*查找关键字为 key 的结点,若找到,则返回 key 在表中位置,否则返回 0*/
datatype key;                          /* key 为要查找的关键值*/
{int i=0;
 datatype x;
 x=(*l).data[i];
 while((i<(*l).last)&&(x! =key))       /*last 为顺序表的实际长度*/
    {i++;x=(*l).data[i];}
    if(key==x) return (i+1);           /*若查找成功,则返回 key 在表中位置*/
    else return (NULL);                /* 若查找失败,则返回 0*/
}/* SEARCH_LISTSEQ */
```

5.顺序表的遍历运算

所谓遍历就是从线性表的第一个元素开始,依次访问线性表的所有元素并且仅访问一次。顺序表的遍历就是依次访问数组 data[0]～ data[last-1]中的每一个元素。访问时可以根据需要进行任意的处理,在此仅打印该元素的值。顺序表的遍历算法如下:

```
void print_listseq(l)                  /*顺序表的遍历算法*/
sequenlist *l;
{ int i,n=(*l).last;                    /* n 是顺序表的实际长度*/
  clrscr() ;                           /* clrscr 为清屏幕函数*/
  for(i=0; i<n; i++)
  { printf("\tdata[%2d]=%4d",i,(*l).data[i]);   /*打印顺序表元素*/
    if((i+1)%4==0) printf("\n"); }    /* 控制输出每行元素的个数*/
}/* PRINT_LISTSEQ */
```

2.3 线性表的链式存储及运算实现

从 2.2 节的讨论看到,顺序存储结构的特点是逻辑关系上相邻的两个元素在物理位置上也相邻,因此可以根据基址随机存取表中的任意一个元素,这是顺序表的优点。但是顺序表在插入和删除操作上平均需要移动元素个数为表长的一半,这是顺序表的缺点。为了克服这一缺点,线性表可以采用另外一种存储结构——链式存储结构来存储。链式存储结构的特点是用一组任意的存储单元存储线性表的数据元素,这组存储单元可以是连续的,也可以是不连续的,用链式存储结构存储的线性表称为链表。在链表中插入和删除元素不需要移动数据,只需修改指针即可,这是链表的优点。链表是由一个称为头指针的基地址唯一标识的,所以链表中的元素只能进行顺序存取,而不能进行随机存取操作,这是链表的缺点。

2.3.1 单链表

1.单链表的定义和表示

由于链式存储不要求逻辑上相邻的元素在物理位置上也相邻,因此,为了表示结点(数据元素)之间的逻辑关系,分配给每个结点的存储空间分为两部分。一部分存储结点的值,称作数据域;另一部分存储指向其直接后继的指针,称作指针域,结点形式如图 2.3 所示。由于最后一个结点没有后继,它的指针域值为 NULL(在图中用"∧"表示)。另外,还需要一个指针指向链表的第 1 个结点,称为头指针,若头指针的值为 NULL,则称为空表。这样,所有的结点通过指针的连接而组成链表。由于每个结点只包含一个指针域,所以称作单链表,如图 2.4 所示。

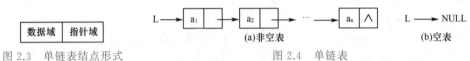

图 2.3 单链表结点形式   图 2.4 单链表

在单链表中,每个结点的存储位置都包含在其直接前驱结点的指针域中。由此可知,任意一个数据元素的存取都必须从头指针开始,因此,单链表是顺序存取的存储结构。另外,由于单链表由头指针唯一确定,因此,单链表可以用头指针的名字来命名。例如,图 2.4 中的单链表称为单链表 L。

为了操作方便,有时在单链表的第 1 个结点前附加一个结点,称之为头结点。头结点的数据域一般不存放任何信息,也可用来存储一些附加信息,如链表的长度等。头指针指向头结点,头结点中指针域的值是单链表的第 1 个结点的地址。图 2.5 展示的是一个带头结点的单链表。本节讨论的单链表不做特殊声明均指带头结点的单链表。

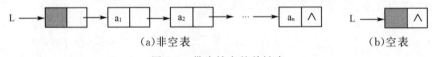

图 2.5 带头结点的单链表

在 C 语言中,单链表的类型定义如下:

```c
# include"stdio.h"
typedef int ElemType;            /*在实际问题中,可以根据需要定义所需的数据类型*/
typedef struct node
{ ElemType data;                 /*数据域*/
  struct node * next;            /*指针域*/
}slink;                          /*单链表类型名*/
```

单链表的最基本操作包括指针后移,在某个结点之后插入一个新结点,删除某个结点的后继结点等。

2.基本操作在单链表上的实现

(1)建立一个单链表(创建一个含有 n 个元素的带头结点的单链表 head)

```c
slink * creslink(int n)
{ slink * head, * p, * s;
```

```
    int i;
    if(n<1) return NULL;
    p=head=(slink * )malloc(sizeof(slink));        / * 创建头结点 * /
    for(i=1;i<=n;i++)
    {s=(slink * )malloc(sizeof(slink));
     scanf(" % d",&s->data);
     p->next=s;
     p=s;
     }
     p->next=NULL;                                  / * 尾结点的指针域为空 * /
     return head;
}
```

该算法的时间复杂度为 O(n)。

(2)求表长操作(返回单链表 head 的长度)

算法思路:设置一个整型变量 i 作为计数器,i 初值为 0,指针 p 指向第 1 个结点。若 p 值不为空,则 i 值增 1,同时指针 p 往后移动一次,重复上述操作,直到 p 为空为止。i 的值即为表长。

```
int getlen(slink * head)
{ slink * p;
  int n=0;
  p=head->next;
  while(p! =NULL)
  {n++;p=p->next;}
    return n;
}
```

该算法的时间复杂度为 O(n)。

(3)取元素操作(取出单链表 head 的第 i 个元素的值)

算法思路:首先确定 i 的取值范围($1≤i≤n$),再从单链表 head 的第 1 个结点开始,顺序往后搜索,直到找到第 i 个结点,将该结点的元素值带回。

```
int getelem(slink * head,int i,ElemType * e)
{slink * p; int j;
  if(i<1) return 0;             / * 参数 i 不合法,返回 0 * /
  p=head->next;j= 1;
  while(p! =NULL&&j<i)          / * 从第 1 个结点开始查找第 i 个结点 * /
  {p=p->next;j++;}
  if(p==NULL) return 0;         / * i 值超过链表的长度,返回 0 * /
  * e=p->data;
  return 1;                     / * 读取成功,返回 1 * /
}
```

该算法的时间复杂度为 O(n)。

(4)定位操作(查找元素 x 在单链表 head 中第 1 次出现的位置)

算法思路:从单链表 head 的第 1 个结点开始,逐个进行给定值 x 和结点数据域值的比较,若某结点数据域的值和给定值 x 相等,则返回该结点的指针。若不存在,则返回 NULL。

```
slink * locate(slink * head,ElemType x)
{ int i;
  slink *p;
  p=head->next;i=1;
  while(p! = NULL&&p->data! =x)        /* 从第 1 个结点开始查找数据域值为 x 的结点 */
  { p=p->next;i++;}
  return p;                            /* 无论是否找到,返回其指针 p 即可 */
}
```

该算法的时间复杂度为 $O(n)$。

(5)删除操作(删除带头结点单链表 head 的第 i 个结点)

算法思路:先保证删除位置 i 的合理性($1 \leqslant i \leqslant n$),然后在单链表 head 上找到要删除结点的前驱结点,即第 $i-1$ 个结点,由 p 指向它,q 指向要删除的结点。删除 p 所指向的结点的语句为 p->next=q->next,删除时的指针变化情况如图 2.6 所示。

```
int delete(slink * head,int i, ElemType * e)
{ slink * p, * q;
  int j;
  if(i<1)  return 0;           /* 参数 i 不正确 */
  p= head;j=0;
  while(p->next! =NULL&&j<i-1)
  { p=p->next;j++;}            /* 从第 1 个结点开始查找第 i-1 个结点,由 p 指向它 */
  if(p->next==NULL) return 0;  /* i 值超过表长 */
  q=p->next;                   /* q 指向第 i 个结点 */
  p->next=q->next;             /* p 的指针域指向 q 指向结点的下一个结点,删除第 i 个结点 */
  * e=q->data;                 /* 保存结点上的值 */
  free(q);                     /* 释放第 i 个结点占用的空间 */
  return 1;                    /* 删除成功,返回 1 */
}
```

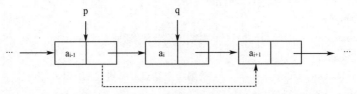

图 2.6　在单链表中删除结点时指针的变化情况

该算法的时间耗费主要是在查找操作上,时间复杂度为 $O(n)$。

(6)插入操作(在带头结点的单链表 head 的第 i 个结点之前插入值为 x 的新结点)

算法思路:创建一个值为 x 的新结点,由 q 指向它。先保证删除位置的合理性($1 \leqslant i \leqslant n+1$),然后在单链表 head 上找到第 $i-1$ 个结点,由 p 指向它。在 p 所指向的结点后插入 q 所指向的结点的语句组为①q->next=p->next;②p->next=q;。注意,两组语句的前后顺序不能颠倒,原因读者思考。插入时的指针变化情况如图 2.7 所示。

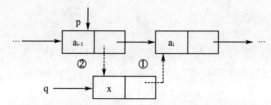

图 2.7 在单链表中插入结点时指针的变化情况

```
int insert(slink * head,int i,ElemType x)
{ slink * p, * q;
  int j;
  if(i<1) return 0;              /* 参数 i 不正确 */
  p=head;j=0;
  while(p! =NULL&&j<i-1)        /* 从第 1 个结点开始查找第 i-1 个结点,由 p 指向它 */
  { p=p->next;j++;}
  if(p==NULL) return 0;         /* i 值超过链表长度+1 */
  q=(slink * )malloc(sizeof(slink));
  q->data=x;                    /* 创建值为 x 的结点 q */
  q->next= p->next;
  p->next=q;
  return 1;                     /* 插入成功,返回 1 */
}
```

该算法的时间耗费主要是在查找操作上,时间复杂度为 $O(n)$。

(7)输出操作(输出带头结点的单链表 head 中的所有结点值)

算法思路:从第 1 个结点开始,顺序往下扫描,输出扫描到结点的数据域的值,直到终端结点为止。

```
void list(slink * head)
{ slink * p;
  p=head->next;
  while(p! =NULL)
  {printf(" % 4d",p->data);
   p==p->next;
  }
  printf("\n");
}
```

该算法时间复杂度为 $O(n)$。

【例 2.4】 编写算法,实现两个带头结点单向链表 a 和 b 的连接。要求结果链表仍使用原来两个链表的存储空间,不另开辟存储空间。

算法思路:用指针 p 指向链表 a 的最后一个结点,然后通过语句 p->next=b->next 进行连接,注意回收单链表 b 的头结点。

```
void link(slink * a,slink * b)
{ slink * p;
  for(p=a;p->next! =NULL;p=p->next);      /* p 指向单链表 a 的最后一个结点 */
    p->next=b->next;                        /* 把单链表 b 连接到单链表 a 的后面 */
```

```
    free(b);
}
```

【例 2.5】 编写算法,将两个带头结点的非递减有序单向链表 la 和 lb 归并成一个非递减的有序单链表。要求结果链表仍使用原来两个链表的存储空间,不另开辟存储空间,表中允许有重复的数据。

算法思路:每个链表上安排一个指针(pa,pb)遍历各自的链表结点,将值小的结点连到新链表中(成为 pc 的后继结点)。

```
void merge(slink * la,slink * lb)
{ slink * pa, * pb, * pc;
  pa=la->next;pb=lb->next;
  pc=la;                    /* 将 la 作为新链表的头指针,pc 总是指向新链表的最后一个结点 */
  while(pa! =NULL&&pb! =NULL)
  { if(pa->data<=pb->data)
    {pc->next=pa;pa=pa->next;}      /* pa 指向的结点连到 pc 指向结点后 */
    else
    {pc->next=pb;pb=pb->next;}      /* pb 指向的结点连到 pc 指向结点后 */
    pc=pc->next;
  }
  if(pa! =NULL) pc->next=pa;        /* 若 la 表中还有剩余结点,则接入新表中 */
  else pc->next=pb;                 /* 若 lb 表中还有剩余结点,则接入新表中 */
  free(lb);
}
```

【例 2.6】 编写算法,用带头结点单向链表实现集合操作 A∪B,要求结果链表使用原来两个链表的存储空间,不另开辟存储空间。

算法思路:假设 A 和 B 中的元素已分别存入单链表 la 和 lb 中。在单链表 la 中依次搜索单链表 lb 的每个结点,若存在相同结点,则在 la 中删除。搜索结束后,把单链表 lb 连接到单链表 la 的后面,la 链表即为所求。当然,还可用其他方法,读者自己考虑。

```
void bring(slink * la,slink * lb)
{ slink * l, * p, * q;
  int i;
  l=lb->next;
  while(l! =NULL)
  { p=la;q=la->next;
    while(q! =NULL&&q->data! =l->next)
    { p=q;q=q->next;}
    if(q! =NULL)
    { p->next=q->next;
    free(q);
    }
    l=l->next;
  }
  for(l=la;l->next! =NULL;l=l->next);   /* l 指向单链表 la 的最后一个结点 */
```

```
    l->next=lb->next;              /*把单链表 lb 连接到单链表 lb 的后面*/
    free(lb);
}
```

【例 2.7】　编写算法,实现带头结点单链表 head 逆置。要求结果链表仍使用原链表的存储空间,不另开辟存储空间。

算法思路:采用前插法,即从单链表的第 1 个结点开始依次取每个结点,把它插到头结点的后面。

```
void turn(slink * head)
{ slink * p, * q;
    p=head->next;head->next=NULL;        /*置一个空链表 head*/
    while(p! =NULL)
    { q=p->next;                          /*保存插入点的后继结点指针*/
      p->next=head->next;
      head->next=p;
      p=q;
    }
}
```

【例 2.8】　编写算法,将带头结点单链表 head(结点数据域的值为整型)拆成一个奇数链表和一个偶数链表。要求结果链表仍使用原来链表的存储空间,不另开辟存储空间。

算法思路:新开辟一个头结点,用 * odd 指向它。从单链表 head 的第 1 个结点开始,依次判断每个结点数据域的值,若为奇数,将其连在 head 链表的尾部;否则,将其连到 * odd 链表的尾部。这里用到二级指针处理问题,本题也可通过返回值的形式返回另一个链表的头指针。

```
void divide(slink * head,slink * * odd)
{ slink * p, * q, * r;
   * odd=(slink * )malloc(sizeof(slink));    /*生成偶数链表的头结点*/
   r=head->next;                            /* r 用于遍历整个链表*/
   p=head;                                  /* head 作为奇数链表的头指针,p 用于连接奇数结点*/
   q= * odd;                                /* * odd 作为偶数链表的头指针,q 用于连接偶数结点*/
   while(r! =NULL)
   { if(r->data % 2! =0)
     { p->next=r;p=r;}
     else
     { q->next=r;q=r;}
     r=r->next;
   }
   p->next=q->next=NULL;
}
```

【例 2.9】　假设多项式形式为 $p(x)=c_1 x^{e1}+c_2 x^{e2}+\cdots+c_m x^{em}$,其中,$c_i$ 和 $e_m (1 \leqslant i \leqslant m)$ 为整型数,并且 e1>e2> $\cdots$>em$\geqslant$0。编写求两个多项式相加的程序。

算法思路:先把两个多项式分别表示成带头结点的单链表 h1 和 h2,链表中每个结点的数据域分别存放一个多项式项的系数(c)和指数(e),且单链表 h1 和 h2 中的结点都按 e 值由大到小顺序排列。用 p1 和 p2 分别作为扫描 h1 和 h2 的指针,它们先分别指向 h1 和 h2 的第 1 个结点。用 h1 作为多项式和单链表的头指针,h 先指向 h1 的头结点,比较 p1 和 p2 指向结点的 e 值,若 p1->e>p2->e,则把 p1 指向的结点连到 h 指向结点的后面,h 指向 p1 指向的结点的后面,h 指向 p1 指向的结点,p1 指向下一个结点;若 p2->e>p1->e,则把 p2 指向的结点连到 h 指向结点的后面,h 指向 p2 指向的结点,p2 指向下一个结点;若 p1->e=p2->e 且 p1->c+p2->c!=0,则先把 p2->c 累加到 p1->c 中,再把 p1 指向的结点连到 h 指向结点的后面,h 指向 p1 指向的结点,p1 和 p2 分别指向下一个结点;若 p1->e==p2->e 且 p1->c+p2->c==0,则 p1 和 p2 分别指向下一个结点。如此下去,直到 h1 和 h2 有一个被扫描完为止,然后将未扫描完的单链表的剩余部分连到 h 指向结点的后面。

```c
# include "stdio.h"
typedef struct node
{ int c;                                    /* 多项式项系数 */
  int e;                                    /* 多项式项指数 */
  struct node * next;
}dxs;
dxs * creat(int m)                          /* 把多项式表示成带头结点的单链表 */
{ dxs * head, * p, * q;int i;
  p=head=(dxs * )malloc(sizeof(dxs));       /* 头结点 */
  for(i=1;i<=m;i++)
  { q=(dxs * )malloc(sizeof(dxs));
    scanf(" % d % d",&q->c,&q->e);
    p->next=q;
    p=q;
  }
  p->next=NULL;
  return head;
}
plus(dxs * h1,dxs * h2)                      /* 多项式求和 */
{dxs * h, * p1, * p2, * q;
h=h1;
p1=h1->next; p2=h2->next;
while(p1! =NULL&&p2! =NULL)
  if(p1->e>p2->e)                            /* p1 结点连到 h 结点的后面 */
  { h->next=p1;h=p1;p1=p1->next;}
  else if(p2->e>p1->e)                       /* p2 结点连到 h 结点的后面 */
  { h->next=p2;h=p2;p2=p2->next;}
  else if(p1->c+p2->c! =0)                   /* 结点值合并到 p1 结点中 */
  { p1->c=p1->c+p2->c;                       /* 把 p2->c 累加到 p1->c 中 */
    h->next=p1;h1=p1;p1=p1->next;            /* p1 结点连到 h 结点的后面 */
    q=p2;
    p2=p2->next;
```

```
        free(q);
    }
    else                                      /* 系数和为 0,删除两个对应的结点 */
    { q=p1;p1=p1->next;free(q);
        q=p2;p2=p2->next;free(q);
    }
    if(p1! =NULL) h->next=p1;                  /* 剩余部分连到 h 结点的后面 */
    else h->next=p2;
    free(h2);
}
void list(dxs * head)                          /* 输出多项式 */
{ dxs * p=head->next;
    while(p! =NULL)
    { printf("( % 4d, % 4d)",p->c,p->e);
        p=p->next;
    }
    printf("\n");
}
main()
{ dxs * h1, * h2;
    h1=creat(5);
    h2=creat(7);
    plus(h1,h2);
    list(h1);
}
```

2.3.2 循环链表

1.单向循环链表的表示和实现

将单链表中最后一个结点的指针域由空改为指向头结点,这样的单链表称为单向循环链表。图 2.8 展示的是一个带头结点的单向循环链表。在单向循环链表中,从任一结点出发都可以访问到表中的所有结点。

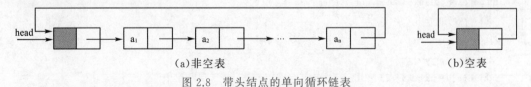

(a)非空表 (b)空表

图 2.8 带头结点的单向循环链表

单向循环链表与单链表的结点类型完全相同,单向循环链表的操作与单链表的操作也基本一致,差别仅在于算法中的循环条件不是判断 p 或 p->next 是否为空,而是判断它们是否等于头指针。

单向循环链表的类型定义如下:

```
# include "stdio.h"
typedef int ElemType;
```

```
typedef struct node
{ ElemType data;
  struct node * next;
}slink;
```

单向循环链表的基本操作实现如下：

（1）建立单向循环链表（创建一个含有 n 个结点的带头结点单向循环链表 head）

```
slink * cresrlink(int n)
{ slink * head, * p, * s;
  int i;
  if(n<1) return NULL;
  p=head=(slink * )malloc(sizeof(slink));
  for(i=1;i<=n;i++)
  { s=(slink * )malloc(sizeof(slink));
    scanf(" % d",&s->data);
    p->next=s;
    p=s;
  }
  p->next=head;   / * 尾结点的指针域指向头结点 * /
  return head;
}
```

（2）求表长操作（返回单向循环链表 head 的表长）

```
int getlen(slink * head)
{ int i;slink * p;
  p=head->next;i=0;
  while(p! =head)
  { i++;
    p=p->next;
  }
  return i;
}
```

（3）取元素操作（取出单向循环链表 head 的第 i 个结点的元素值）

```
int getelem(slink * head,int i,ElemType * e)
{ int j;slink * p;
  if(i<1) return 0;
  p=head->next;j=1;
  while(p! =head&&j<i)
  { p=p->next;j++;}
    if(p==head) return 0;
    * e=p->data;
    return 1;
}
```

（4）定位操作（在单向循环链表 head 中查找第 1 个值为 x 的结点）

```
slink * locate(sink * head,ElemType x)
{ int i;slink * p;
  p=head->next;i=1;
  while(p! =head&&p->data! =x)
  { p=p->next;i++;}
  if(p==head) return NULL;        /* 没找到返回 NULL,否则返回指向该结点的指针 p */
  else return p;
}
```

（5）删除操作（删除带头结点单向循环链表 head 中的第 i 个结点）

```
int delete(slink * head,int i,ElemType * e)
{ slink * p, * q;int j;
  if(i<1) return 0;
  p=head;j=0;
  while(p->next! =head&&j<i-1)
  { p=p->next;j++;}
  if(p->next==head) return 0;
  q=p->next;
  p->next=q->next;
  * e=q->data;
  free(q);
  return 1;
}
```

（6）插入操作（在带头结点单向循环链表 head 中的第 i 个结点之前插入一个值为 x 的结点）

```
int insert(slink * head,int i,ElemType x)
{ slink * p, * q;int j;
  if(i<1) return 0;
  p=head;j=0;
  while(p->next! =head&&j<i-1)
  { p=p->next;j++;}               /* 从第 1 个结点开始查找第 i-1 个结点,p 指向它 */
    if((p->next! =head)||p->next==head&&j==i-1)
    { q=(slink * )malloc(sizeof(slink));        /* 创建 data 域为 x 的结点 */
      q->data=x;
      q->next=p->next;            /* q 的指针域指向 p 结点的后继结点 */
      p->next=q;                  /* p 的指针域指向 q 结点,完成插入 */
      return 1;                   /* 插入成功,返回 1 */
    }
  else return 0;
}
```

（7）输出操作（输出带头结点单向循环链表 head 中的各结点值）

```
void list(slink * head)
{ slink * p;
```

```
   p=head->next;
   while(p! =head)
   { printf(" % 4d",p->data);
     p=p->next;
   }
   printf("\n");
}
```

【例 2.10】 由 n 个按照 1,2,3,…,n 编号的人围成一圈,从编号为 1 的人开始按 1,2,3,…顺序循环报数,凡报到 3 者出圈,最后只留一人,问其编码是多少(用带头结点单向循环链表实现)?

算法思路:建立一个带头结点的单向循环链表 head,链表中含有 n 个结点,结点数据域的值依次为 1,2,3,…,n。用 k 作为计数器,其初值为 0,用 p 作为扫描单向循环链表 head 的指针,p 先指向链表的头结点。每扫描一个结点,k 的值加 1,若 k 的值为 3,则将 p 指向的结点删除,同时将 k 的值清 0,重复上述操作,直到链表中除头结点之外只剩一个结点为止。

```
   void onlyone(int n)
   { slink * head,* p,* q;
     int i,m,k;
     p=head=(slink *)malloc(sizeof(slink));
     for(i=1;i<=n;i++)
     { q=(slink *)malloc(sizeof(slink));
       q->data=i;
       p->next=q;
       p=q;
     }
     p->next=head;              /*建立了一个值为编号的带头结点单向循环链表 head */
     p=head;m=0;
     while(m<n-1)
     { k=0;
       while(k<3)
       { k++;q=p;p=p->next;
         if(p==head)
           {q=p;p=p->next;}     /*跳过头结点*/
     }
       q->next=p->next;         /*删除 p 结点*/
       free(p);
       p=q;                     /*重新定位 p 指针*/
       m++;                     /*对删除的结点计数,当 m=n-1 时退出循环*/
     }
     list(head);               /*检验链表中是否仅剩一个结点,若是,即为所求*/
   }
```

用不带头结点的单向循环链表完成该题目可能更方便些,读者思考并完成。

2.双向循环链表的表示和实现

将双链表的最后一个结点的后继指针域的值由空改为指向头结点,头结点中的前驱指针域的值由空改为指向尾结点,这样的双向链表称为双向循环链表。图 2.9 展示的是一个带头结点的双向循环链表。

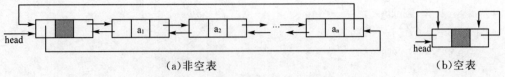

(a)非空表　　　　　　　　　　　　　　　　　　　(b)空表

图 2.9　带头结点的双向循环链表

双向循环链表实际上是两个单向循环链表的合成,其结点类型与双链表的结点类型完全相同,双向循环链表的操作也与双链表的操作基本一致。双向循环链表的类型定义如下:

```
# include "stdio.h"
typedef int ElemType;
typedef struct node
{ ElemType data;
  struct node * next;
  struct node * prior;
}dlink;
```

基本操作在双向循环链表上的实现如下:

(1)建立双向循环链表(创建一个含有 n 个结点的带头结点双向循环链表 head)

```
dlink * initlist(int n)
{ dlink * head, * p, * s;int i;
  p=head=(dlink * )malloc(sizeof(dlink));
  for(i=1;i<=n;i++)
  { s=(dlink * )malloc(sizeof(dlink));
    scanf(" % d",&s->data);
    s->prior=p;
    p->next=s;
    p=s;
  }
  p->next= head;head->prior=p;          /ɪ首尾相连,构成循环 * /
  return head;
}
```

(2)求表长操作(计算双向循环链表 head 的表长)

```
int getlen(dlink * head)
{ int i=0;dlink * p;
  p=head->next;
  while(p! =head)
  { i++;p=p->next;}
  return i;
}
```

（3）取元素操作（取出双向循环链表 head 的第 i 个结点的数据元素的值）

```
int getelem(dlink * head,int i,ElemType * e)
{ int j;dlink * p;
  if(i<1) return 0;
  p=head->next;j=1;
  while(p! =head&&j<i)
  { p=p->next;j++;}
  if(p==head) return 0;
  * e=p->data;
  return 1;
}
```

（4）定位操作（在带头结点双向循环链表中查找第 1 个值为 x 的结点）

```
dlink * locate(dlink * head,ElemType x)
{ dlink * p;
  p=head->next;
  while(p! =head&&p->data! =x)
    p=p->next;
  if(p==head) return NULL; / * 没找到返回 NULL,否则返回指向该结点的指针 p * /
  else return p;
}
```

（5）删除操作（删除带头结点的双向循环链表 head 中的第 i 个结点）

```
int delete(dlink * head,int i,ElemType * e)
{ dlink * p, * q;int j;
  if(i<1) return 0;
  p=head;j=0;
  while(p->next! =head&&j<i-1)
  { p=p->next;j++;}
  if(p->next==head) return 0;
  q=p->next;
  p->next=q->next;
  q->next->prior=p;
  * e=q->data;
  free(q);
  return 1;
}
```

（6）插入操作（在带头结点双向循环链表 head 的第 i 个结点之前插入一个值为 x 的结点）

```
int insert(dlink * head,int i, ElemType x)
{ dlink * p, * q;int j;
  if(i<1) return 0;
  p=head;j=0;
  while(p->next! =head&&j<i-1)
  { p=p->next;j++ ;}
```

```
if(p->next! =head)||p->next==head&&j==i-1)
{ q=(dlink *)malloc(sizeof(dink));
  q->data=x;
  q->next=p->next;
  q->prior=p;
  p->next->prior=q;
  p->next=q;
  return 1;
}
else return 0;
}
```

(7)输出操作(从两个方向输出带头结点双向循环链表 head 的各结点的值)

```
void list(dlink * head)
{ dlink * p;
  p=head->next;              /* 正向输出链表 */
  while(p! =head)
  { printf(" % 4d ",p->data);
    p=p->next;
  }
  printf("\n");
  p=head->prior;             /* 反向输出链表 */
  while(p! =head)
  { printf(" % 4d ",p->data);
    p=p->prior;
  }
  printf("\n");
}
```

【例 2.11】 将自然数 $1\sim m$ 按由小到大的顺序沿顺时针方向围成一个圈,然后以 1 为起点,先沿顺时针方向数到第 n 个数将其划去,再沿逆时针方向数到第 k 个数将其划去。重复上述操作,直到剩下一个数为止。问最后剩下的是哪个数(用带头结点双向循环链表实现)?

算法思路:创建一个带头结点的双向循环链表 head,各结点的数据域的值依次为 1 到 m。依次先顺时针搜索第 n 个结点并删除,再逆时针搜索第 k 个结点并删除。重复上述过程,直到该链表中除头结点外只剩一个结点时,该结点中的值即为所求。

```
void onlyone(int m,int n,int k)
{ dlink * head,* p,* q;
  int i;
  if(m<1||n<1||k<1){ pintf("Error! \n");exit(0);}
  p=head=(dlink *)malloc(sizeof(dlink));
  for(i=1;i<=m;i++)
  { q=(dlink *)malloc(sizeof(dlink));
    q->data=i;
```

```
        q->prior=p;
        p->next=q;
        p=q;
    }
    p->nex=head;head->prior=p;              /*已建立了一个带头结点双向循环链表 head */
    p=head;
    while(m>1)
    { for(i=1;i<=n;i++)                      /*顺时针搜索第 n 个结点,用 p 指向它 */
      { q=p;p=p->next;
      if(p==head) { q=head;p=head->next;}
      }
    q->next=p->next;
    p->next->prior=q;
    free(p) ;
    p=q->next;
    m--;
    if(m>1)                                 /*若链表中的结点数不为 1,将 p 指向的结点删除,链表长度减 1 */
      { for(i=1;i<=k;i++)                    /*逆时针搜索第 k 个结点,用 p 指向它 */
      { q=p;p=p->prior;
        if(p==head) {q=p;p=p->prior;}
      }
      q->prior=p->prior;
      p->prior->next=q;
      free(p);
      p=q->prior;
      m--;
      }
    }
    list(head) ;                            /*若链表中只有一个结点,该结点值即为所求,否则出错 */
}
```

用不带头结点的双向循环链表实现该题目可能会更简单些,读者思考。

2.3.3　双向链表

1.双链表

在单链表中,每个结点所含的指针都指向其后继结点,找到其后继结点很方便,但却不能找到它的前驱。为了能迅速方便地找到任意一个结点的前驱和后继,在结点中再增设一个指针域,指向该结点的前驱结点,这样形成的链表就有两条不同方向的链,称之为双向链表,简称双链表。双链表的结点形式如图 2.10 所示。与单链表一样,本节讨论的双链表均指带头结点的双链表。如图 2.11 所示是一个带头结点双链表的示意图。

指针域	数据域	指针域
(指向前驱结点)		(指向后继结点)

图 2.10　双链表的结点形式

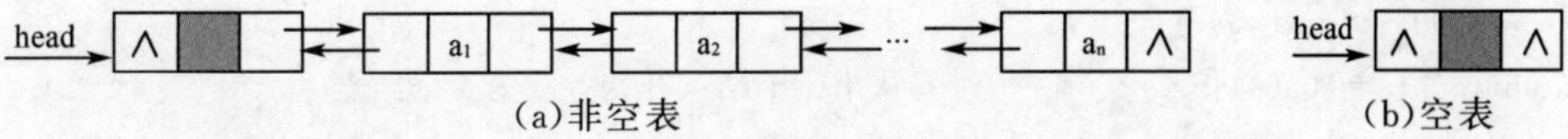

（a）非空表　　　　　　　　　　　　　　　　　　（b）空表

图 2.11　带头结点的双链表

双链表的结点类型定义如下：

```
# include"stdio.h"
typedef int ElemType;
typedef struct node
{ ElemType data;
  struct node * next;          /*指向后继结点的指针域*/
  struct node * prior;         /*指向前驱结点的指针域*/
} dlink;
```

2.基本操作在双链表上的实现

（1）建立双链表（创建一个含有 n 个结点的带头结点双链表 head）

```
dlink * initlist(int n)
{ dlink * head, * p, * s;
  int i;
  p=head=(dlink *)malloc(sizeof(dlink));          /* 创建头结点 */
  for(i=1;i<=n;i++)
  { s=(dlink *)malloc(sizeof(dlink));
    scanf("% d",&s->data);
    s->next=NULL;                                 /*刚生成的结点一定为尾结点*/
    s->prior=p;
    p->next=s;
    p=s;
  }
  p->next=NULL;
  return head;
}
```

（2）求表长操作（返回双链表 head 的长度）

其设计思路与单链表求表长操作完全相同，只用单链即可。

```
int getlen(dlink * head)
{ int i=0;dlink * p;
  p=head->next;
  while(p! =NULL)
    { i++;p=p->next;}
  return i;
}
```

（3）取元素操作（取出双链表 head 中第 i 个结点的值）

其设计思路与单链表取元素操作完全相同，只用单链即可。i 的取值范围为 $1 \leqslant i \leqslant n$。

```
int getelem(dlink * head,int i,ElemType * e)
{ int j;dlink * p;
  if(i<1) return 0;                    /*i值不合理,返回 0 */
```

```
  p=head->next;j=1;
  while(p! =NULL&&j<i)              /* 从第1个结点开始查找第i个结点 */
  { p=p->next;j++;}
  if(p==NULL) return 0;            /* 值超出表长,返回0 */
  * e=p->data;                     /* 保存结点值 */
  return 1;                        /* 取元素成功,返回1 */
}
```

(4)定位操作(返回双链表 head 中第1个值为 x 的结点的位置)

其设计思路与单链表定位操作完全相同,只用单链即可。

```
dlink * locate(dlink * head,ElemType x)
{ dlink * p;
  p=head->next;
  while(p! =NULL&&p->data! =x)      /* 从第1个结点开始查找值为x的结点 */
  p=p->next;
  return p;                        /* 没找到返回 NULL,否则返回该结点的指针 */
}
```

(5)删除操作(删除双链表 head 中的第 i 个结点)

算法思路:先保证删除位置的合理性($1 \leq i \leq n$),然后在双链表上找到删除结点的前一个结点,由 p 指向它,q 指向要删除的结点。删除 p 所指向的结点的语句为①p->next= q->next;②if(q->next! =NULL) q->next->prior=p。删除时的指针变化情况如图 2.12 所示。

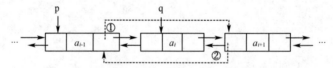

图 2.12　在双链表中删除结点时指针的变化情况

```
int delete(dlink * head,int i,ElemType * e)
{ dlink * p, * q;int j;
  if(i<1) return 0;                /* 参数i不正确,删除失败,返回0 */
  p= head;j=0;
  while(p->next! =NULL&&j<i-1)
  { p=p->next;j++;}                /* 从第1个结点开始查找第i-1个结点,由p指向它 */
  if(p->next==NULL) return 0;/* i值超过表长,返回0 */
  q=p->next;                       /* q指向第i个结点 */
  p->next=q->next;
  if(q->next! =NULL) q->next->prior=p;
  * e=q->data;
  free(q) ;                        /* 释放第i个结点占用的空间 */
  return 1;                        /* 删除成功,返回1 */
}
```

该算法的时间耗费主要是在查找操作上,时间复杂度为 $O(n)$。

（6）插入操作（在双链表 head 中第 i 个结点之前插入一个值为 x 的结点）

算法思路：创建一个值为 x 的新结点，由 q 指向它。先保证插入位置的合理性（$1 \leqslant i \leqslant n+1$），然后在双链表上找到插入位置的前一个结点，由 p 指向它。在 p 所指向的结点后插入 q 所指向的结点的语句组为①q—>next＝p—>next；②q—>prior＝p；③if(p—>next!＝NULL) p—>next—>prior＝q；④p—>next＝q；。注意，4 个语句的前后顺序不能任意颠倒，其原因读者思考。插入时的指针变化情况如图 2.13 所示。

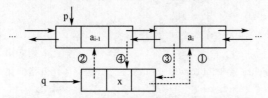

图 2.13　在双链表中插入结点时指针的变化情况

```
int insert(dlink * head,int i,ElemType x)
{ dlink * p, * q;int j;
    if(i<1) return 0;                    /* 参数 i 不正确，插入失败，返回 0 */
    p= head;j=0;
    while(p! =NULL&&j<i-1)
    { p=p->next;j++;}                     /* 从第 1 个结点开始查找第 i-1 个结点，P 指向它 */
    if(p==NULL) return 0;                 /* i 值超过表长，返回 0 */
    q=(dlink * )malloc(sizeof(dlink));    /* 创建值为 x 的结点 q */
    q->data= x;
    q->next=p->next;                      /* 插入新结点 */
    q->prior=p;
    if(p->next! =NULL) p->next->prior=q;
    p->next=q;
    return 1;                             /* 插入成功，返回 1 */
}
```

该算法的时间耗费主要是在查找操作上，时间复杂度为 $O(n)$。

（7）输出操作（从两个方向输出双链表 head 中各结点的值）

其设计思路与单链表的输出操作完全相同，每次输出只用单链即可。

```
void list(dlink * head)
{ dlink * p;
  p=head;
  while(p->next! =NULL)            /* 先正向输出链表元素值 */
  { printf(" % 4d ",p->next->data);
    p=p->next;
  }
  printf("\n");
  while(p! =NULL)                  /* 再反向输出链表元素值 */
  { printf(" % 4d",p->data);
    p=p->prior;
  }
  printf("\n");
}
```

按两个方向输出的目的是检测两个方向的链是否全都接好。一般情况下,只按一个链输出元素值即可。

【例 2.12】 有一个带头结点的双链表,其结点值为整数。设计一个算法,把所有值不小于 0 的结点放在所有值小于 0 的结点之前。

算法思路:在双链表中,从头至尾找值小于 0 的结点,再从尾至头找值不小于 0 的结点,交换这两个结点的值,如此反复进行,直到相遇为止。

```
void move(dlink * head)
{ ElemType temp; dlink * p, * q;
  p=head->next;                          /* 让 p 指向第 1 个结点 */
  for(q=head;q->next! =NULL;q=q->next);   /* 让 q 指向尾结点 */
  while(p! =q)
  { while(p->data>=0&&p! =q) p=p->next;    /* 从头向尾找负数 */
    while(q->data<0&&p! =q) q=q->prior;    /* 从尾向头找正数 */
    if(p! =q)                             /* 若 p 与 q 未相遇,则交换 */
    { temp=p->data;
      p->data=q->data;
      q->data=temp;
      p=p->next;                          /* p 后移一步 */
    }
  }
}
```

该算法的时间复杂度为 $O(n)$。

2.3.4 静态链表

1.静态链表

有些高级语言没有指针类型,因此无法实现上述的链式存储,但可以借用一维数组来实现。下面以单链表在数组中的表示为例来说明静态链表的表示和实现。

定义一个足够大的一维数组,数组的一个元素表示一个结点,每个结点由两部分组成,一部分用来存放数据信息,称为数据域;另一部分用来存放其后继结点在数组中的相对位置(下标),称为指针域(或游标)。其类型描述如下:

```
typedef int ElemType;        /* 在实际中,根据需要定义所需的数据类型 */
# define MAXSIZE 100         /* 静态链表的最大长度,根据实际情况定义 */
typedef struct
{ ElemType data;
  int cur;                    /* 游标,指向后继结点的存储位置 */
}stalink[MAXSIZE];
```

用这种类型描述的线性表,在进行线性表的插入和删除操作时不需移动元素,仅需修改指针(游标),具有链式存储结构的主要优点,因此称为链表。但为了与指针型描述的链表相区别,将这种用数组描述的链表称为静态链表,图 2.14 展示的是一个静态链表。其中,数组的第 1 个分量是备用链表头结点,备用链表中的结点是数组中未被使用的分量;数组的第 2 个分量通常是链表头结点,头结点中的游标值是链表中第 1 个结点的下标。若链表中第 i

个结点的下标为 k，则下标为 k 的结点中的游标值就是第 $i+1$ 个结点的下标。游标值为 0 的结点是链表尾结点或备用链表尾结点。在链表中进行插入操作时，从备用链表上获取一个结点作为待插入的结点；在链表中进行删除操作时，将从链表上删除下来的结点回收到备用链表上。在如图 2.14 所示的静态链表的第 3 个结点（值为 88）后插入一个值为 55 的结点，静态链表的变化情况如图 2.15 所示。将如图 2.15 所示的静态链表的第 6 个结点（值为 43）删除后，静态链表的变化情况如图 2.16 所示。

下标	data	cur	
0		6	备用链表头结点
1		3	链表头结点
2	88	4	
3	21	5	
4	89	0	链表尾结点
5	43	2	
6		7	
7		8	
8		9	
9		0	备用链表尾结点

图 2.14　静态链表

下标	data	cur
0		7
1		3
2	88	6
3	21	5
4	89	0
5	43	2
6	55	4
7		8
8		9
9		0

图 2.15　插入结点后

下标	data	cur
0		5
1		3
2	88	6
3	21	2
4	89	0
5	43	7
6	55	4
7		8
8		9
9		0

图 2.16　删除结点后

2.基本操作在静态链表上的实现

（1）初始化操作（建立一个空的静态链表 space）

将一维数组 space 中各分量链成一个备用链表，0 表示空指针。

```
void initlist(stalink space)          /* space[0]为备用链表头结点 */
{ int i;
  for(i=0;i<MAXSIZE-1;i++)
    space[i].cur=i+1;
  space[MAXSIZE-1].cur=0;
}
```

（2）获取结点函数 allocnode()

从备用链表上获取一个新的结点，如果备用链表已空，获取结点的操作将失败。

```
int allocnode(stalink space)
{ int i;
  i=space[0].cur;
  if(i==0) return 0;              /* 备用链表空间已空,分配空间失败 */
  space[0].cur=space[i].cur;
  return i;                       /* 分配成功,返回结点下标 */
}
```

（3）回收结点函数 freenode()

将链表中删除的结点，插入到备用链表中头结点之后。

```
void freenode(stalink space,int i)
{ sace[i].cur=space[0].cur;
  space[0].cur=i;
```

}

(4)建立静态链表(建立一个含有 n 个结点的静态链表 head)

```
int crestalink(stalink space,int n)
{ int head,k,s,i;
  k=head=allocnode(space);
  for(i=1;i<=n;i++)
  { s=allocnode(space);
    scanf("%d",&space[s].data);
    space[k].cur=s;
    k=s;
  }
  space[k].cur=0;
  return head;
}
```

(5)求表长操作(计算静态链表 head 中数据元素的个数)

```
int getlen(stalink space,int head)      /* head 为链表头结点的下标 */
{ int i,k;
  k=space[head].cur;i=0;
  while(k! =0)
  { i++;k=space[k].cur;}
  return i;
}
```

(6)取元素操作(取出静态链表 head 中的第 i 个结点的元素值)

```
int getelem(stalink space,int head,int i,ElemType * e)
{ int j,k;
  if(i<1) return 0;          /* 参数 i 不合法 */
  j=0;k=head;
  while(k! =0&&j<i)          /* 从静态链表的第 1 个结点开始查找第 i 个结点,其下标存入 k */
  { j++;k=space[k].cur;}
  if(k==0) return 0;         /* 参数 i 超过表长 */
  * e=space[k].data;
  return 1;                  /* 读取元素成功,返回真值 */
}
```

(7)定位操作(确定静态链表 head 中第 1 个值为 x 的结点的位置)

```
int locate(stalink space,int head,ElemType x)
{ int k;
  k=space[head].cur;
  while(k! =0&&space[k].data! =x)
  k=space[k].cur;
  return k;         /* 不存在,返回 0,否则返回下标 k */
}
```

(8)插入操作(在静态链表 head 的第 i 个结点之前插入一个值为 x 的新结点)

```
int insert(stalink space,int head,int i,ElemType x)
{ int j,k,m;
  if(i<1) return 0;                /* 参数 i 不合法,插入失败,返回 0 */
  k=head;j=0;
  while(k! =0&&j<i-1)              /* 从第 1 个结点开始查找第 i-1 个结点,其下标存入 k */
  { j++;k=space[k].cur;}
  if(k==0) return 0;
  m=allocnode(space) ;             /* 从备用链表中获取结点,结点下标为 m */
  if(m! =0)                        /* 若 m 不为 0,取结点成功,开始插入 */
  { space[m].cur=space[k].cur;
    space[k].cur=m;
    return 1;                      /* 插入成功,返回 1 */
  }
  else return 0;                   /* 无可用空间 */
}
```

(9)删除操作(将静态链表 head 中的第 i 个结点删除)

```
int delete(stalink space,int head,int i,ElemType * e)
{ int j,k,m;
  if(i<1) return 0;                /* 参数 i 不合法,删除失败,返回 0 */
  k=space[head].cur;j= 0;
  while(k! =0&&j<i-1)              /* 从第 1 个结点开始查找第 i-1 个结点,其下标存入 k */
  { j++;k=space[k].cur;}
  if(k==0) return 0;
  m=space[k].cur;                  /* m 为第 i 个结点的下标 */
  space[k].cur=space[m].cur;       /* 将第 i 个结点删除 */
  * e=space[m].data;
  freenode(space,m);
  return 1;                        /* 删除成功,返回 1 */
}
```

(10)输出操作(从头结点开始,依次输出静态链表 head 中的所有元素值)

```
void list(stalink space,int head)
{ int i;
  i=space[head].cur;
  while(i! =0)
  { printf(" % 4d",space[i].data);
    i=space[i].cur;
  }
  printf("\n");
}
```

【例 2.13】 已知 A 和 B 是两个集合,元素类型都为整型,编写算法,建立表示集合 $(A-B)\bigcup(B-A)$ 的静态链表。

算法思路:对静态链表 B 中的每一个元素 x,分别到静态链表 A 中去查找,若找到,在静态链表 A 中将值为 x 的结点删除;否则,在静态链表 A 的第 1 个结点前插入一个值为 x 的结点。

```
void mergesetAB(stalink space,int A,int B)
{ int i,j,k;
  ElemType x;
  j＝space[B].cur；
  while(j! ＝0)
  { getelem(space,j,&x)；
    i＝locate(space,A,x)；            /＊在静态链表 A 中查找集合 B 中的数据元素 x ＊/
    if(i＝＝0) insert(space,A,l,x)；   /＊如果不存在,在 A 中插入值为 x 的结点 ＊/
    else delete(space,A,i,&x)；        /＊ 如果存在,在 A 中删除值为 x 的结点 ＊/
  }
  list(space,A)；
}
```

2.4 顺序表和链表的比较

以上介绍了线性表的两种存储结构:顺序表和链表。由于顺序表和链表存储各有千秋,在实际应用中究竟采用哪一种存储结构,这要根据具体问题的要求和性质来决定。通常从以下两个方面考虑。

1.空间性能的比较

存储结点中数据域占用的存储量与存储结点所占用的存储量之比称为存储密度。存储密度越大,则存储空间的利用率就越高。显然,顺序表的存储密度是高于链表的存储密度的。因此,顺序存储结构的空间利用率要高于链表的空间利用率。为了节约存储空间,最好采用顺序存储结构。但是,顺序表要求事先估计容量,这是比较困难的。如果需要的空间过大将造成浪费,而过小将导致溢出。相反,链表存储结构则不需要事先估计容量。

2.时间性能的比较

顺序表是一种随机存取结构,对顺序表中每个结点都可以直接快速地进行存取,其时间复杂度为 $O(1)$;而链表需要从头结点开始顺着链扫描才能找到所需的结点,其时间复杂度为 $O(n)$。因此,当线性表的主要操作是查找运算时,那么最好采用顺序表作为存储结构。

在链表中任何位置上进行插入和删除运算是非常方便的,只需要修改链表的指针域,其时间复杂度为 $O(1)$;而在顺序表中进行插入和删除运算是很不方便的,平均要移动表中近一半的结点,其时间复杂度为 $O(n)$。因此,对于需要频繁地进行插入和删除操作的线性表,最好采用链接存储结构。若链表的插入和删除操作主要发生在表的首、尾,那么采用尾指针表示的单循环链表则是最好的选择。

总之,线性表的顺序存储结构和链接存储结构各有利弊,不能一概而论。根据实际问题的具体要求,对各方面的优缺点加以综合平衡,才能最终选出比较合适的实现方法。

2.5 线性表的应用

2.5.1 约瑟夫环问题

约瑟夫环问题实现算法分析：

采用单向循环链表的数据结构，即将链表的尾元素指针指向链首元素。每个结点除指针域外，还有两个域分别存放每个人的编号和所持有的密码，结点结构如图 2.17 所示。

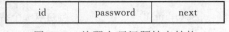

| id | password | next |

图 2.17 约瑟夫环问题结点结构

解决问题的基本步骤如下：

(1)建立 n 个结点(无头结点)的单向循环链表。

(2)从链表第一个结点起循环计数寻找第 m 个结点。

(3)输出该结点的 id 值，将该结点的 password 作为新的 m 值，删除该结点。

(4)根据 m 值不断从链表中删除结点，直到链表为空。

源代码如下：

```
# include <stdio.h>
# include <stdlib.h>
# define MAX 100
typedef struct NodeType                         //自定义结构体类型
{ int id;                                        //编号
  int password;                                  //密码
  struct NodeType * next;                        //用于指向下一个结点的指针
} NodeType;
void CreaList(NodeType * * ,int);                //创建单向循环链表
NodeType * GetNode(int,int);                     //得到一个结点
void PrntList(NodeType * );                       //打印循环链表
int IsEmptyList(NodeType * );                     //测试链表是否为空
void JosephusOperate(NodeType * * ,int);          //运行"约瑟夫环"问题
int main(void)
{ int n=0;
  int m=0;
  NodeType * pHead = NULL;
  do
  { if(n>MAX)
    {//人数 n 超过最大人数循环,接着做下一次循环,重新输入人数 n,直至满足条件为止
      printf("人数太多,请重新输入! \n");
    }
    printf("请输入人数 n(最多％d 个): ",MAX);
    scanf("％d",&n);
  }while(n > MAX);
```

```
        printf("请输入初始密码 m：");
        scanf(" % d",&m) ;
        CreaList(&pHead,n) ;                        //创建单向循环链表
        printf("\n———————————打印循环链表——————————\n");
        prntList(pHead) ;                           //打印循环链表
        printf("\n——————————打印出队情况——————————\n");
        JosephusOperate(&pHead,m) ;                 //运行"约瑟夫环"问题
        return 1;
    }
    void CreaList(NodeType * * ppHead,int n)         //创建有 n 个结点的循环链表 ppHead
    { int i =0;
      int iPassword = 0;
      NodeType * pNew = NULL;
      NodeType * pCur = NULL;
      for(i=1;i<=n;i++)
      { printf("输入第 % d 个人的密码：",i);
        scanf(" % d", &iPassword) ;
        pNew = GetNode(i,iPassword) ;
        if( * ppHead == NULL)
          { * ppHead = pCur = pNew;
            pCur—>next = * ppHead;
          }
        else
          { pNew—>next = pCur—>next;
            pCur—>next = pNew;
            pCur = pNew;
          }
      }
        printf("完成单向循环链表的创建！\n");
    }
    NodeType * GetNode(int iId,int iPassword)        //向结点中传送编号和密码
    { NodeType * pNew = NULL;                        //建立指针
      pNew =(NodeType * )malloc(sizeof(NodeType));   //为当前结点开辟新空间
      if(! pNew)
      { printf("Error, the memory is not enough! \n");
        exit(-1);
      }
      pNew—>id = iId;
      pNew—>password = iPassword;
      pNew—>next = NULL;                             // pNew 的 next 指向空,置空表尾
      return pNew;
    }
    void PrntList(NodeType * pHead)                   / * 依次输出至 n 个人,且输出密码,完成原始
```

链表的打印 */

```
{ NodeType * pCur = pHead;
    if(! IsEmptyList(pHead))                      /* 调用 EmptyList()函数来判断 if 语句是否
                                                     执行,若 pHead 为空则执行 */
    { printf("——ID—— ——PASSWORD——\n");
      do
      { printf("% 3d   % 7d\n",pCur—>id,pCur—>password) ;
        pCur = pCur—>next;                        //让指针变量 pCur 改为指向后继结点
      } while(pCur ! = pHead);
    }
}
int IsEmptyList(NodeType * pHead)
{
  if(! pHead)
    { //若 pHead 为空,提示"空",返回真值
      printf("The list is empty! \n");
      return 1;
    }
    return 0; //否则返回 0
}
void JosephusOperate(NodeType * * ppHead,int iPassword)
{ int iCounter = 0;
  int iFlag = 1;
  NodeType * pPrv = NULL;
  NodeType * pCur = NULL;
  NodeType * pDel = NULL;
  pPrv = pCur = * ppHead;
  while(pPrv—>next! = * ppHead)                  //将 pPrv 初始为指向尾结点,为删除做好准备
    pPrv = pPrv—>next;
  while(iFlag)
    { for(iCounter =1; iCounter < iPassword; iCounter++)
      { pPrv = pCur;
        pCur = pCur—>next;
      }
    if(pPrv ==pCur)   iFlag = 0;
    pDel = pCur;                                 //删除 pCur 指向的结点,即有人出列
    pPrv—>next = pCur—>next;                     /* 使得 pPrv 指向结点与下下个结点相连,让
                                                    pCur 从链表中脱节 */
    pCur = pCur—>next;                           //让指针 pCur 改为指向后继结点,后移一个结点
    iPassword = pDel—>password;                  //记录出列的人手中的密码
    printf("第% d 个人出列<密码:% d> \n",pDel—>id, pDel—>password) ;
    free(pDel) ;                                 //释放删除 pDel 指向的结点
  }
```

```
    * ppHead = NULL;
    getchar();
}
```

若人数为 n＝7,m＝20,7 个人的密码依次为 3、1、7、2、4、8、4,则正确的出列编号为:6、1、4、7、2、3、5。运行结果如图 2.18 所示。

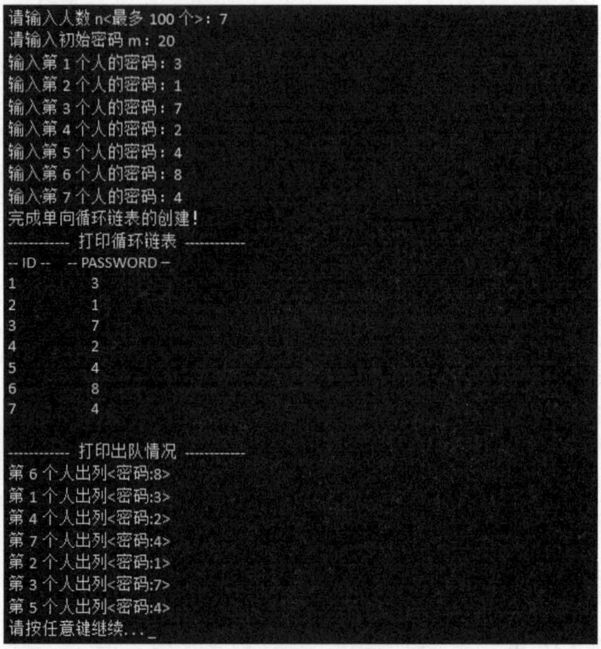

图 2.18　约瑟夫问题运行结果

2.5.2　一元多项式运算器的分析与实现

首先,我们需要解决一元多项式在计算机中的存储问题。对于一元多项式:$P=p_0+p_1x+\cdots\cdots+p_nx^n$。在计算机中,可以用一个线性表来表示:$P=(p_0,p_1,\cdots,p_n)$。

但是对于形如:$S(x)=1+5x^{100000}-12x^{15000}$ 的多项式,上述表示方法显然不合适,会有很多项的系数为 0,造成存储空间的浪费,我们只需要存储非 0 系数项。

一般情况下的一元系数多项式可写成:$pn(x)=p_1x^{e_1}+p_2x^{e_2}+\cdots+p_mx^{e_m}$。其中:$p_i$ 是指数为 e_i 的项的非零系数,$0\leqslant e_1<e_2<\cdots<e_m\leqslant n$。可以用下列线性表表示:$((p_1,e_1),(p_2,e_2),\cdots,(p_m,e_m))$。

例如:$P_{999}(x)=7x^3-2x^{12}-8x^{999}$,可用线性表:$((7,3),(-2,12),(-8,999))$ 表示。

为了实现任意多项式的运算,考虑到运算时有较多的插入、删除操作,选择单链表作为存储结构比较方便,每个结点有三个域:系数、指数和指针。其数据结构如下所示:

```
typedef struct Polynomial
{ float coef;                    //系数
  int expn;                      //指数
  struct Polynomial * next;      //指向下一个结点的指针
}
```

设多项式 A 和 B 分别为 $A(x)=6+2x+8x^7+4x^{15}$,$B(x)=7x+2x^6-8x^7$。

A 和 B 存储结构示意图如图 2.19 所示。

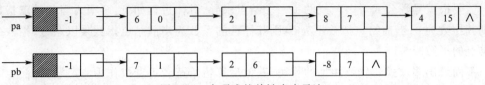

图 2.19 多项式的单链表表示法

A 和 B 多项式相加得到的多项式和,如图 2.20 所示。

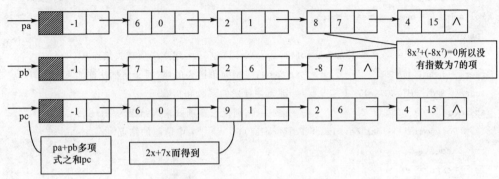

图 2.20 多项式相加得到的多项式和

多项式计算器的算法实现如下。

(1)建立多项式

通过键盘输入一组多项式的系数和指数,用尾插法建立一元多项式的链表。以输入系数 0 为结束标志,并约定建立一元多项式链表时,总是按指数从小到大的顺序排列。

(2)输出多项式

从单链表第 1 个元素开始,逐项读出系数和指数,按多项式的形式进行输出即可。

(3)两个多项式相加

以单链表 pa 和 pb 分别表示两个一元多项式 A 和 B,A＋B 的求和运算,就等同于单链表的插入问题,为了方便演示程序,我们设一个单链表 pc 来存放 pa+pb 的和。

为实现处理,设 qa、qb、qc 分别指向单链表 pa、pb 和 pc 的当前项,比较 qa、qb 结点的指数项,由此得到下列运算规则。

①若 qa—>exp<qb—>exp,则结点 qa 所指的结点应是"和多项式"中的一项,将 qa 复制到 qc 当中,令指针 qa 后移。

②若 qa—>exp＝qb—>exp,则将两个结点中的系数相加,当和不为 0 时,qa 的系数域加上 qb 的系数域作为 qc 的系数域;若和为 0,则"和多项式"中无此项,qa 和 qb 后移。

③若 qa—>exp>qb—>exp,则结点 qb 所指的结点应是"和多项式"中的一项,将 qb 复制到 qc 当中,令指针 qb 后移。

(4)两个多项式相减

将减数 pb 多项式的所有系数变为其相反数,然后使用两个多项式相加思想进行处理。

(5)多项式乘法

多项式乘法类似于两个多项式相加,pa×pb 需要使用 pb 多项式中的每一项和 pa 多项式中的每一项进行相乘,然后进行多项式相加操作。

(6)求多项式的值,需要输入变量 x 的值,然后进行求值运算。

(7)多项式的导数

需要根据导数公式对多项式的每一个结点求导,具体过程如下:多项式当前结点指数为
0,则其导数为0;当前结点指数不为0,则其导数的系数为当前结点指数乘以系数,指数为当
前结点的指数减1。

下面给出多项式建立及相加的算法,其他运算留给读者思考或作为实习题目。

(建立多项式算法)

```
Polyn CreatePoly()
{Polynomial * head, * rear, * s;
 int c,e;
 head=(Polynomial * ) malloc(sizeof(Polynomial));    / * 建立多项式头结点 * /
 rear = head;                        / * rear 始终指向单链表的尾,便于尾插法建表 * /
 scanf(" % d, % d",&C,&e);              / * 键入多项式的系数和指数项 * /
 while(c! =0)                         / * 若 c=0,则代表多项式输入结束 * /
 {s=(Polynomial * )malloc(sizeof(Polynomial));        / * 申请新的结点 * /
  s->coef =c;
  s->expn = e;
  rear->next=s;                      / * 在当前表尾作插入 * /
  rear = s;
  scanf(" % d, % d" ,&C,&e);
 }
 rear->next=NULL;     / * 将表中最后一个结点的 next 置为 NULL,结束 * /
 return (head) ;
}
```

(输出多项式算法)

```
void PrintPolyn(Polyn P)
{ Polyn q=P->next;
  int flag=1;
  if(! q)
  { putchar('0');
    printf("\n");
    return;
  }
  while(q)
  {if(q->coef>0&&flag! =1) putchar('+');
   if(q->coef! =1&&q->coef! =-1)
   {printf(" % g",q->coef);
    if(q->expn==1) putchar('X');
    else if(q->expn) printf("X^ % d",q->expn);
   }
   else
   {if(q->coef==1)
    {if(! q->expn) putchar('1');
```

```
        else if(q->expn==1) putchar('X');
        else printf("X^%d",q->expn);
      }
    if(q->coef==-1)
    {if(! q->expn) printf("-1");
     else if(q->expn==1) printf("-X");
     else printf("-X^%d",q->expn);
     }
    }
    q=q->next;
    flag++;
    }
    printf("\n");
}
```

（两个多项式相加算法）

```
Polyn AddPolyn(Polyn pa,Polyn pb)
{Polyn qa=pa->next;
 Polyn qb=pb->next;
 Polyn headc,pc,qc;
 pc=(Polyn) malloc(sizeof(struct Polynomial)); /*单链表 pc 用来存放 pa+pb 的和*/
 pc->next=NULL;
 headc=pc;
 while(qa! =NULL&& qb! =NULL) /*当两个多项式均未扫描结束时*/
 {qc=(Polyn) malloc(sizeof(struct Polynomial));
  if(qa->expn < qb->expn)          /*规则 1*/
    {qc->coef=qa->coef;
     qc->expn=qa->expn;
     qa=qa->next;
    }
    else if(qa->expn == qb->expn)/*规则 2*/
    {qc->coef=qa->coef+qb->coef;
     qc->expn=qa->expn;
     qa=qa->next
     qb=qb->next;
    }
    else      /*规则 3*/
    {qc->coef=qb->coef;
     qc->expn=qb->expn;
     qb=qb->next;
    }
    if(qc->coef! =0)
    {qc->next=pc->next;
     pc->next=qc;
```

```
        pc＝qc;
    }
    else free(qc);
}
while(qa！ ＝ NULL)      /＊pa 中如果有剩余项,将剩余项插入到 pc 当中＊/
{qc＝(Polyn) malloc(sizeof(struct Polynomial));
 qc－＞coef＝qa－＞coef;
 qc－＞expn＝qa －＞expn;
 qa＝qa－＞next;
 qc－＞next＝pc－＞next;
 pc－＞next＝qc;
 pc＝qc;
}
while(qb！ ＝ NULL)      /＊pb 中如果有剩余项,将剩余项插入到 pc 当中＊/
{qc＝(Polyn) malloc(sizeof(struct Polynomial));
 qc－＞coef＝qb－＞coef;
 qc－＞expn＝qb－＞expn;
 qb＝qb－＞next;
 qc－＞next＝pc－＞next;
 pc－＞next＝qc;
 pc＝qc;
}
return headc;
}
```

（两个多项式相减算法）

```
Polyn SubtractPolyn(Polyn pa,Polyn pb)
{Polyn h＝pb;
 Polyn p＝pb－＞next;
 Polyn pd;
 while(p)
 {p－＞coef ＊＝－1;
  p＝p－＞next;
  }
 pd＝AddPolyn(pa,h);
 for(p＝h－＞next;p;p＝p－＞next)
 p－＞coef ＊＝－1;
 return pd;
}
```

程序运行结果如下:

若输入 $A(x)＝6＋2x＋8x^7＋4x^{15}$ 和 $B(x)＝7x＋2x^6－8x^7$ 的多项式,如图 2.21 所示。

```
Welcome to polynomial of one indeterminate calculator

Please input polynomial of one indeterminate pa<like 1,1 and 0 is over>:6,0
2,1
8,7
4,15
0
Please input polynomial of one indeterminate pb<like 1,1 and 0 is over>:7,1
2,6
-8,7
0
```

图 2.21　多项式输入

(1)输出显示 pa 和 pb,如图 2.22 所示。

```
Please select your Operation ：a

    pa=6+2X+8X^7+4X^15

Please select your Operation ：b

    pb=7X+2X^6-8X^7
```

图 2.22　多项式显示

(2)pa 和 pb 之和,如图 2.23 所示。

```
 Please select your Operation ：g

    pa+pb=6+9X+2X^6+4X^15
```

图 2.23　多项式之和

(3)pa 和 pb 相减,如图 2.24 所示。

```
Please select your Operation ：h

    pa-pb=6-5X-2X^6+16X^7+4X^15
```

图 2.24　多项式之差

2.6　本章小结

　　线性表是一种最基本、最常用的数据结构。本章介绍了线性表的定义、存储结构描述方法及运算,重点讨论了线性表的两种存储结构——顺序表和链表,以及在这两种存储结构上基本运算的实现。

　　顺序表是用一维数组来实现的,表中结点的逻辑次序和物理次序一致。顺序表是一种随机存储结构,对表中任一结点都可以在 O(1)时间内直接进行存取,但在进行插入、删除、连接以及两表的合并等运算时较费时间。

　　链表是用指针来实现的,表中结点的逻辑次序和物理次序不一致。链表可以分为 4 种:单链表、循环链表、双链表和静态链表。链表不是随机存储结构,在链表中任何位置进行插入和删除结点的运算都是非常方便的,但对链表的访问并不方便,必须从头指针开始顺着链依次扫描。

将单链表加以改进,就可以得到循环链表和双链表。循环链表的表尾结点指针指向表头结点,其优点是:从任一结点开始遍历都可以访问到此表的所有结点。双向链表中各结点既有左指针又有右指针。将双向链表与循环链表的特点相结合,就构成了双向循环链表。双向链表上进行插入和删除运算非常简单,应熟练掌握其运算步骤。

在实际应用中,线性表采用哪一种存储结构,要根据实际问题而定,主要考虑的是算法的时间复杂度和空间复杂度。

顺序表和单链表的组织方法及在这两种存储结构上实现的基本运算(遍历、插入、删除、查找等)是数据结构中最简单、最基本的算法。这些内容是以后各章的重要基础,因此本章是本课程的重点之一,若不能很好地掌握这些内容,在后续章节将会遇到很大的困难。为此对本章的学习有较高的要求。

1.本章的复习要点

(1)深刻理解线性结构的定义、特点和线性表的概念。

(2)熟练掌握顺序表和链表的组织方法,了解顺序表与链表的优缺点,能够根据实际问题选择所需要的线性表的存储结构表示。

(3)算法设计方面:要求熟练掌握顺序表中元素的插入、删除、查找和遍历运算,将数组中的元素就地逆置,计算数组的长度,将两个有序的顺序表合并等运算。

2.本章的重点和难点

本章的重点是:线性结构的定义和特点;线性表的运算;顺序表和单链表的存储表示及在两种存储结构上的基本运算的实现,例如,插入、删除、查找和遍历等。

本章的难点是:顺序表和单链表上基本运算的算法设计。

习题2

一、单项选择题

❶ 线性表是( )。

A.一个有限序列,可以为空　　　　　　　B.一个有限序列,不可以为空

C.一个无限序列,可以为空　　　　　　　D.一个无限序列,不可以为空

❷ 在一个长度为 n 的顺序表中删除第 i 个元素($0<=i<=n$)时,需向前移动( )个元素。

A.$n-i$　　　　　B.$n-i+1$　　　　　C.$n-i-1$　　　　　D.i

❸ 线性表采用链式存储时,其地址( )。

A.必须是连续的　　　　　　　　　　　B.一定是不连续的

C.部分地址必须是连续的　　　　　　　D.连续与否均可以

❹ 从一个具有 n 个结点的单链表中查找其值等于 x 的结点时,在查找成功的情况下,需平均比较( )个元素结点。

A.$n/2$　　　　　B.n　　　　　C.$(n+1)/2$　　　　　D.$(n-1)/2$

❺ 在双向循环链表中,在 p 所指的结点之后插入 s 指针所指的结点,其操作是( )。

A.p->next=s; s->prior=p;p->next->prior=s; s->next=p->next;

B.s—>prior＝p；s—>next＝p—>next；p—>next＝s；p—>next—>prior＝s；

C.p—>next＝s；p—>next—>prior＝s；s—>prior＝p；s—>next＝p—>next；

D.s—>prior＝p；s—>next＝p—>next；p—>next—>prior＝s；p—>next＝s；

❻ 设单链表中指针 p 指向结点 m，若要删除 m 之后的结点(若存在)，则需修改指针的操作为(　　)。

A.p—>next＝p—>next—>next；　　　　B.p＝p—>next；

C.p＝p—>next—>next；　　　　　　　D.p—>next＝p；

❼ 在一个长度为 n 的顺序表中向第 i 个元素($0＜i＜n＋1$)之前插入一个新元素时，需向后移动(　　)个元素。

A.$n-i$　　　　　　B.$n-i+1$　　　　　　C.$n-i-1$　　　　　　D.i

❽ 在一个单链表中，已知 q 结点是 p 结点的前趋结点，若在 q 和 p 之间插入 s 结点，则须执行(　　)。

A.s—>next＝p—>next；　p—>next＝s；

B.q—>next＝s；　s—>next＝p；

C.p—>next＝s—>next；　s—>next＝p；

D.p—>next＝s；　s—>next＝q。

❾ 以下关于线性表的说法不正确的是(　　)。

A.线性表中的数据元素可以是数字、字符、记录等不同类型。

B.线性表中包含的数据元素个数不是任意的。

C.线性表中的每个结点都有且只有一个直接前趋和直接后继。

D.存在这样的线性表：表中各结点都没有直接前趋和直接后继。

❿ 线性表的顺序存储结构是一种(　　)的存储结构。

A.随机存取　　　　B.顺序存取　　　　　C.索引存取　　　　　D.散列存取

⓫ 在顺序表中，只要知道(　　)，就可在相同时间内求出任一结点的存储地址。

A.基地址　　　　　　　　　　　　　B.结点大小

C.向量大小　　　　　　　　　　　　D.基地址和结点大小

⓬ 在等概率情况下，顺序表的插入操作要移动(　　)结点。

A.全部　　　　　　B.一半　　　　　　C.三分之一　　　　　D.四分之一

⓭ 在(　　)运算中，使用顺序表比链表好。

A.插入　　　　　　　　　　　　　　B.删除

C.根据序号查找　　　　　　　　　　D.根据元素值查找

⓮ 在一个具有 n 个结点的有序单链表中插入一个新结点并保持该表有序的时间复杂度是(　　)。

A.O(1)　　　　　　B.O(n)　　　　　　C.O(n^2)　　　　　D.O(log2n)

⓯ 设有一个栈，元素的进栈次序为 A，B，C，D，E，下列是不可能的出栈序列(　　)。

A.A，B，C，D，E　　　　　　　　　B.B，C，D，E，A

C.E，A，B，C，D　　　　　　　　　D.E，D，C，B，A

⓰ 在一个具有 n 个单元的顺序栈中，假定以地址底端(即 0 单元)作为栈底，以 top 作为栈顶指针，当做出栈处理时，top 变化为(　　)。

A.top 不变　　　　B.top＝0　　　　　　C.top－－　　　　　　　D.top＋＋

⑰ 向一个栈顶指针为 hs 的链栈中插入一个 *s* 结点时,应执行( )。

A.hs—＞next＝s;

B.s—＞next＝hs;　hs＝s;

C.s—＞next＝hs—＞next;hs—＞next＝s;

D.s—＞next＝hs; hs＝hs—＞next;

⑱ 在具有 *n* 个单元的顺序存储的循环队列中,假定 front 和 rear 分别为队头指针和队尾指针,则判断队满的条件为( )。

A.rear%n＝＝front　　　　　　　B.(front＋1)%n＝＝rear

C.rear%n −1＝＝front　　　　　　D.(rear＋1)%n＝＝front

⑲ 在具有 *n* 个单元的顺序存储的循环队列中,假定 front 和 rear 分别为队头指针和队尾指针,则判断队空的条件为( )。

A.rear%n＝＝front　　　　　　　B.front＋1＝rear

C.rear＝＝front　　　　　　　　D.(rear＋1)%n＝front

⑳ 在一个链队列中,假定 front 和 rear 分别为队首和队尾指针,则删除一个结点的操作为( )。

A.front＝front—＞next　　　　　　B.rear＝rear—＞next

C.rear＝front—＞next　　　　　　D.front＝rear—＞next

二、填空题

❶ 线性表是一种典型的_____结构。

❷ 在一个长度为 *n* 的顺序表的第 *i* 个元素之前插入一个元素,需要后移_____个元素。

❸ 顺序表中逻辑上相邻的元素的物理位置_____。

❹ 要从一个顺序表删除一个元素时,被删除元素之后的所有元素均需_____一个位置,移动过程是从_____向_____依次移动每一个元素。

❺ 在线性表的顺序存储中,元素之间的逻辑关系是通过_____决定的;在线性表的链接存储中,元素之间的逻辑关系是通过_____决定的。

❻ 在双向链表中,每个结点含有两个指针域,一个指向_____结点,另一个指向_____结点。

❼ 当对一个线性表经常进行存取操作,而很少进行插入和删除操作时,则采用_____存储结构为宜。相反,当经常进行的是插入和删除操作时,则采用_____存储结构为宜。

❽ 顺序表中逻辑上相邻的元素,物理位置_____相邻,单链表中逻辑上相邻的元素,物理位置_____相邻。

❾ 线性表、栈和队列都是_____结构,可以在线性表的_____位置插入和删除元素;对于栈只能在_____位置插入和删除元素;对于队列只能在_____位置插入元素和在_____位置删除元素。

❿ 根据线性表的链式存储结构中每个结点所含指针的个数,链表可分为_____和_____;而根据指针的连接方式,链表又可分为_____和_____。

⑪ 在单链表中设置头结点的作用是_____。

⑫ 对于一个具有 n 个结点的单链表,在已知的结点 p 后插入一个新结点的时间复杂度为_____,在给定值为 x 的结点后插入一个新结点的时间复杂度为_____。

三、简答题

❶ 描述以下三个概念的区别:头指针,头结点,表头结点。

❷ 线性表的两种存储结构各有哪些优缺点?

❸ 对于线性表的两种存储结构,如果有 n 个线性表同时并存,而且在处理过程中各表的长度会发生动态变化,线性表的总数也会自动改变,在此情况下,应选用哪一种存储结构?为什么?

❹ 对于线性表的两种存储结构,若线性表的总数基本稳定,且很少进行插入和删除操作,但要求以最快的速度存取线性表中的元素,应选用何种存储结构? 试说明理由。

❺ 在单循环链表中设置尾指针比设置头指针好吗? 为什么?

❻ 假定有四个元素 A,B,C,D 依次进栈,进栈过程中允许出栈,试写出所有可能的出栈序列。

❼ 什么是队列的上溢现象? 一般有几种解决方法,试简述之。

❽ 下述算法的功能是什么?

```
LinkList  * Demo(LinkList * L)
{ // L 是无头结点的单链表
  LinkList * q, * p;
  if(L&&L->next)
  { q=L; L=L->next; p=L;
    while(p->next)
      p=p->next;
    p->next=q; q->next=NULL;
  }
  return (L);
}
```

四、算法设计题

❶ 设计在无头结点的单链表中删除第 i 个结点的算法。

❷ 在单链表上实现线性表的求表长 ListLength(L)运算。

❸ 设计将带表头的链表逆置算法。

❹ 假设有一个带表头结点的链表,表头指针为 head,每个结点含三个域:data、next 和 prior。其中 data 为整型数域,next 和 prior 均为指针域。现在所有结点已经由 next 域连接起来,试编一个算法,利用 prior 域(此域初值为 NULL)把所有结点按照其值从小到大的顺序连接起来。

❺ 已知线性表的元素按递增顺序排列,并以带头结点的单链表作存储结构。试编写一个删除表中所有值大于 min 且小于 max 的元素(若表中存在这样的元素)的算法。

❻ 已知线性表的元素是无序的,且以带头结点的单链表作为存储结构。设计一个删除表中所有值小于 max 但大于 min 的元素的算法。

❼ 假定用一个单循环链表来表示队列(也称为循环队列),该队列只设一个队尾指针,

不设队首指针,试编写下列各种运算的算法:

(1)向循环链队列插入一个元素值为 x 的结点;

(2)从循环链队列中删除一个结点。

❽ 设顺序表 L 是一个递减有序表,试写一算法,将 x 插入其后仍保持 L 的有序性。

第3章
栈和队列

栈和队列是两种特殊的线性表,它们是限定只能在表的一端或两端进行插入、删除元素的线性表,因此,统称为限定性数据结构(Restricted Data Structure)。这两种数据结构在计算机程序设计中使用得非常广泛。本章将讨论栈和队列的定义、表示方法及实现,并介绍一些相关应用。

栈是一种特殊的线性表,其插入、删除等操作都是限定在表的其中一端进行。栈在程序设计中非常重要,程序的调试和运行都需要栈的支撑。

3.1.1 栈的定义及其基本运算

1.栈的定义

栈(Stack)又称堆栈,是限定仅在表的一端进行插入和删除操作的线性表。通常把允许插入和删除操作的一端称为栈顶(Top);相应的另一端称为栈底(Bottom);不含任何元素的栈称为空栈。

在栈上的主要操作是在栈顶进行插入和删除操作。栈的插入操作称为入栈或进栈,删除操作称为出栈或退栈。栈的最主要特点就是"先进后出"(First In Last Out),或"后进先出"(Last In First Out),简称 FILO 或 LIFO。由于出栈和入栈操作都是在栈顶进行的,所以只有最后入栈的元素才能最先出栈。栈的直观形象可比喻为一摞盘子或者一摞书,要从这样一摞物体中取出一件或放入一件,只有在顶部操作才是最方便的。如图 3.1 所示,是数据元素 $a_1, a_2, \cdots, a_n$ 依次入栈后的情形,a_1 是栈底元素,a_n 是栈顶元素。栈顶是随着出栈和入栈操作动态变化的,每一次出栈的总是当前的栈顶元素。因此,对于图 3.1 所表示的栈,这些元素出栈顺序只能是 $a_n, \cdots, a_2, a_1$。

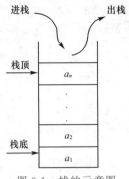

图 3.1　栈的示意图

2.栈的基本运算

栈的基本运算有以下 9 种(除第一种,其余皆以栈 S 已存在为初始条件):

InitStack(&S):构造一个空栈 S。

DestroyStack(&S):销毁栈 S,释放其空间。

ClearStack(&S):将栈 S 清为空栈。

EmptyStack(&S):测试栈 S 是否为空栈,若为空栈返回 True,否则返回 False。

LengthStack(&S):求栈 S 的长度(即栈中数据元素的个数)。

TraverseStack(&S):访问栈 S 中的每个元素一次。

GetTop(S,e):获取栈 S 的栈顶元素,并将其存到 e 中。

Push(&S,e):入栈操作,将元素 e 插入到栈 S 中,使其成为新的栈顶元素。

Pop(&S,&e):出栈操作,将栈 S 的栈顶元素删除,并将其存到 e 中。

上述只列出了栈的一些常用的基本操作。有效实现这些操作,就可以借助于它们实现较复杂的栈应用程序。

3.1.2　栈的顺序存储结构及运算

与线性表一样,栈也有两种存储表示方法:顺序存储和链式存储。采用顺序存储结构的栈称作顺序栈;而采用链式存储结构的栈称作链栈。

顺序栈是利用一组地址连续的存储单元依次存放自栈底到栈顶的数据元素,同时附设一个栈顶指针 top,用于指示当前栈顶的位置。在 C 语言中可以借助一维数组实现栈的存储。栈底的位置可以设置在数组的任何一端,而栈顶的位置是随着入栈和出栈操作而动态变化的。通常的做法是以数组下标为 0 的一端作为栈底,栈顶指针 top=0 时表示空栈。以下是一种顺序栈的类型说明:

```
#define Stack_ Init_ Size 100        //栈的初始大小
#define Stack Increment 10           //栈的存储空间分配增量
typedef int ElemType;                //ElemType 为栈的元素类型
typedef struct
{
    ElemType * stackdata;            //栈中数据元素存储空间(一维数组)的起始地址
    int top;                         //栈顶指针,实际上是栈顶位置的数组下标
    int stacksize;                   //栈当前的可用大小,初始大小由 Stack _Init_Size 指定
}SeqStack;
```

　　从上述栈存储结构的定义可以看到,并没有事先固定栈存储空间的大小,而是用一个指针 stackdata,通过动态分配技术为栈分配存储空间。这样,在栈初始化时,可以为其分配一个初始大小(可由常量 Stack_Init_Size 指定)的栈存储空间,在栈存储空间不够用时可以继续增加相应大小(可由常量 Stack_Increment 指定)的存储空间;而栈当前可用空间的大小可以由 stacksize 指定。

　　在初始时,栈顶指针 top＝0,每当有元素入栈时,top 就加 1;有元素出栈时,top 就减 1。这样,top 始终指向栈顶元素的下一个位置。如图 3.2 所示描述了在一个空栈中,依次将元素 A、B、C、D、E 入栈,再将 E、D 出栈后栈顶指针的变化情况。

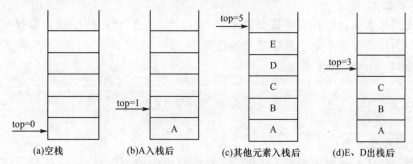

图 3.2　栈顶指针和栈中元素之间的关系示意图

　　注意,在图 3.2(d)中,当元素 E、D 出栈后,只是通过修改栈顶指针表示 E、D 已不在栈中,而新出栈的元素可能仍然存储于其原来的存储单元中。下面给出顺序栈一些主要基本操作的具体实现。

1.初始化顺序栈

　　初始化顺序栈需要为栈分配由常量 Stack_Init_Size 指定大小的初始存储空间,并设置栈顶指针为 0,具体算法描述如下:

```
Status InitStack(SeqStack * S)
{
    if(! S) return Err_ InvalidParam;          //顺序栈无效
    / * 为 stackdata 分配内存空间 * /
    S->stackdata=(ElemType * )malloc(Stack_Init_Size * sizeof(ElemType));
    if(! S->stackdata) return Err_Memory;      //内存分配错误
    S->top=0;                                  //初始化栈顶指针为 0
    S->stacksize=Stack_Init_Size;              //设置栈当前大小
    return OK;
}
```

2.清空顺序栈

　　清空顺序栈只需将栈顶指针置为 0 即可。此时,栈顶指针指向栈底,下次再有元素入栈时将覆盖原来的内容。具体算法描述如下:

```
Status ClearStack(SeqStack * S)
{
    if(! S) return Err_InvalidParam;           //顺序栈无效
    S->top= 0;                                 //栈顶指针置为 0
    return OK;
}
```

3.判断是否为空栈

判断一个顺序栈是否为空栈非常简单,只需测试其栈顶指针是否为 0 即可。具体算法描述如下:

```
int EmptyStack(SeqStack * S)
{
  if(! S) return Err_InvalidParam;    //顺序栈无效
  return (S->top==0);              //top 等于 0 为空,返回 True,否则,不为空返回 False
}
```

4.计算栈的长度

计算栈的长度就是计算当前栈中的元素个数。实际上,顺序栈中栈顶指针所指示的数组下标值即为栈中元素个数。具体算法描述如下:

```
int LengthStack(SeqStack * S)
{
  return S->top;                //top 指示栈中元素个数
}
```

5.遍历顺序栈

遍历需要访问一遍栈中的每一个元素,并执行相应的操作(例如只是简单地输出元素值)。在顺序栈中,只需要依次访问栈存储空间(stackdata)的 0 至 top-1 之间的位置上的元素即可。具体算法描述如下:

```
void TraverseStack(SeqStack * S)
{
  int i;
  for(i=0;i<S->top;i++)
    printf(" % d\t",S->stackdata[i]);
}
```

6.获取栈顶元素

只需根据栈顶指针的位置即可获得栈顶元素,但此时不需要修改栈顶指针,获取元素后,该元素依然保存于栈顶,栈也未发生任何变化。具体算法描述如下:

```
Status GetTop(SeqStack * s, ElemType * e)
{
  if(! S) return Err_InvalidParam;           //顺序栈无效
  if(S->top==0) return Err_NoResult;        //栈为空
  * e=S->stackdata[S->top-1];              //获取栈顶元素
  return OK;
}
```

7.元素入栈

元素入栈是栈重要的操作之一,其实质就是在栈顶插入新的元素 e,使其成为新的栈顶元素。在顺序栈中元素入栈时,要判断当前栈是否已满(即栈中元素个数是否已达到了栈当前分配空间的大小),如果栈已满,再进行入栈操作将会出现"上溢"问题。在下面的算法描述中,当判断栈已满时,将会为栈追加存储空间。具体算法描述如下:

```
Status Push(SeqStack * S,ElemType e)
{
  ElemType * newstack;
  if(! S) return Err_InvalidParam;              //顺序栈无效
  if(S->top==S->stacksize)  .                   //栈满,追加存储空间
  newstack=(ElemType * )realloc(S->stackdata,
    (S->stacksize+ Stack_Increment) * sizeof(ElemType));
  if(! newstack) return Err_Memory;             //内存分配错误
  S->stackdata= newstack;
  S->top=S->stackdata+S->stacksize;
  S->stacksize+=Stack_Increment;                //修改当前栈的可用空间大小
  S->stackdata[S->top++]=e;                     //将元素 e 存入栈顶,然后将 top 加 1
  return OK;
}
```

8.元素出栈

元素出栈也是栈重要的操作之一,在获取栈顶元素的同时还要修改栈顶指针,使其指向新的栈顶。顺序栈中,出栈操作首先要判断栈是否为空栈,如果栈已空,继续出栈操作将会产生"下溢"问题。如果栈不为空,则获取栈顶元素,并将栈顶指针减 1。具体算法描述如下:

```
Status Pop(SeqStack * s,ElemType * e)
{
  if(! S) return Err_InvalidParam;              //顺序栈无效
  if(S->top==0) return Err_NoResult;            //栈为空
   * e=S->stackdata[--S->top];                  //将 top 减 1,然后将栈顶元素存入 e 中
  return OK;
}
```

3.1.3 栈的链式存储结构及运算

链栈就是利用单链表作为栈的存储结构,单链表的第一个结点为栈顶,而最后一个结点即为栈底。链栈既可以是带头结点的链表也可以是不带头结点的链表。链栈通常由一个栈顶指针 top 进行标识,对于不带头结点的链栈,栈顶指针直接指向栈顶结点;而对于带头结点的链栈,栈顶指针指向头结点。链栈结点结构的 C 语言描述如下:

```
typedef struct node
{
  ElemType data;            //数据域,用于存放栈中的数据元素
  Struct node * next;       //指针域
}StackNode, * LinkStack;
```

如图 3.1 所示,是一个带头结点的链栈示意图。可以看到,对于带头结点的链栈,其栈顶结点是由栈顶指针 top 的 next 域指示的。

实际上链栈就是一个限定只能在表头(第 1 个位置)进行插入(入栈)和删除(出栈)操作的链表,因此链栈的许多基本操作与单链表无异。下面将以带头结点的链栈讨论获取栈顶元素、出栈和入栈的特有操作的实现算法,其他几个栈基本操作可参照单链表中对应的部分。

1.获取栈顶元素

在链栈中获取栈顶元素其实就是获取链表第一个结点(由栈顶指针的 next 域指示)的数据元素值。具体算法描述如下:

```
Status GetTop(LinkStack top,ElemType * e)
{
    if(! top) return Err_InvalidParam;          //链栈无效
    if(! top->next) return Err_NoResult;        //栈为空
    * e=top->next->data;                        //获取栈顶元素,并将其存入 e 中
    return OK;
}
```

2.元素入栈

与顺序栈不同,在链栈中将数据元素 e 入栈,不需要判断栈是否已满,只需要生成一个包含元素 e 的新结点,并将新结点插入到链栈的第一个位置(栈顶)上即可。具体算法描述如下:

```
Status Push(LinkStack top,ElemType e)
{
    StackNode * s;
    if(! top) return Err_InvalidParam;                      //链栈无效
    s=(StackNode *)malloc(sizeof(StackNode));               //生成新结点 s
    if(! s) return Err_Memory;                              //内存分配错误
    s->data=e;                                              //将数据元素 e 存放到新结点的数据域
    s->next=top->next;                                      //将 s 插入到栈顶
    top->next=s;
    return OK;
}
```

3.元素出栈

在链栈中,出栈元素首先要判断栈是否为空,如果不为空则提取第一个结点(栈顶)的数据元素,并将该结点删除。具体算法描述如下:

```
Status Pop(LinkStack top, ElemType * e)
{
    StackNode * p;
    if(! top) return Err_InvalidParam;          //链栈无效
    if(! top->next) return Err_NoResult;        //栈为空
    * e= top->next->data;                       //将栈顶数据元素保存至 e 中
    p=top->next;                                //p 指向栈顶结点
    top->next=p->next;                          //删除栈顶结点
    free(p);                                    //释放结点
    return OK;
}
```

3.2 栈的应用

栈结构具有后进先出的固有特性,这一特性使栈成为程序设计中常用的工具。本节将介绍几个栈应用的例子。由于这些例子都要用到栈结构和算法,所以我们把栈的常量定义、数据类型及实现基本操作函数等编辑到一个名为 Stack.c 的文件中(该文件中使用的是顺序栈,读者也可以使用链栈)。在使用时只需利用 C 语言的包含(# include)指令将该文件包含进来即可。文件 Stack.c 的具体内容为:

```
/* Stack.c */
/* 常量定义 */
#define OK 0                          //成功执行
#define Err_Memory —1                 //内存分配错误
#define Err_InvalidParam— 2           //输入参数无效
#define Err_Overflow—3                //溢出错误
#define Err_ IllegalPos — 4           //非法位置
#define Err_NoResult —5               //无返回结果或返回结果为空
#define Stack_Init_ Size 100          //栈的初始大小
#define Stack_Increment 10            //栈的存储空间分配增量
/* 数据类型 */
typedef int ElemType;                 //ElemType 为栈的元素类型
typedef struct                        //栈结构
{
  ElemType * stackdata;               //栈中数据元素存储空间(一维数组)的起始地址
   int top;                           //栈顶指针,实际上是栈顶位置的数组下标
   int stacksize;                     //栈当前的可用大小,初始大小由 Stack_Init_Size 指定
}SeqStack;
typedef int Status;                   //函数返回状态
/* 以下是需要用到的栈的基本操作的实现函数 */
Status InitStack(SeqStack * S)        //初始化栈
{/* 具体代码略,请参见 3.1.3 节相关部分内容 */}
int EmptyStack(SeqStack * S)          //判断是否为空栈
{ /* 具体代码略,请参见 3.1.3 节相关部分内容 */}
Status GetTop(SeqStack * S,ElemType * e)      //获取栈顶元素,将其存入 e
{/* 具体代码略,请参见 3.1.3 节相关部分内容 */}
Status Push(SeqStack * S, ElemType e)     //元素 e 入栈
{ /* 具体代码略,请参见 3.1.3 节相关部分内容 */}
Status Pop(SeqStack * S,ElemType * e)     //栈顶元素出栈,存入 e 中
{ /* 具体代码略,请参见 3.1.3 节相关部分内容 */}
```

3.2.1 数制转换

数值进位制的换算是计算机实现计算和处理的基本问题。例如,将十进制数转换为等价的二进制、八进制或十六进制数等都是常见的数制转换问题。将一个非负的十进制整数 N 转换为另一个等价的 h 进制数,很容易通过"除 h 取余法"来解决。其依据的基本原理是:

$$N=(N/h)\times h+N\%h \quad (其中，/为整除运算，\%为求余运算)$$

以$(1998)_{10}=(3716)_8$为例，其转换过程如下：

N	N/8	N%8
1998	249	6
249	31	1
31	3	7
3	0	3

这一计算过程是从低位到高位顺序产生八进制数的各个数位，而打印输出，应从高位到低位进行，恰好和计算过程相反。因此可将计算过程中得到的八进制数的各位顺序入栈，则按出栈顺序打印的序列即为与输入十进制数对应的八进制数。详细程序如下：

```
/*头文件*/
# include <stdio.h>
# include <malloc.h>
# include "Stack.c"                          //栈实现程序
/*转换函数*/
void conversion(int N,int h)                 //将十进制数 N 转换成 h 进制
{
  SeqStack * S;                              //声明栈
  ElemType e;
  S=(Seqstack*)malloc(sizeof(Seqstack));     //分配地址
  if(! S) {printf("内存分配错误!\n");return;}
  InitStack(S);                              //初始化栈
  while(N)
  {
    Push(S, N%h);
    N=N/h;
  }
  printf("转换结果为：");
  while(! EmptyStack(S))
  {
    Pop(S,&e);
    printf("%d",e);
  }
}
/*主程序*/
void main()
{
  int N,m;                                   //分别用于存放要转换的十进制数值和要转换的进制
  printf("请输入要转换的十进制数:");
  scanf("%d",&N);
  printf("请输入要转换的进制:");
  scanf("%d",&m);
  conversion(N,m);                           //调用进制转换函数
}
```

3.2.2 括号匹配的检验

假设一个算术表达式中允许包含圆括号、方括号和花括号三种类型的括号,那么任意一个表达式中,每一种括号的出现必须正确配对(左右括号成对),并符合正确地嵌套规则。例如,"[()]]"或"{()"均为不正确的格式。检验括号是否匹配的方法可用"期待的急迫程度"这个概念来描述。后出现的左括号等待与其匹配的右括号的迫切程度要高于先出现的左括号。也就是说,后出现的左括号要优先检验,对右括号来说,每个出现的右括号都要去找在它之前最后出现(离它最近)的左括号进行匹配。显然必须把后出现的左括号依次保存,最后保存的左括号优先检验。为了体现这种优先关系,采用栈结构最为合适。

下面介绍一个利用栈来实现表达式中括号匹配检测的算法。其基本思想是:计算机从前向后扫描表达式,遇左括号就入栈;若遇右括号就弹出栈顶元素。判断它们是否属于同一种括号,若是则继续扫描;否则返回,表示不配对。当整个算术表达式扫描完毕时,若栈为空,表示括号正确配对,否则不配对。具体程序描述如下:

```
/* 头文件 */
# include <stdio.h>
# include <malloc.h>
# include "Stack.c"                        //栈实现程序
/* 括号匹配检测函数 */
void brackets(char * expression)           //检测表达式 expression 中的括号是否匹配
{
  SeqStack * S;                            //声明栈 S
  char ch1,ch2;
  int pos=1;                               //指示当前表达式字符位置
  S=(SeqStack *)malloc(sizeof(SeqStack));  //为 S 分配地址
  if(! S) {printf("内存分配错误! \n");return;}  //内存分配错误
  InitStack(S);                            //初始化栈
  ch1=expression [pos-1];                  //取出表达式第一个字符至 ch1 中
  while(ch1! ='\0')                        //依次扫描表达式
  {
    if(ch1=='('||ch1=='['||ch1=='{')
    Push(S,ch1);                           //左括号入栈
    else if(ch1==')'||ch1==']'||ch1=='}')  //如果是右括号
    {
      if(EmptyStack(S))                    //如果栈空,则当前右括号多余
      { printf("表达式中第 %d 个位置的括号'%c不匹配! \n",pos, ch1);
        return;
      }
      else                                 //若栈不为空
      {
        Pop(S,&ch2);                       //栈顶字符出栈
        if((ch1==')'&&ch2! ='(')||(ch1==']'&&ch2! ='[')||(ch1=='}'&&ch2! ='{'))
        { /* 如果表达式当前括号与栈顶不匹配,返回 */
          printf("表达式中第 %d 个位置的括号'%c不匹配! \n",pos, ch1);
```

```
                    return;
                  }
                }
              }
        ch1＝expression[pos＋＋];                    //获取表达式下一字符
      }
    if(EmptyStack(S))                        //扫描表达式所有字符后,栈为空,则表明括号匹配成功
       printf("括号匹配! \n");
    else                                    //否则栈不为空,意味着存在左括号无右括号匹配
       printf("表达式中缺少右括号! \n");
}
/*主程序*/
void main()
{
    char str[100];                          //声明用于存储表达式的字符串
    printf("请输入表达式(不超过 100 个字符):");
    gets(str);                              //输入表达式
    brackets(str);                          //调用括号匹配检验函数
}
```

3.2.3　表达式求值

表达式是由运算对象、运算符、括号等组成的有意义的式子。表达式求值是程序设计语言编译中的一个基本问题。它的实现是栈应用的一个典型例子。

1.算术表达式的中缀表示

把运算符放在参与运算的两个操作数中间的算术表达式称为中缀表达式。中缀表达式是我们日常最熟悉的算术表达形式,例如,表达式 $2+3*4-6/9$ 就是一个中缀表达式。

算术表达式中包含了算术运算符和算术量(常量、变量、函数),而运算符之间又存在着优先级。编译程序在求值时,不能简单地从左到右计算,而是要先计算优先级高的运算,再计算优先级低的运算,同一级运算才可以按照从左到右的顺序计算。在计算机中直接实现中缀表达式的求值比较麻烦,除考虑运算符的优先级外还要处理括号,而后缀表达式求值较方便(无须考虑运算符的优先级及圆括号)。

2.算术表达式的后缀表示

把运算符放在参与运算的两个操作数后面的算术表达式称为后缀表达式。例如,表 3.1中给出了两个中缀表达式及其所对应的后缀表达式(注:在后缀表达式中为了加以区分,操作数间用空格隔开)。

表 3.1　　　　　　　　　　　　　　　后缀表达式举例

中缀表达式	后缀表达式
3/5＋8	3 5/8＋
45－7＊(2＋3)	45 7 2 3＋ ＊ －

后缀表达式的计算十分方便,不需要考虑运算符的优先级,只需从左到右扫描一遍后缀表达式即可。具体求值步骤为:从左到右扫描后缀表达式,遇到运算符就把表达式中该运算

符前面两个操作数取出并运算,然后把结果带回后缀表达式;继续扫描直到后缀表达式的最后一个表达式结束。例如,后缀表达式 4 5 7 2 3＋＊－的计算过程为:

$$4\ 5\ 7\ 2\ 3＋＊－＝4\ 5\ 7\ 5＊－＝4\ 5\ 35－＝10$$

要利用后缀表达式计算,首先要将中缀表达式转换成后缀表达式。其转换规则是把每个运算符都移到它的两个操作数的后面,然后删除所有的括号即可。例如,将中缀表达式 $45－7＊(2＋3)$ 转换成后缀表达式的基本过程为:

$$45－7＊(2＋3)\rightarrow45－7＊(2\ 3＋)\rightarrow45－7(2\ 3＋)＊$$
$$\rightarrow45\ 7(2\ 3＋)＊－\rightarrow45\ 7\ 2\ 3＋＊－$$

3.算法思想

计算机实现算术表达求值最主要的是要实现两个算法:中缀表达式转换成等价后缀表达式算法和后缀表达式求值算法。

(1)中缀表达式转换成等价后缀表达式算法

将中缀表达式转换成等价的后缀表达式后,表达式中操作数次序不变,运算符次序发生变化,同时去掉了圆括号。转换算法思路为:设立一个栈,存放运算符,首先栈为空,编译程序从左到右扫描中缀表达式:

①若遇到操作数,直接输出,并输出一个空格作为两个操作数的分隔符;

②若遇到运算符,则必须与栈顶比较,运算符优先级比栈顶级别高则入栈,否则栈顶元素出栈并输出;

③若遇到左括号,入栈;

④若遇到右括号,则一直出栈并输出,直到在栈中遇到左括号止。

当栈变成空时输出的结果即为后缀表达式。表 3.2 描述了将中缀表达式 $(12＋2)＊$ $((38－2)/(7－4))$ 转换成等价的后缀表达式的过程。

表 3.2　　　　　　　　中缀表达式转换成后缀表达式算法举例

步骤	栈中元素	输出结果	说明	步骤	栈中元素	输出结果	说明
1	(		(入栈	11	＊((－	12 2＋ 38 2	输出 2
2	(	12	输出 12	12	＊(	12 2＋ 38 2－	出栈直到(,输出－
3	(＋	12	＋入栈	13	＊(/	12 2＋ 38 2－	/入栈
4	(＋	12 2	输出 2	14	＊(/(	12 2＋ 38 2－	(入栈
5		12 2＋	出栈直到(,输出＋	15	＊(/(	12 2＋ 38 2－7	输出 7
6	＊	12 2＋	＊入栈	16	＊(/(－	12 2＋ 38 2－7	－入栈
7	＊(	12 2＋	(入栈	17	＊(/(－	12 2＋ 38 2－7 4	输出 4
8	＊((	12 2＋	(入栈	18	＊(/	12 2＋ 38 2－7 4－	出栈直到(,输出－
9	＊((	12 2＋ 38	输出 38	19	＊	12 2＋ 38 2－7 4－/	/出栈输出,到(止
10	＊((－	12 2＋ 38	－入栈	20		12 2＋ 38 2－7 4－/＊	＊出栈输出,结束

(2)后缀表达式求值算法

设置一个栈,开始时,栈为空,然后从左到右扫描后缀表达式:

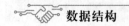

①若遇操作数,则入栈;

②若遇运算符,则从栈中退出两个元素,先退出地放到运算符右边,后退出地放到运算符左边,运算后的结果再入栈,直到后缀表达式扫描完毕。此时,栈中仅有一个元素,即为运算的结果。表3.3描述了后缀表达式 12 2+38 2-7 4-/* 的计算过程。

表 3.3　　　　　　　　　　　后缀表达式算法计算过程举例

步骤	栈中元素	说明
1	12	12 入栈
2	12 2	2 入栈
3	14	遇到+,12 和 2 出栈,计算 12+2,并将结果 14 入栈
4	14 38	38 入栈
5	14 38 2	2 入栈
6	14 36	遇到-,38 和 2 出栈,计算 38-2,并将结果 36 入栈
7	14 36 7	7 入栈
8	14 36 7 4	4 入栈
9	14 36 3	遇到-,7 和 4 出栈,计算 7-4,并将结果 3 入栈
10	14 12	遇到/,36 和 3 出栈,计算 36/3,并将结果 12 入栈
11	168	遇到*,14 和 12 出栈,计算 14*12,并将结果 168 入栈
12		扫描结束,计算结果 168 出栈输出

4.程序实现

依据前面讨论的算法,就可以将输入的中缀算术表达式转换成等价的后缀表达式,然后再利用后缀表达式求值算法计算表达式的值。下面给出具体的程序代码(请读者参考注释阅读和理解):

```
# include <stdio.h>
# include <malloc.h>
# include <string.h>
# include "Stack.c"                                    //栈实现程序
/* ComparePriority(Lopt,Ropt)函数用于比较两个运算符优先关系。由于在后缀表达式中不涉及
括号,因此只需比较+、-、*、/四个运算符的优先级。按照从左至右的顺序,如果 Lopt 的优先数大于或与
Ropt 的优先数相同,则返回 True(Lopt 优先于 Ropt),否则返回 False */
int ComparePriority(char Lopt, char Ropt)
{
    int LPriority=0,RPriority=0;                       //分别保存 Lopt 和 Ropt 的优先数
    /* 设置 Lopt(左边运算符)的优先数 */
    if(Lopt=='+'||Lopt=='-') LPriority=1;              //加和减的优先数为 1
    else if(Lopt=='*'||Lopt=='/') LPriority=2;         //乘和除的优先数为 2
    /* 设置 Ropt(右边运算符)的优先数 */
    if(Ropt=='+'||Ropt=='-') RPriority=1;              //加和减的优先数为 1
    else if(Ropt==' * '||Ropt=='/') RPriority=2;       //乘和除的优先数为 2
```

```
                                       /* Lopt 的优先数大于等于 Ropt 的优先数返回 True,否则返回 False */
    return ((LPriority－RPriority)＞=0);
}
/* InfixToSuffix(Infix)函数将中缀表达式 Infix 转换成相应的后缀表达式 */
char * InfixToSuffix(char * Infix)
{
    char ch1,ch2, chpre= '\0';              //chpre 用于存放 Infix 当前字符的前一个字符
    char * Suffix;                          //存放转换的后缀表达式
    int posIn＝0,posSu＝0;                   //分别指示 Infix 和 Suffix 当前位置
    SeqStack * Soptr;                       //声明栈
    Suffix＝(char * )malloc((strlen(Infix)＋1) * 2 * sizeof(char));   //分配空间
    if(! Suffix) {printf("内存分配失败! \n");return NULL;}
    Soptr＝(SeqStack * ) malloc(sizeof(SeqStack));          //为栈 Soptr 分配地址
    if(! Soptr) {printf("内存分配失败! \n");return NULL;}
    InitStack(Soptr);                                      //初始化栈
    while(Infix[posIn]! ='\0')                             //逐一扫描字符串 Infix
    {
      ch1＝Infix{posIn};                      //ch1 为获取的 Infix 的当前字符
      if(ch1==' '){posIn++;continue;}         //如果当前字符为空格,则忽略
      if(ch1＞='0'&&ch1＜='9')                 //如果当前字符为数字
    {/* 如果前一个字符是运算符或左括号,Suffix 当前位置填入一个空格,以表示新操作数的开
始,同时将当前的数字字符填入下一位置 */
      if(chpre=='+'||chpre=='-'||chpre=='*'||chpre=='/'||chpre=='(')
      {
        Suffix[posSu++]=' ';                  //在新操作数前填入空格
        Suffix[posSu++]=ch1;
                                              //数字字符直接进入 Suffix 的当前位置,posSu 加 1
      }
      else if(chpre=='\0' ||(chpre＞='0' &&chpre＜='9'))
      {
        Suffix[posSu++]=ch1;                  //数字字符直接进入 Suffix 的当前位置,posSu 加 1
      }
      else
      {printf("表达式非法! \n");return NULL;}
    }
    else if(ch1=='(')
      Push(Soptr,ch1);                        //如果是左括号,直接入栈
    else if(ch1==')')            //如果是右括号,遇到左括号前将栈中运算符出栈添加到 Suffix
    {/* 栈不空,且栈顶元素非左括号 */
      while(! EmptyStack(Soptr)&&(GetTop(Soptr,&ch2) ==OK) &&ch2! = '(')
      {
```

```
            Suffix[posSu++]=ch2;                    //栈顶运算符填入 Suffix
            Pop(Soptr, &ch2);                       //出栈
        }
        if(EmptyStack(Soptr))
        { printf("表达式非法！\n");return NULL;}//没有遇到左括号
            Pop(Soptr, &ch2);                       //左括号出栈
        }
        else if(ch1=='+'||ch1=='-'||ch1=='*'||ch1=='/')        //如果当前为运算符
        {
            if(EmptyStack(Soptr)) Push(Soptr,ch1);//栈空则直接入栈
            else
            {/* 否则将栈中所有优先级高于当前运算符的运算符依次出栈,将其添加到 Suffix 中 */
                while(! EmptyStack(Soptr)&&(GetTop(Soptr,&ch2)==OK)&&ComparePriority(ch2, ch1))
                {
                    Suffix[posSu++]=ch2;                //栈顶运算符填入 Suffix
                    Pop(Soptr, &ch2);                   //运算符出栈
                }
                Push(Soptr,ch1);                        //将当前运算符入栈
            }
        }
        else { printf("表达式非法！\n");return NULL;}     //若 ch 为其他字符,表达式非法
        chpre=ch1;                              //chpre 保存 Infix 的当前字符
        posIn++;                                //posIn 指向 Infix 的下一字符
    }
    while(! EmptyStack(Soptr))                           //将栈中其余的运算符依次出栈,并添加到 Suffix 中
    {
        Pop(Soptr, &ch2);
        Suffix[posSu++ ]=ch2;
    }
    Suffix[posSu]='\0';                        //为 Suffix 设置字符串结束标识
    free(Soptr);                               //释放 Soptr
    return Suffix;                             //返回后缀表达式 Suffix
}
/* 字符串转换整型函数,注意 char 类型数据实际上保存的是其 ASCII 码的值,字符'0'的 ASCII 码的
值为 48,因此每个数字字符应该减去 48 才是其相应的整型值 */
int StrToInt(char * str)
{
    int i,result=str[0]-48;
    for(i=1;i<strlen(str);i++)
        result=result * 10+(str[i]-48);
    return result;
}
```

```
}
/*计算两个操作数的结果*/
int Cal(int opnd1, char opt, int opnd2)
{
    int result;
    switch(opt)
    {
        case '+':result=opnd1+opnd2;break;          //加法运算
        case '-':result=opnd1-opnd2;break;          //减法运算
        case '*':result=opnd1*opnd2;break;          //乘法运算
        case '/':result=opnd1/opnd2;break;          //除法运算
    }
    return result;
}
/*以下函数计算输入的后缀表达式结果,成功返回计算结果,失败则返回-1*/
int CalculateExpression(char * Suffix)
{
    char ch, stropnd[11];              //stropnd用于临时存放要转换成整数的操作数字符串
    int opnd1,opnd2,1,pos=0;
    SeqStack * Sopnd;                                    //声明栈
    Sopnd=(SeqStack * )malloc(sizeof(SeqStack));         //为栈 Sopnd 分配地址
    if(! Sopnd){printf("内存分配失败! \n");return -1;}
    InitStack(Sopnd);                                    //初始化栈
    while(Suffix[pos]! ='\0')                            //扫描后缀表达式 Suffix
    {
        ch=Suffix[pos];                                  //ch 为后缀表达式当前字符
        if(ch==' '){pos++ ;continue; }                   //空格略过
        if(ch>='0'&&ch<='9')                             //如果当前字符是数字
        {/*将连续的数字组合成一个整数(表达式中操作数之间是由空格或其他运算符隔开的)*/
        i=0;
        while(Suffix[pos]>='0'&&Suffix[pos]<='9')
            stropnd[i++]=Suffix[pos++];                  //将连续的数字存储到字符串 stropnd
        stropnd[i]='\0';                                 //设置字符串结束符
        opnd1=StrToInt(stropnd);                         //将字符串 stropnd 转换成整数
        Push(Sopnd, opnd1);                              //操作数入栈
        }
    else                                                 //如果不是数字,则是运算符
    {/*从栈中弹出两个操作数*/
    if(Pop(Sopnd, &opnd2)! =OK)
    { printf("表达式非法! \n"); return -1;}
    if(Pop(Sopnd, &opnd1)! =OK)
    { printf("表达式非法! \n"); return-1;}
```

```
        Push(Sopnd, Cal(opnd1,ch, opnd2));          //将两个操作数计算结果入栈
        pos++；    //pos 指向下一字符
      }
   }
  if(Pop(Sopnd, &opnd1)！＝OK||！EmptyStack(Sopnd)) //将结果出栈,保存到 opnd1
    { printf("表达式非法！\n"); return －1; }        //如果出栈失败或出栈后栈不空,表达式非法
      free(Sopnd)；                                 //释放栈
      return opnd1;                                 //返回结果
  }
  /＊以下为主程序＊/
  void main()
  {
    char Expression[100]，＊Suffix;
    int result;
    printf("请输入计算表达式：");
    gets(Expression)；                              //输入表达式字符串(中缀)
    Suffix＝InfixToSuffix(Expression)；             //将中缀表达式转换成后缀表达式
    if(Suffix)
     {
      printf("后缀表达式为：％s\n", Suffix);
      result＝CalculateExpression(Suffix);          //调用后缀表达式求值算法计算结果
      if(result＞＝0)                               //计算成功
        printf("运算结果为：％d\n", result);
     }
   }
```

3.3　栈与递归

递归是程序设计中的一个有力工具。在后面的章节和实际中将涉及一些递归算法,因为这些问题用递归方法求解使程序非常简单,而栈在实现递归调用中起了关键作用。

3.3.1　递归的概念

所谓递归,是指一个函数、过程或者数据结构,若在其定义的内部又直接或者间接出现有定义自身的应用,则称其是递归(Recursion)的或者是递归定义的。在调用一个函数(程序)的过程中又直接或间接地调用该函数(程序)本身,称为函数的递归调用。一个递归的求解问题必然包含终止递归的条件,当满足一定条件时就终止向下递归,从而使问题得到解决。描述递归调用过程的算法称为递归算法。在递归算法中,需要根据递归条件直接或间接地调用算法本身,当满足终止条件时结束递归调用。

3.3.2　递归的算法

递归算法常常比非递归算法更容易设计,尤其是当问题本身或所涉及的数据结构是递

归定义的时候,使用递归算法特别合适。

有很多数学函数是递归定义的,如大家熟悉的阶乘函数 $n!$ 的定义为:

$$n! = \begin{cases} 0!=1 & \text{//递归终止条件} \\ n\times(n-1)1>0 & \text{//递归步骤} \end{cases}$$

根据定义可以很自然地写出相应的递归函数。

```
int fact(int n)
{ if(n==0) return 1;
  else return (n* fact(n-1));
}
```

递归算法的设计步骤如下:

第一步(递归步骤):将规模较大的原问题分解为一个或多个规模较小、但具有类似于原问题特性的子问题。即较大的问题递归地用较小的子问题来描述,解原问题的方法同样可用来解这些子问题。

第二步:确定一个或多个无须分解、可直接求解的最小子问题(称为递归的终止条件)。

递归算法有两个基本的特征:递归归纳和递归终止。首先能将问题转化为比原问题小的同类规模,归纳出一般递推公式,故所处理的对象要有规律地递增或递减,当规模小到一定程度应该结束递归调用,逐层返回。

有的数据结构,如二叉树、广义表等,由于结构本身固有的递归特性,则它们的操作可递归地描述;还有一类问题,虽然问题本身没有明显的递归结构,但用递归求解比迭代求解更简单,如八皇后问题、Hanoi 塔问题等。

例:(n 阶 Hanoi 塔问题)假设有三个分别命名为 X、Y 和 Z 的塔座,在塔座 X 上插有 n 个直径大小各不相同,依小到大编号为 $1,2,\cdots,n$ 的圆盘,如图 3.3 所示。现要求将 X 轴上的 n 个圆盘移至 Z 上并仍按同样顺序叠排,圆盘移动时必须遵循下列规则。

(1)每次只能移动一个圆盘;

(2)圆盘可以插在 X、Y 和 Z 中的任一塔座上;

(3)任何时刻都不能将一个较大的圆盘压在较小的圆盘之上。

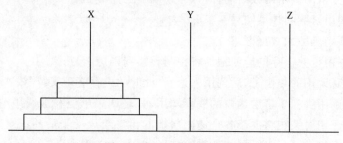

图 3.3　Hanoi 塔问题示意图

汉诺塔(Tower of Hanoi)问题的解法如下:

如果 $n=1$,则将这一个圆盘直接从 X 轴移到 Z 轴上。否则,执行以下三步:

(1)用 Z 轴作过渡,将 X 轴上的 $(n-1)$ 个圆盘移到 Y 轴上;

(2)将 X 轴上最后一个圆盘直接移到 Z 轴上;

(3)用 X 轴做过渡,将 Y 轴上的 $(n-1)$ 个圆盘移到 Z 轴上。

这样,我们把移动 n 张圆盘的任务转化成移动 $n-1$ 张圆盘的任务;同样的道理,移动 n

—1 张圆盘的任务又可转化成为移动 $n-2$ 张圆盘的任务；……；直到转化为移动一张圆盘，问题便得到解决。

算法如下：

```
void hanoi(int n, char x, char y, char z, int &i)
/*将塔座 x 上按直径由小到大且自上而下编号为 1 至 n 的 n 个圆盘按规则搬到塔座 z 上,y 作辅助
塔座 */
{ if(n==1)
  { move(x, 1, z);              /*将编号为 1 的圆盘从 x 移到 z */
    i++;
  }
  else
  { hanoi(n-1, x, z, y);        /*将 x 上编号为 1 至 n-1 的圆盘移到 y,z 作辅助塔 */
    move(x, n, z);             /*将编号为 n 的圆盘从 x 移到 z */
    i++;
    hanoi(n-1, y, x, z);       /*将 y 上编号为 1 至 n-1 的圆盘移到 z,x 作辅助塔 */
  }
}
```

显然,Hanoi 塔算法是一个递归函数,在函数的执行函数中,需多次进行自我调用。那么,这个递归函数是如何执行的呢？递归在计算机中如何实现呢？

在高级语言编译的程序中,调用函数与被调用函数之间的链接和信息交换必须通过栈进行。当一个函数运行期间调用另一个函数时,在运行该被调用函数之前,需先完成以下三件事。

(1)将所有的实际参数、返回地址等信息传递给被调用函数保存(一般形象地称为“保存现场”,以便需要时“恢复现场”返回到某一状态)。

(2)为被调用函数的局部变量分配存储区。

(3)将控制转移到被调用函数的入口。

从被调用函数返回调用函数之前,应该完成以下三件事。

(1)保存被调用函数的计算结果；

(2)释放被调用函数的数据区；

(3)依照被调用函数保存的返回地址将控制转移到调用函数。

多个函数嵌套调用的规则是:后调用先返回,此时的内存管理实行“栈式管理”。

递归函数的调用类似于多层函数的嵌套调用,只是调用单位和被调用单位是同一个函数而已。在每次调用时系统将属于各个递归层次的信息组成一个活动记录,这个记录中包含着本层调用的实参、返回地址、局部变量等信息,并将这个活动记录保存在系统的“递归工作栈”中,它的作用是:将递归调用时的实际参数和函数返回地址传递给下一层执行的递归函数;保存本层的参数和局部变量,以便从下一层返回时重新使用它们。

每当递归调用一次,就要在栈顶为过程建立一个新的活动记录,一旦本次调用结束,则将栈顶活动记录出栈,根据获得的返回地址信息返回到本次的调用处。这样栈顶活动记录的内容始终为当前最新执行过程的活动记录。

下面给出 3 张盘移动时递归调用情况,注意形式参数(n,x,y,z)与实在参数地对应变

化情况。hanoi(3,a,b,c);执行时分为以下三步:

(1)hanoi(2,a,c,b);

    hanoi(1,a,b,c); move(a,1,c);   1 号盘移到 c

    move(a,2,b);   2 号盘移到 b

    hanoi(1,c,a,b); move(c,1,b);   1 号盘移到 b

(2)move(a,3,c);   3 号盘移到 c

(3)hanoi(2,b,a,c);

    hanoi(1,b,c,a); move(b,1,a);   1 号盘移到 a

    move(b,2,c) ;   2 号盘移到 c

    hanoi(1,a,b,c); move(a,1,c);   1 号盘移到 c

从以上可以看出,递归算法简单直观,是整个计算机算法和设计领域一个非常重要的方面,必须熟练掌握和应用。但计算机的执行过程比较复杂,需要用系统栈进行频繁的进出栈操作和转移操作。递归转化为非递归后,可以解决一些空间上不够的问题,但程序太复杂,所以,并不是一切递归问题都要设计成非递归算法。实际上,很多稍微复杂一点的问题(比如:二叉树的遍历、图的遍历、快速排序等),不仅很难写出它们的非递归过程,而且即使写出来也非常烦琐和难懂。在这种情况下,编写出递归算法是最佳选择,有时比较简单的递归算法也可以用迭代加循环或栈加循环的方法去实现。

3.4 队列

排队是我们日常生活中最为常见的一种现象,比如在售票窗口排队购票、在食堂窗口排队打饭等。与日常排队做法的特点相同,队列(Queue)作为一种运算受限制的线性表,在许多领域有重要的应用。例如,操作系统中的进程控制、作业管理和打印管理等。与栈不同的是队列是限制在表的两端进行操作的线性表。

3.4.1 队列的定义和基本运算

1.队列的定义

队列是一种先进先出(First In First Out,FIFO)的线性表,简称 FIFO 表。队列只允许在其一端插入数据元素称作入队,而在另一端删除数据元素称作出队。与排队购票一样,能够插入元素的一端称为队尾(rear),允许删除元素的一端称为队头(front)。不含任何元素的队列称为空队列。

如图 3.4 所示,对于具有 n 个元素的队列 $Q=(a_1,a_2,\cdots,a_n)$,称 a_1 为队头元素,a_n 为队尾元素。队列中的元素按 $a_1,a_2,\cdots,a_n$ 的顺序进队,也只能按 $a_1,a_2,\cdots,a_n$ 的顺序出队,即队列的操作是按照先进先出原则进行的。

图 3.4 队列示意图

2.队列的基本运算

除了出队和入队之外,队列的基本操作与栈基本相同。

队列的基本操作有以下 9 种:

InitQueue(Q):构造一个空队列 Q。

DestroyQueue(Q):销毁队列 Q,释放其空间。

ClearQueue(Q):将队列 Q 清为空队列。

EmptyQueue(Q):测试队列 Q 是否为空队列,若为空队列返回 True,否则返回 False。

LengthQueue(Q):求队列 Q 的长度(即队列中数据元素的个数)。

TraverseQueue(Q):访问队列 Q 中的每个元素一次。

GetHead(Q,e):获取队列 Q 的队头元素,并将其存到 e 中。

EnQueue(Q,e):入队操作,将元素 e 插入到队列 Q 的队尾。

DeQueue(Q,e):出队操作,将队列 Q 的队头元素删除,并将其存到 e 中。

与线性表类似,队列也有顺序存储和链式存储两种存储结构。由于队列的插入和删除是在两端(分别在队尾和队头)进行的,因此无论哪种结构都要附设指向队头和队尾的指针。

3.4.2　循环队列——队列的顺序表示和实现

当系统中需要多个队列时,应尽量采用链表作为它的存储结构,因为对于链队列,一般情况下是不会发生上溢的。但是,在链队列中每个结点都设有一个指针域,这就降低了存储的密度。因此,很多情况下仍然需要用顺序存储结构来表示队列。

队列的顺序存储是按照队列中的数据元素的顺序,将数据元素存放在一组连续的内存中,可以用一维数组作为队列的顺序存储空间。为了指示队头和队尾的位置,还需要设置头、尾两个指针。其结构定义如下:

```
#define Max_ QSize 100        //队列最大容量(分配空间大小)
typedef struct
    {ElemType data[Max_QSize];  //队列数据元素存储空间
    int front;                //头指针(实际上是 data 数组的下标)
    int rear;                 //尾指针(实际上是 data 数组的下标)
    } SeqQueue;               //顺序队列类型
```

这里约定,头指针(front)总是指向队列中实际队头元素的位置,而尾指针(rear)总是指向队尾元素的下一个位置。初始化空队列时,front＝rear＝0(图 3.5(a));每当在队尾插入新的元素时,尾指针增 1;每当删除队头元素时,头指针增 1。图 3.5 描述了一个顺序存储表示的队列(设队列最大容量为 6)的头指针、尾指针和数据元素之间的关系。

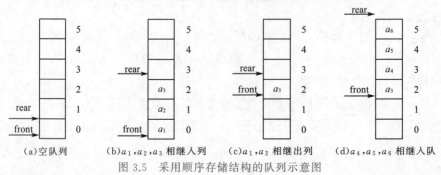

图 3.5　采用顺序存储结构的队列示意图

假设当前队列处于如图 3.5(d)所示的情形,倘若还有元素请求进入队列,则由于队尾指针已经超出了队列的最后一个位置,因而插入元素时就会因为数组越界而发生"溢出"。但是,这时的队列并非真的满了,事实上,队列中尚有 2 个空闲空间。也就是说,从存储空间上看队列还没有满,但队列却发生了溢出,这种现象称作"假溢出"。解决"假溢出"可以采用一种平移元素的方法,即当发生"假溢出"或每当进行出队操作时,将队列的数据元素平移到存储空间的起始位置,以空出队列尾部的存储空间。很明显,这种方法由于要移动元素致使效率较低,实际上并不实用。所以通常采用的是一种被称为"循环队列"的有效方法来解决"假溢出"问题。

循环队列将队列的数据区假想成是首尾相连的环(如图 3.6 所示),即将存储队列元素的一维数组的最小下标和最大下标位置假想成物理相邻的两个存储空间,允许队列的头、尾指针从最大下标位置直接前进到最小下标位置。在循环队列中,无论是出队还是入队操作,头指针或尾指针都要增 1,只不过如果指针增加 1 后达到了队列的最大分配空间大小时,应将该指针设为 0,这就是所谓的"循环意义下加 1"。指针 p 循环意义下加 1 可以用 p 加 1 后取队列最大长度的模来实现,即 $p=(p+1)\%Max\_QSize$。

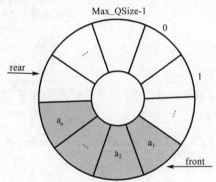

图 3.6　循环队列示意图

例如,对于图 3.5 所示的队列,图 3.7(a)描述的是图 3.5(d)所示的情形。当将元素 a_7 和 a_8 依次入队后,队列空间被占满,此时 rear 经过两次循环意义下加 1 操作,追上了 front,则有 front=rear(图 3.7(c));当所有元素都出队后,队列变为空队列,此时 front 经过一系列的循环意义下加 1 操作后,追上了 rear,同样有 front=rear(图 3.7(d))。因此,仅凭等式 front=rear 是无法判断循环队列是"空"还是"满"的。通常有两种处理方法来解决这个问题:一种是设置一个布尔变量来区分队空和队满;另一种是少用一个元素的空间,将尾指针循环意义下加 1(即尾指针的下一个位置)后是否与头指针相等作为"队满"的判定条件,此时尾指针始终指向空闲位置(意味着"队满"时,尾指针所指向的单元是无法使用的)。无论哪种方法,都需要额外的存储空间,在下面的讨论中,我们采用第二种方法来区分队列的"空"与"满"。

在 C 语言中通过一维数组来实现循环队列,使用时用户必须为队列设置一个最大容量(长度),如果无法预知队列使用的最大长度,则最好采用链队列。下面来讨论循环队列的一些主要基本操作的实现算法。

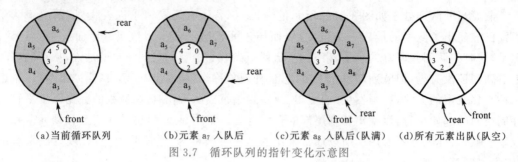

(a)当前循环队列　　　(b)元素 a_7 入队后　　　(c)元素 a_8 入队后(队满)　　(d)所有元素出队(队空)

图 3.7　循环队列的指针变化示意图

1.初始化队列

循环队列的初始化非常简单,只需将队列的头指针和尾指针置为 0 即可。具体算法描述如下:

```
Status InitQueue(SeqQueue * Q)
{
    if(! Q) return Err_InvalidParam;          //循环队列无效
    Q->front=0;                               //头指针置为 0
    Q->rear=0;                                //尾指针置为 0
    return OK;
}
```

2.判断队列是否为空

在循环队列中,只需判定队列的头指针和尾指针是否相等即可。具体算法描述如下:

```
int EmptyQueue(SeqQueue * Q)
{
    return (Q->front==Q->rear);       //如果 front=rear 返回 True,否则返回 False
}
```

3.求队列长度

循环队列中,当尾指针和头指针的差大于等于 0 时,队列长度(元素个数)即为尾指针和头指针之差;当尾指针和头指针的差小于 0 时,队列长度为尾指针和头指针之差与队列最大容量的和。实际上,循环队列的长度可以用公式(rear−front+Max_QSize)％ Max_QSize 来计算(Max_QSize 为队列的最大容量)。具体算法描述如下:

```
int LengthQueue(SeqQueue * Q)
{
    return (Q->rear−Q->front+Max_QSize)% Max_QSize;   //返回循环队列长度
}
```

4.获取队头元素

循环队列中,如果队列非空,只需要将头指针位置的元素保存即可获得队头数据元素。具体算法描述如下:

```
Status GetHead(SeqQueue * Q, ElemType * e)
{
    if(! Q) return Err_InvalidParam;                     //循环队列无效
    if(Q->front==Q->rear) return Err_NoResult;           //队列为空
    * e=Q->data[Q->front];                               //将队头元素保存至 e
```

```
    return OK;
}
```

5.元素入队

循环队列中,将数据元素 e 入队时,首先要判断队列是否已满,如果队列不满,则将 e 保存到队列存储区由尾指针所指的位置上,并将尾指针循环意义下加 1。具体算法描述如下:

```
Status EnQueue(SeqQueue * Q, ElemType e)
{
    int pos;
    if(! Q) return Err_InvalidParam;              //循环队列无效
    pos=(Q—>rear+ 1)% Max_QSize;                  //获取尾指针下一位置
    if(pos==Q—>front) return Err_NoResult;        //队列满
    Q—>data[Q—>rear]=e;                           //将元素 e 保存至 rear 处
    Q—>rear= pos;                                 //尾指针循环意义下加 1
    return OK;
}
```

6.元素出队

对于循环队列,首先要判断队列是否为空,如果不空则将头指针指示位置的数据元素取出保存,并将头指针在循环意义下加 1。具体算法描述如下:

```
Status DeQueue(SeqQueue * Q, ElemType * e)
{
    if(! Q) return Err_InvalidParam;              //循环队列无效
    if(Q—>front==Q—>rear) return Err_NoResult;    //队列空
     * e=Q—>data[Q—>front];                       //将队头元素保存至 e
    Q—>front=(Q—> front+1)% Max_QSize;            //头指针循环意义下加 1
    return OK;
}
```

3.4.3 链队——队列的链式表示和实现

用链表表示和存储的队列称为链队列。链队列的结点结构与单链表相同,只不过队列的插入和删除操作分别是在队尾和队头进行的,因此除了设置指示队头的头指针(front)外,还要设置指示队尾的尾指针(rear)。为了方便起见,同线性表一样,我们采用带有头结点的链表来表示队列。队头是由头结点的指针域指示的,而且当头指针和尾指针都指向头结点时,表示队列是空队列。如图 3.8 所示描述了带头结点的链队列的示意图,其对应的结构定义如下:

```
typedef int ElemType;             //数据元素类型为整型
/ * 结点结构 * /
typedef struct node
{
    ElemType data;                //数据域
    struct node * next;           //指针域
}QueueNode;
```

```
/*链队列*/
typedef struct
{
    QueueNode * front;              //头指针
    QueueNode * rear;               //尾指针
}LinkQueue ;                        //链队列类型
```

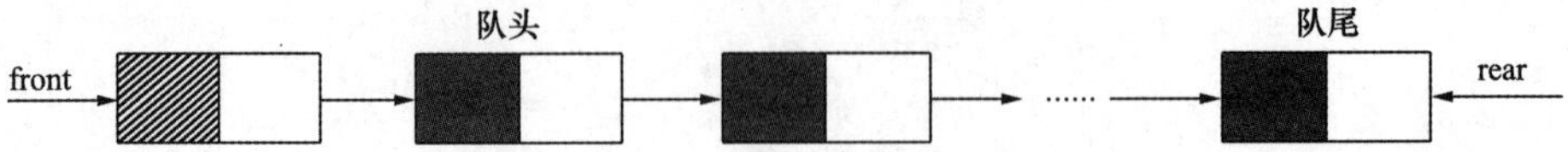

图 3.8　带头结点的链队列示意图

链队列的基本操作的实现是单链表的相关操作实现的特例。下面介绍链队列主要的基本操作的实现算法。

1.初始化队列

初始化队列时,首先要生成头结点,并将链队列的头指针和尾指针都指向头结点,同时将头结点的指针域置为空(NULL)。具体算法描述如下:

```
Status InitQueue(LinkQueue * Q)
{
    QueueNode * s;
    if(! Q) return Err_InvalidParam;              //链队列无效
    s=(QueueNode * ) malloc(sizeof(QueueNode));   //生成新结点 s
    if(! s) return Err_Memory;                    //内存分配错误
    s->next=NULL;                                 //新结点的指针域置空
    Q->front=s;                                   //头指针指向 s(头结点)
    Q->rear=s;                                    //尾指针指向 s(头结点)
    return OK;
}
```

2.判断队列是否为空

只需要判断队列的头指针和尾指针是否相等即可。如果队列为空,头指针和尾指针都指向头结点。具体算法描述如下:

```
int EmptyQueue(LinkQueue * Q)
{
    return (Q->front==Q->rear);        //如果头指针和尾指针相等返回 True,否则返回 False
}
```

3.获取队头元素

如果队列不为空,只需将头指针所指结点(头结点)的指针域取出保存即可。具体算法描述如下:

```
Status GetHead(LinkQueue * Q,ElemType * e)
{
    if(! Q) return Err_InvalidParam;              //链队列无效
    if(Q->front==Q->rear) return Err_NoResult;    //队列为空
    * e=Q->front->next->data;                     //取出队头元素,将其保存至 e
    return OK;
}
```

4.元素入队

入队操作就是在队尾插入新的元素。由于链队列的尾指针直接指向队尾结点,因此只需生成一个包含要插入的数据元素的新结点,将其链接到队列尾部(尾指针所指结点的后面),然后重新将尾指针指向新结点即可。具体算法描述如下:

```
Status EnQueue(LinkQueue * Q, ElemType e)
{
    QueueNode * s;
    if(! Q) return Err_InvalidParam;                    //链队列无效
    s=(QueueNode * ) malloc(sizeof(QueueNode));         //生成新结点 s
    if(! s) return Err_Memory;                          //内存分配错误
    s—>data=e;                                          //将数据元素保存到新结点的数据域
    s—>next=NULL;                                       //新结点指针域置空
    Q—>rear—>next=s;                                    //将新结点 s 链接到队尾
    Q—>rear=s;                                          //重设尾指针
    return OK;
}
```

5.元素出队

元素出队就是将链队列的第一个结点(队头)从链表中删除,并获取其对应的数据元素。如果队列不为空,则队头就是头指针所指结点的后继结点,因此只需通过头指针将其删除即可。具体算法描述如下:

```
Status DnQueue(linkQueue * Q,ElemType * e)
{
    QueueNode * p;
    if(! Q) return Err_InvalidParam;                    //链队列无效
    if(Q—>front==Q—>rear) return Err_NoResult;          //队列为空
    p=Q—>front—>next;                                   //将 p 指向队头(链表的第一个结点)
    Q—>front—>next=p—>next;                             //将 p 所指结点移出队列
    if(Q—>rear==p) Q—>rear=Q—> front;                   //如果出队是最后一个元素,队尾指针指向头结点
    * e=p—>data;                                        //将数据保存至 e
    free(p);                                            //释放结点 p
    return OK;
}
```

注意,上述算法中,如果出队的是队列的最后一个元素(删除后队列为空队列),此时尾指针指向该元素对应的结点。如果将其删除,尾指针也会随之丢失。因此,这种情况应重新设置尾指针指向头结点。

6.销毁队列

由于链队列的结点都是通过动态分配得来的,因此在不使用时应该将其销毁,以释放所占用的空间。对于链队列,销毁操作就是删除并释放包括头结点在内的所有结点。具体算法描述如下:

```
Status DestroyQueue(LinkQueue * Q)
{
```

```
if(! Q) return Err_InvalidParam;           //链队列无效
while(Q—>front)
{
  Q—>rear=Q—>front—>next;                  //尾指针指向下一结点
  free(Q—>front);                          //释放当前结点
  Q—>front=Q—>rear;                        //头指针指向下一结点
}
return OK;
}
```

3.5 队列的应用

3.5.1 Josephus 问题

假设 n 个人围坐在一圈,并按顺时针方向 $1\sim n$ 编号。现在从某个人开始进行 $1\sim m$ 报数,数到第 m 个人时,此人出圈;接着从他的下一个人重新开始 $1\sim m$ 报数,数到第 m 个人时,此人也出圈;如此进行下去,直到所有人都出圈为止。试设计算法给出这些人的出列顺序表。

由于该问题是由古罗马著名史学家 Josephus 提出的问题演变而来的,所以称为 Josephus 问题。

算法分析:选择不带头结点的单向循环链表作为存储结构来模拟整个报数过程。程序运行后,首先从键盘输入人数 n 和出列报数 m。接着用尾插入法在队尾按编号 $1\sim n$ 的顺序建立 n 个结点的单循环链接队列。然后开始报数,数到第 m 个结点时,该结点出列,即从循环链表中删除该结点。重复上述过程,直到表空为止。假设 $n=10,m=4$,则出列的顺序为:$4,8,2,7,3,10,9,1,6,5$。程序运行的结果如图 3.9 所示。

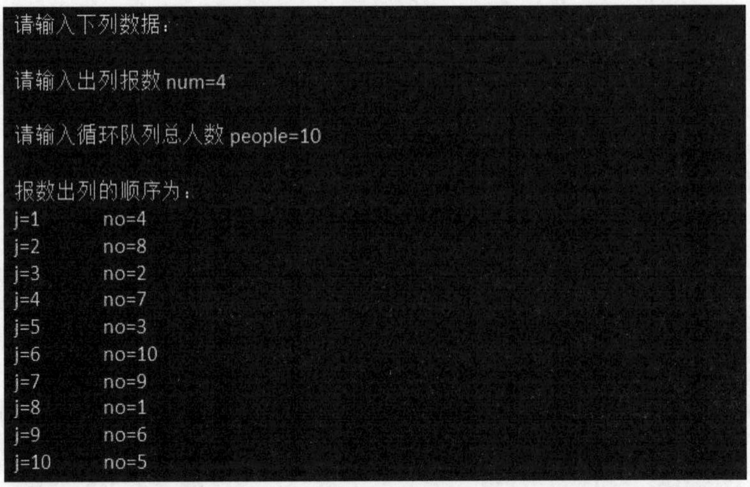

```
请输入下列数据:

请输入出列报数 num=4

请输入循环队列总人数 people=10

报数出列的顺序为:
j=1      no=4
j=2      no=8
j=3      no=2
j=4      no=7
j=5      no=3
j=6      no=10
j=7      no=9
j=8      no=1
j=9      no=6
j=10     no=5
```

图 3.9 Josephus 问题的运行结果

Josephus 问题的完整程序如下:

```
# define NULL 0                    /* 循环链接队列的简单应用实例——Josephus 问题 */
```

```
# define LEN sizeof(linkqueue)
# include "stdio.h"
# include "BHCLEAR.c"                        /* BHCLEAR.c 文件包含 clear 清屏、定位等函数 */
typedef struct node                          /* 结点的类型定义 */
{ int data;                                  /* 标识号数 */
  struct node * next ;                       /* 指针 */
} linkqueue;                                 /* 循环链接队列的类型说明 */
linkqueue * creat_ rcir(), * report_ num();      /* 函数说明 */
int people, num;                             /* people 为循环队列总人数,num 为出列报数 */


linkqueue * creat_rcir()                     /* 循环链接队列建立模块——尾插法建表 */
{ int i;                                     /* 建立单循环链接队列,并给每个人编号 */
  linkqueue * head, * p, * rear;
  head=(struct node * )malloe(LEN);          /* 建立第一个结点 */
  head->data=1;                              /* 第一个结点的编号为 1 */
  rear=head;                                 /* 尾指针初值为 head */
  for(i=2;i<=people; i++)                    /* 输入 people 个数据 */
  { p=(struct node * )malloc(LEN);           /* 生成新结点 */
    p->data=i;                               /* 输入新结点的编号 */
    rear->next=p;                            /* 新结点插到表尾 rear */
    rear=p;                                  /* rear 指向新的表尾 */
  }
  rear->next=head;                           /* 将表尾结点指向头结点 */
  return (head);                             /* 返回循环链表头指针 */
}/ * CREATE_CIRCLE * /


linkqueue * report_num(head, people)         /* 报数出列模块——循环链接队列删除函数 */
linkqueue * head;                            /* 每个人报数出列,直到队列为空为止 */
int m,people;                                /* m 为报数出列数, people 为总人数 */
{ linkqueue * p1, * p2;
  int max, j, count;
  max=people;
  printf("\n\n\t\t 报数出列的顺序为:");
  count=1; j=0;                              /* count 统计报数,j 统计出列人数 */
  p1=head; p2=p1;                            /* p2 是指向 p1 前驱结点的指针 */
  do{ p2=p1->next;                           /* p2 指向当前报数的人 */
    count=count+1;                           /* 报一次数 */
    if(count % m==0)                         /* 满足报数条件,则此人出列 */
    { j++;                                   /* 一人出列 */
      printf("\n\t j= % 2d\tno= % 2d",j,p2->data);   /* 打印出列号数 */
      p1->next=p2->next;                     /* 报数出列,从队列中删除该结点 */
      free(p2);                              /* 释放结点存储空间 */
    }
```

```
        else p1＝p2；                        /＊ p1 后移一个结点继续报数 ＊/
    }while(j! ＝max)；                       /＊ 报数出列,直到所有人出列为止 ＊/
    head＝NULL；                             /＊ 将队头指针设置为空指针 ＊/
    printf("\n\n\t 报数完毕再见!")；          /＊ 程序结束 ＊/
    return (head)；                          /＊ 函数返回链表头指针 ＊/
}/＊ REPORT_NUM ＊/


main()                                       /＊循环链队列简单应用实例——Josepues 问题主程序 ＊/
{ linkqueue ＊ hcir, ＊ head；
    clear()；                                    /＊清屏幕函数 ＊/
    printf("\n\n\t\t 请输入出列报数 num＝")；       /＊ 输入出列报数 num ＊/
    scanf("％d", &num)；                          /＊ num 为出列报数 ＊/
    printf("\n\t\t 请输入循环队列总人数 people＝")； /＊输入队列总人数 ＊/
    scanf("％d", &people)；                       /＊ people 为队列人数 ＊/
    hcir＝creat_rcir()；                          /＊建立循环链接队列 ＊/
    head＝report_ num(hcir, num, people)；         /＊ 报数出列 ＊/
}/＊ MAIN ＊/
```

3.5.2 舞伴问题

在编写算法模拟舞伴配对问题时,先入队的男士或女士亦先出队配成舞伴。因此该问题具有典型的先进先出特性,可用队列作为算法的数据结构。

在算法中,首先设置两个队列(Mdancers, Fdancers),分别存放男士和女士入队者。假设男士和女士的记录存放在一维数组中作为输入,然后依次扫描该数组的各元素,并根据性别来决定是进入男队还是女队。当这两个队列构造完成之后,依次将两队当前的队头元素出队来配成舞伴,直至某队列变空为止。此时,若某队仍有等待配对者,算法输出此队列中排在队头的等待者的名字,他(或她)将是下一轮舞曲开始时第一个可获得舞伴的人。

舞伴问题的完整程序如下:

```
typedef struct
{ char name[20]；
    char sex；                               //性别,F表示女性,M表示男性
}Person；
typedef Person DataType；                    //将队列中元素的数据类型改为 Person
void DancePartner(Person dancer[], int num)
{//结构数组 dancer 中存放跳舞的男女,num 是跳舞的人数。
    int i；
    Person p；
    Queue Mdancers, Fdancers；
    InitQueue(&Mdancers)；                   //男士队列初始化
    InitQueue(&Fdancers)；                   //女士队列初始化
    for(i＝0;i＜num;i＋＋)                     //依次将跳舞者依其性别入队
    { p＝dancer[i]；
        if(p.sex＝＝'F') EnQueue(&Fdancers.p)； //排入女队
```

```
    else EnQueue(&Mdancers.p);                    //排入男队
}
printf("The dancing partners are：\n \n");
while(! QueueEmpty(&Fdancers)&&! QueueEmpty(&Mdancers))    //依次输入男女舞伴名
{
    p=DeQueue(&Fdancers) ;                        //女士出队
    printf(" % s",p.name);                        //打印出队女士名
    p=DeQueue(&Mdancers) ;                        //男士出队
    printf(" % s\n",p.name) ;                     //打印出队男士名
}
if(! QueueEmpty(&Fdancers))                       //输出女队队头者的名字
{
    p=QueueFront(&Edancers) ;                     //取队头
    printf(" % s will be the first to get a partner.\n",p.name) ;
}
else if(! QueueEmpty(&Mdancers))                  //输出男队队头者的名字
{ p=QueueFront(&Mdancers) ;
    printf(" % s will be the first to get a partner.\n",p.name) ;
}
}//DancerPartners
```

3.6 本章小结

　　栈和队列是处理实际问题及开发各种软件时经常使用的数据结构,它们都是运算受限的特殊的线性表。栈是限定只能在表的一端(栈顶)进行插入与删除的线性表,其特点是先进后出。队列是限定在表的一端(队尾)进行插入,在表的另一端(队头)进行删除的线性表,其特点是先进先出。在具有后进先出(或先进先出)特性的实际问题中,采用这两种结构求解问题是非常有用的。

　　栈和队列有两种不同的存储方式:顺序存储结构和链式存储结构。本章着重介绍栈和队列的逻辑结构及其存储结构:顺序栈和链栈、顺序队列(循环队列)和链队列,详细给出了栈和队列在不同存储结构中实现基本运算的算法。

　　值得注意的是,顺序栈和顺序队列容易产生"溢出"现象,顺序队列还容易产生"假溢出"现象。因此,以循环队列作为队列的顺序存储结构,并采用"牺牲"一个存储结点的方法,可以简单地表达循环队列的队空和队满条件。应理解这种因为空间而引起的溢出问题,正确利用栈空或队空来控制返回。

1.本章的复习要点

　　(1)理解栈的定义和特点,掌握栈底的顺序存储表示和链式存储表示。掌握顺序栈空栈和满栈的判断条件、链栈的栈空条件,熟悉栈的简单应用,理解栈在递归中的作用。

　　(2)理解队列的定义和特点,掌握队列的顺序存储表示(循环队列)和链式存储表示。由于队列容易产生"假溢出"("假队满")现象,因此常采用循环队列作为队列的顺序存储结构。

熟练掌握顺序存储结构下循环队列队满和队空的条件判断,以及链接存储结构下带头结点链接队列队空的条件判断。熟悉队列的实际应用。

(3)在算法设计方面,要求熟练掌握栈的基本运算在顺序和链式两种存储结构下的运算实现;熟练掌握循环队列的基本运算的实现,循环队列判断队空和队满的条件,以及带头结点链队的入队、出队、置空队等操作的实现;并能够根据栈和队列的基本运算,自己设计一些简单的应用程序并上机调试和运行。

2.本章重点和难点

本章的重点是:栈和队列的特点,顺序栈和链栈上基本运算的实现算法,栈的简单应用,循环队列和链接队列的基本运算与简单的算法设计。

本章的难点是:栈和队列中的"上溢""下溢""假溢出""假队满"等现象及其判别条件,特别是循环队列的组织方法,判断队满和队空的条件及算法设计。

习题3

一、单项选择题

❶ 在作进栈运算时,应先判别栈是否(①   ),在做退栈运算时应先判别栈是否(②   )。当栈中元素为 n 个,做进栈运算时发生上溢,则说明该栈的最大容量为(③   )。

①,②:A.空   B.满   C.上溢   D.下溢

③:A.$n-1$ B.n C.$n+1$ D.$n/2$

❷ 若已知一个栈的进栈序列是 $1,2,3,\cdots,n$,其输出序列为 $p_1,p_2,p_3,\ldots,p_n$,若 $p_1=3$,则 p_2 为(   )。

A.可能是2   B.一定是2   C.可能是1   D.一定是1

❸ 有六个元素按 $6,5,4,3,2,1$ 的顺序进栈,问下列哪一个不是合法的出栈序列?(   )。

A.5 4 3 6 1 2   B.4 5 3 1 2 6   C.3 4 6 5 2 1   D.2 3 4 1 5 6

❹ 设有一顺序栈 S,元素 s_1,s_2,s_3,s_4,s_5,s_6 依次进栈,如果6个元素出栈的顺序是 s_2,s_3,s_4,s_6,s_5,s_1,则栈的容量至少应该是(   )。

A.2   B.3   C.5   D.6

❺ 若栈采用顺序存储方式存储,现两栈共享空间 $V[1..m]$,$top[i]$ 代表第 i 个栈($i=1,2$)栈顶,栈1的底在 $V[1]$,栈2的底在 $V[m]$,则栈满的条件是(   )。

A.$|top[2]-top[1]|=0$ B.$top[1]+1=top[2]$

C.$top[1]+top[2]=m$ D.$top[1]=top[2]$

❻ 执行完下列语句段后,i 值为:(   )。

```
int   f(int x)
{ return ((x>0) ? x* f(x−1):2);}
  int i ;
  i =f(f(1));
```

A.2   B.4   C.8   D.无限递归

❼ 表达式 3 * 2ˆ(4＋2 * 2－6 * 3)－5 求值过程中当扫描到 6 时,对象栈和算符栈为( ),其中ˆ为乘幂。

A.3,2,4,1,1;(* ˆ(＋ * －

B.3,2,8;(* ˆ－

C.3,2,4,2,2;(* ˆ(－

D.3,2,8;(* ˆ(－

❽ 用链接方式存储的队列,在进行删除运算时( )。

A.仅修改头指针

B.仅修改尾指针

C.头、尾指针都要修改

D.头、尾指针可能都要修改

❾ 递归过程或函数调用时,处理参数及返回地址要用一种称为( )的数据结构。

A.队列   B.多维数组   C.栈   D.线性表

❿ 设 C 语言数组 Data[m＋1]作为循环队列 SQ 的存储空间,front 为队头指针,rear 为队尾指针,则执行出队操作的语句为( )。

A.front＝front＋1

B.front＝(front＋1)％ m

C.rear＝(rear＋1)％(m＋1)

D.front＝(front＋1)％(m＋1)

⓫ 循环队列的队满条件为( )。

A.(sq.rear＋1)％ maxsize ＝＝(sq.front＋1)％ maxsize;

B.(sq.front＋1)％ maxsize ＝＝sq.rear

C.(sq.rear＋1)％ maxsize ＝＝sq.front

D.sq.rear ＝＝sq.front

⓬ 栈和队列的共同点是( )。

A.都是先进先出

B.都是先进后出

C.只允许在端点处插入和删除元素

D.没有共同点

二、填空题

❶ 栈是_____的线性表,其运算遵循_____的原则。

❷ 一个栈的输入序列是 1,2,3,则不可能的栈输出序列是_____。

❸ 用 S 表示入栈操作,X 表示出栈操作,若元素入栈的顺序为 1234,为了得到 1342 出栈顺序,相应的 S 和 X 的操作串为_____。

❹ 循环队列的引入,目的是为了克服_____。

❺ 队列是限制插入只能在表的一端,而删除在表的另一端进行的线性表,其特点是_____。

❻ 已知链队列的头尾指针分别是 f 和 r,则将值 x 入队的操作序列是_____。

❼ 表达式求值是_____应用的一个典型例子。

❽ 循环队列用数组 A[0..m－1]存放其元素值,已知其头尾指针分别是 front 和 rear,则当前队列的元素个数是_____。

❾ 以下运算实现在链栈上的初始化,请在_____处用适当句子予以填充。

Void InitStacl(LstackTp * ls){ _____;}

❿ 以下运算实现在链栈上的进栈,请在处_____用适当句子予以填充。

```
Void Push(LStackTp * ls,DataType x)
    { LstackTp * p;p＝malloc(sizeof(LstackTp));
    _____;
```

```
      p->next=ls;
      _____;
   }
```

⑪ 以下运算实现在链栈上的退栈,请在_____处用适当句子予以填充。

```
Int Pop(LstackTp * ls,DataType * x)
   {LstackTp * p;
   if(ls! =NULL)
     { p=ls;
       * x=_____;
       ls=ls->next;
       _____;
       return 1;
     }else return 0;
   }
```

⑫ 以下运算实现在链队上的入队列,请在_____处用适当句子予以填充。

```
Void EnQueue(QueptrTp * lq,DataType x)
   { LqueueTp * p;
     p=(LqueueTp * )malloc(sizeof(LqueueTp));
     _____=x;
     p->next=NULL;
     (lq->rear)->next=_____;
     _____;
   }
```

三、算法设计题

❶ 某汽车轮渡口,渡船每次能载 10 辆车过江。过江车辆分为客车类和货车类,上渡船的有如下规定:同类车先到先上船;且每上 4 辆客车,才允许上一辆货车;若等待客车不足 4 辆,则以货车代替;若无货车等待,允许客车都上船。试写一算法模拟渡口管理。

❷ 借助栈(可用栈的基本运算)来实现单链表的逆置运算。

第 4 章

串

计算机处理的对象分为数值数据和非数值数据,字符串是最基本的非数值数据。在较早的程序设计语言中,字符串是作为输入和输出的常量出现的。随着语言加工程序的发展,产生了字符串处理。这样,字符串也就作为一种变量类型出现在越来越多的程序设计语言中,同时也产生了一系列字符串的操作。字符串一般简称为串,在汇编语言的编译程序中,源程序和目标程序都是字符串数据。在事务处理程序中,顾客的姓名和地址以及货物的名称、产地和规格等一般也是作为字符串处理的。又如信息检索系统、文字编辑程序 、问答系统、自然语言翻译系统以及音乐分析程序等,都是以字符串数据作为处理对象的。

在不同类型的应用中,所处理的字符串具有不同的特点,要有效地实现字符串的处理,就必须根据具体情况使用合适的存储结构。从逻辑结构的角度上看,字符串是一个以字符为数据元素,以线性结构为逻辑结构的特殊的线性表,但它的存储结构和基本操作却具有与普通线性表不同的特点。本章将讨论串的存储结构和基本操作。

4.1 串及其基本运算

4.1.1 串的基本概念

串又称字符串,是一种特殊的线性表,其特殊性体现在数据元素是由字符组成,即串是由零个或多个字符组成的有限序列。一般记为

$$S = ``a_1 a_2 a_3 \cdots a_n" (n \geqslant 0)$$

其中,S 是串名,用双引号括起来的字符序列是串值,双引号本身不是串的内容,是串的定界符。$a_i (1 \leqslant i \leqslant n)$ 代表一个字符,可以是字母、数字或其他字符;串中的字符个数 n 称为串长,含有 0 个字符的串称为空串。

串中任意连续的字符组成的子序列称为该串的子串,包含子串的串称为主串。字符在序列中的序号称为该字符在串中的位置。子串在主串中的位置是以子串的第 1 个字符在主串中的位置来表示的。若两个串的长度相等,并且各个对应位置上的字符都相同,则称这两

个串相等。假设 S1,S2,S3 为如下 3 个串：

$$S1 = \text{"data"}, S2 = \text{"structure"}, S3 = \text{"data structure"}$$

则它们的长度分别为 4、9、14，并且 S1、S2 分别是 S3 的子串，S1 在 S3 中的位置是 1，S2 在 S3 中的位置是 6。

4.1.2 串的基本运算

串的基本操作主要有以下 12 种：

(1)初始化操作 initstring(s)：其作用是初始化一个空串。

(2)串赋值操作 strassign(s1,s2)：其作用是将一个串常量 s2 赋给串变量 s1。

(3)串复制操作 assign(s1,s2)：其作用是将串变量 s2 的值赋给串变量 s1。

(4)求串长操作 length(s)：其作用是返回串 s 的长度。

(5)判串等操作 equal(s,t)：其作用是判断串 s 和 t 的值是否相等，若相等返回 1；否则返回 0。

(6)串连接操作 concat(s,s1,s2)：其作用是将串 s2 连接到串 s1 的后面，结果存到串 s 中。

(7)取子串操作 substr(s,i,j,t)：在串 s 中从第 i 个字符开始取出 j 个连续字符组成一个子串存到 t 中。在此，$1 \leqslant i \leqslant length(s), 0 \leqslant j \leqslant length(s) - i + 1$。

(8)插入操作 insert(s,i,t)：其作用是将串 t 插到串 s 的第 i 个字符之前。在此，$1 \leqslant i \leqslant length(s) + 1$。

(9)删除操作 delete(s,i,j)：其作用是在串 s 中删除从第 i 个字符开始的长度为 j 的子串。在此，$1 \leqslant i \leqslant length(s), 1 \leqslant j \leqslant length(s) - i + 1$。

(10)串查找操作 index(s,t,pos)：其作用是在主串 s 的第 pos 个字符开始查找子串 t 出现的位置。在此，$1 \leqslant pos \leqslant length(s)$。该操作也称为串的模式匹配，将在后面单独介绍。

(11)替换操作 replace(s,i,j,t)：其作用是将串 s 从第 i 个字符开始的连续 j 个字符替换成串 t。在此，$1 \leqslant i \leqslant length(s), 1 \leqslant j \leqslant length(s) - i + 1$。

(12)输出操作 list(s)：其作用是输出串 s 的值。

串也是线性表，也有顺序存储和链式存储两种存储结构，分别称为顺序串和链串。

4.2 串的存储结构

4.2.1 串的顺序存储结构

1.顺序串

串的顺序存储结构称为顺序串，即串中的字符被依次存放在一组连续的存储单元中。

一般来说，一个字符占用一个字节的存储空间，因此，一个存储单元可以存储多个字符。例如，一个 32 位的内存单元可以存储 4 个字符。顺序串的顺序存储有两种格式：一种是每个存储单元只存放一个字符，称为非紧缩格式；另一种是每个存储单元存放多个字符，称为紧缩格式，如图 4.1 和图 4.2 所示是串"DATA STRUCTURE"的非紧缩格式存储和紧缩格式存储(假设存放的起始地址为 i)。

i	i+1	i+2	i+3	i+4	i+5	i+6	i+7	i+8	i+9	i+a	i+b	i+c	i+d
D	A	T	A		S	T	R	U	C	T	U	R	E

i	i+1	i+2	i+3
D		U	R
A	S	C	E
T	T		T
A		R	U

图 4.1　非紧缩格式图　　　　　　图 4.2　紧缩格式

顺序串的存储有两种方式:串的定长表示和串的顺序表表示。串的定长表示就是预先定义一个固定的字符数组空间,如:

```
#define MAXSTRING 256
{
    char string[MAXSTRING];
}
```

其中,0 号单元用于存放串长值,因此,这种表示法中能存放的字符个数至多 256 个,并且空间上不能再进行扩充,目前基本不采用此法。由于串长无法预测,因此采用动态分配的一维数组存储串值,即串的顺序表表示。下面仅介绍后一种表示方法,可以自己练习用第一种表示法完成串的一些基本操作。顺序串的类型定义如下:

```
# define INITSTRLEN 100
typedef struct
{ char * ch;
  int length;
  int strsize;
}string;
```

其中,INITSTRLEN 是为串分配的存储空间的初始量;ch 是串存放的起始地址,串中的第 i 个字符存储在 $ch[i-1]$ 中;length 是串长,最后一个字符的下标为 length-1;strsize 是当前分配的存储空间大小,如果在操作过程中存储空间不足,可以用函数 realloc() 进行再分配,为顺序串增加存储空间。

2.基本操作在顺序串上的实现

(1)初始化操作(创建一个空串 s)

```
void initstring(string * s)
{ s->ch=(char *)malloc(INITSTRLEN * sizeof(char));     /*初始化串存储空间*/
  s->length=0;                                          /*初始化串长*/
  s- >strsize=INITSTRLEN;                               /*初始化当前存储空间容量*/
}
```

(2)串赋值操作(将字符串常量 s2 赋给字符串变量 s1)

算法思路:C 语言中,字符串常量的结束标志为'\0',所以,先根据'\0'计算出字符串常量 s2 的串长。若 s1 的当前存储空间不够,先增加容量,然后从 s2 的第 1 个字符开始,将其逐个复制到 s1 中。

```
void strassign(string * s1,char * s2)
{ int i=0;
```

```
        while(s2[i]! ='\0') i++;              /* 计算 s2 的串长 */
        if(i>s1->strsize)                     /* 存储空间不足时,增加存储空间 */
        {s1->ch=(char *)realloc(s1->ch,i * sizeof(char));
          s1->strsize=i;
        }
        s1->length=i;
        for(i=0;i<s1->length;i++)             /* 从第 1 个字符开始逐个字符复制 */
          s1->ch[i]=s2[i];
        }
```

（3）串复制操作（将字符串变量 s2 的值赋给字符串变量 s1）

算法思路:若 s1 的当前容量不够,先增加容量,然后从 s2 的第 1 个字符开始,将其逐个复制到 s1 中。

```
    void assign(string * s1 ,string s2)
    { int i;
        if(s1->strsize<s2.length)             /* 存储空间不足,增加存储空间 */
        { s1->ch=(char *)realloc(s1->ch,s2.length * sizeof(char));
          s1->strsize=s2.length;
        }
        s1->length=s2.length;                 /* 修改串长/
        for(i=0;i<s1->length;i++)             /* 从第 1 个字符开始逐个字符复制 */
          s1->ch[i]=s2.ch[i];
    }
```

（4）求串长操作（求串 s 的长度）

```
int length(string s)
{ return s.length;
}
```

（5）串连接操作（将字符串 s1 和 s2 连接后存到串 s 中）

算法思路:若 s 的当前容量不够,先增加容量,然后先把 s1 复制到 s 中,再把 s2 追加到 s 的后面。

```
    void concat(string * s,string s1,string s2)
    { int i;
        if(s->strsize<(s1.length+s2.length))          /* 增加存储空间 */
        { s->ch=(char *)realloc(s->ch,(s1.length+s2.length) * sizeof(char));
          s->strsize=s1.length+s2.length;
        }
        s->length=s1.length+s2.length;                /* 连接后串 s 的长度 */
        for(i=0;i<s1.length;i++)                       /* 把 s1 复制到 s 中 */
          s->ch[i]=s1.ch[i];
        for(;i<s->length;i++)                          /* 把 s2 追加到 s 后 */
          s->ch[i]=s2.ch[i- s1.length];
    }
```

（6）判串等操作（判断两个字符串 s 和 t 是否相等,若相等返回 1,否则返回 0）

算法思路:首先判断串长是否相等,若相等,则从第 1 个字符开始比较。在比较过程中,若对应字符相同,则继续进行下一对字符的比较,否则退出比较。

```
int equal(string s,string t)
{ int i=0;
  for(i=0;i<s.length&&i<t.length;i++)
    if(s.ch[i]! =t.ch[i]) return 0;              /*串中对应字符不等*/
  if(i<s.length||i<t.length) return 0;           /*串长不等*/
  else return 1;                                 /*串相等*/
}
```

(7)取子串操作(在字符串 s 中,把从第 i 个字符开始的连续 j 个字符存入字符串 t 中)

算法思路:首先判断 i、j 合理性,若合理,再判断 t 的当前容量;若容量不够,增加容量,然后把 s 中的从第 i 个字符开始的 j 个字符复制到 t 中。

```
int substr(string s,int i,int j,string * t)
{ int k;
  if(i<=0||i>=s.length||j<0||j>s.length-i+1) return 0;
  if(t->length<j)
  { t->ch=(char *)realloc(t->ch,j * sizeof(char));
    t->strsize= j;
  }
    for(k=0;k<j;k++)
      t->ch[k]=s.ch[i-1+k];          /*字符复制*/
    t->length=j;                     /*修改串 t 的长度*/
    return 1;
}
```

(8)串替换操作(把字符串 s 从第 i 个字符开始的 j 个连续字符用字符串 t 替换)

算法思路:在 i、j 合法的前提下,如果 j>t.length,则将串 s 的 s-> length$-i-j+1$ 个字符前移 j-t.length 个位置;如果 j<t.length,则将串 s 的 s->length$-i-j+1$ 个字符后移 t.length$-j$ 个位置,后移前,先判断 s 的容量,若容量不够,增加容量。最后,把串 t 复制到 s 的第 i 个字符开始的位置,完成替换。

```
int replace(string * s,int i,int j,string t)
{ int k,m;
  char * p1, * p2;
  if(i<=0||i>s->length||j<=0||j>s->length-i+1) return 0;
  if(j<t.length)
  { if(s->length+ t.length-j>s->strsize)              /*存储空间不足,增加存储空间*/
    { s->ch=(char *)realloc(s->ch,(s->length+t.length-j) * sizeof(char));
      s->strsize=s->length+t.length-j;                /*修改串空间长度*/
    }
    for(k=s->length-1;k>=i+j-1;k--)                    /* j 小于串 t 的长度,后移*/
      s->ch[k-j+t.length]=s->ch[k];
  }
  else                                                /* j 大于串 t 的长度,前移*/
    {for(k=i-1+j;k<s->length;k++)
      s->ch[k-j+t.length]=s->ch[k];
```

```
        }
    s->length=s->length+t.length-j;
    for(k=0;k<t.length;k++)                    /*复制*/
        s->ch[k+i-1]=t.ch[k];
    return 1;
}
```

（9）插入操作（在字符串 s 的第 i 个字符之前插入字符串 t）

算法思路：首先判断 i 的合理性，若 i 合理，则将 s 的 s->length-i+1 个字符后移 t->length 位，后移前，先判断 s 的容量，若容量不够，增加容量。最后，把串 t 复制到 s 的第 i 个字符开始的位置。

```
int insert(string * s,int i,string t)
{ int j;
    if(i<=0||i>s->length+1) return 0;
    if(s->strsize<s->length+t.length)              /*增加存储空间*/
    { s->ch=(char *)realloc(s->ch,(s->length+t.length) * sizeof(char));
        s->strsize=s->length+ t.length;
    }
    for(j=s->length-1;j>=i-1;j--)                 /*后移*/
        s->ch[j+t.length]=s->ch[j];
    for(j=0;j<t.length;j++)                       /*复制*/
        s->ch[i+j-1]=t.ch[j];
    s->length+=t.length;                          /*修改串长*/
    return 1;
}
```

（10）删除操作（在字符串中，删除从第 i 个字符开始的连续 j 个字符）

算法思路：首先判断 i 的合理性，若 i 合理，则将 s 的 s->length-i-j+1 个字符前移 j 位。

```
delete(string * s,int i,int j)
{ int k;
    if(i<=0||i>=s->lengh||j<=0||j>s->length-i+1) return 0;
    for(k=i+j-1;k<s->length;k++)                  /*前移*/
        s->ch[k-j]=s->ch[k];
    s->length-=j;                                 /*修改串长*/
    return 1;
}
```

（11）输出操作（输出串 s 的值）

```
void list(string s)
{ int i;
    for(i=0;i<s.length;i++)
        printf(" % c" ,s.ch[i]);
    printf("\n");
}
```

【例 4.1】 写一个递归的算法来实现字符串逆序存储,要求不另设串存储空间。

```
void turn(string * s)
{char temp;static int i=0;              /*定义静态存储变量,以保持值递增*/
  if(i<s->length/2)
  {temp=s->ch[i];
    s->ch[i]=s->ch[s->length-1-i];
    s->ch[s->length-i-1]=temp;
    i++;
    turn(s);
  }
}
```

4.2.2 串的链式存储结构

1.链串

串的链式存储结构称为链串。链串中的一个结点可以存储一个字符,也可存储多个字符。链串中每个结点所存储的字符个数称为结点大小。如图 4.3 和图 4.4 所示的存储字符串"ABCDEFGHIJ"的结点大小分别为 1 和 4 的链式存储结构(带头结点)。

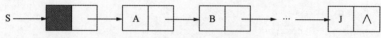

图 4.3 结点大小为 1 的链串

当结点大小大于 1 时,如果串的长度不是结点大小的倍数,则链串的最后一个结点的数据域不能被字符占满。此时,应用非串值字符(如"♯")补满,如图 4.4 所示。

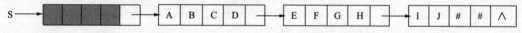

图 4.4 结点大小为 4 的链串

链串的结点大小越大,则存储密度越大,就容易给一些操作(如插入、删除、替换等)带来不便,从而引起大量的字符移动。结点大小越小(结点大小为 1 时),操作处理越方便,但存储密度下降。为了简便起见,这里规定链串结点大小都为 1。链串的类型定义如下:

```
typedef struct node
{ char ch;
  struct node * next ;
}linkstr;
```

2.基本操作在链串上的实现

采用带头结点的单链表存储串,基本操作的实现与前述单链表的处理手法基本相同。其基本操作如下:

(1)初始化操作(创建一个只含头结点的空链串 s)

```
# include "stdio.h"
void initstring(linkstr * * s)               /*可以使用二级指针作函数参数*/
{ * s=(linkstr *)malloc(sizeof(linkstr));
  ( * s)->next=NULL;
}
```

(2)串赋值操作(将一个字符串常量 t 赋给字符串变量 s)

```
void strassign(linkstr * s,char * t)
```

```
{ int i;linkstr * p, * q, * r;
  r=s;q=s—>next;
  for(i=0;t[i]! ='\0';i++)
    if(q! =NULL)                          /*利用原 s 链表结点空间存放串值 */
    { q—>ch=t[i];r=q;q=q—>next;}
      else                                /*开辟新结点存放串值 */
    { p=(linkstr * )malloc(sizeof(linkstr));
     p—>ch=t[i];
    r—>next=p;
    r=p;
    }
  r—>next==NULL;
  while(q! =NULL)                         /*若原串 s 中有多余结点空间,则释放之 */
  { p=q—>next;free(q);q= p;}
}
```

（3）串复制操作（将串变量 t 的值赋给串变量 s）

```
void assign(linkstr * s,linkstr * t)
{ linkstr * p, * q, * r, * u;
  p=t—>next;q=s—>next;r=s;
  while(p! =NULL)
  { if(q! =NULL)                          /*利用原 s 链表结点空间存放串值 */
    { q—>ch=p—>ch;r=q;q=q—>next;}
      else                                /*开辟新结点存放串值 */
    { u=(linkstr * )malloc(sizeof(linkstr));
      u—>ch=p—>ch;
      r—>next= u;
      r=q;
    }
      p=p—> next;
  }
    r—>next=NULL;
    while(q! =NULL)                       /*若原串 s 中有多余结点空间,则释放 */
    { p=q—>next;free(q);q=p;}
}
```

（4）求长度操作（计算串 s 的长度）

```
int length(linkstr * s)
{ linkstr * p;int n=0;
  p=s—>next;
  while(p! =NULL)
  { n++;p=p—>next;}
  return n;
}
```

(5)判等操作(判断两个串 s 和 t 是否相等,若相等返回 1,否则返回 0)

```
int equal(linkstr * s,linkstr * t)
{linkstr * p, * q;
  p=s—>next;q=t—>next;
  while(p! =NULL&&q! =NULL)
  { if(p—>ch! =q—>ch) return 0;            / * 对应字符不同 * /
    p=p—>next;q=q—>next;
  }
  if(p! =NULL||q! =NULL) return 0;          / * 长度不同 * /
  else return 1;                           / * 串相等 * /
}
```

(6)连接操作(将串 s2 连接到串 s1 的后面,结果存入串 s 中)

```
void concat(linkstr * s,linkstr * s1,linkstr * s2)
{ linkstr * p, * q, * r, * u;
  r=s;q=s—>next;
  p=s1—>next;
  while(p! =NULL)                          / * 将串 s1 复制到 s 中 * /
  { if(q! =NULL)
    { q—>ch=p—>ch;r=q;q=q—>next;}
    else
    { u=(linkstr * )malloc(sizeof(linkst));
      u—>ch=p—>ch;
      r—>next=u;
      r=u;
    }
    p=p—>next;
  }
  p=s2—>next;
  while(p! =NULL)                          / * 将串 s2 追加到 s1 后 * /
  { if(q! =NULL)
    { q—>ch=p—>ch;r=q;q=q—>next;}
    else
    { u=(linkstr * ) malloc(sizeof(linkstr));
      u—>ch=p—>ch;
      r—>next=u;
      r=u;
    }
    p=p—>next;
    }
  r—>next=NULL;
  while(q! =NULL)                          / * 若原串 s 中有多余结点空间,则释放 * /
  {p=q—>next;free(q);q= p;}
}
```

(7)取子串操作(将串 s 从第 i 个字符开始的连续 j 个字符存入 t 中)

算法思路:首先判断 i、j 的合理性,若合理,则把 s 中从第 i 个字符开始的 j 个字符复制到 t 中。

```
int substr(linkstr * s,int i,int j, linkstr * t)
{ int k;linkstr * p, * q, * r, * u;
  if(i<=0||i>length(s)||j<=0||i+j-1>length(s)) return 0;
  for(k=0,p=s;k<i;k++) p=p->next;              /* 让 p 指向第 i 个结点 */
  for(k=0,r=t,q=t->next;k<j;k++)               /* 复制到 t 中 */
  { if(q! =NULL)
    { q->ch=p->ch;r=q;q=q->next;}
    else
    { u=(linkstr *)malloc(sizeof(linkstr));
      u->ch=p->ch;
      r->next=u;
      r=u;
      }
    p=p->next;
  }
  r->next=NULL;
  while(q! =NULL)
  { p=q->next; free(q); p=q;}
  return 1;
}
```

(8)插入操作(在串 s 的第 i 个位置之前插入子串 t)

算法思路:首先判断 i 的合理性,若合理,则先使 r 指向 s 的第 $i-1$ 个结点,p1 指向 s 的第 i 个结点,然后把串 t 复制到 r 所指向的结点后面,r 指向最后一个结点,最后把 p1 指向的结点连到 r 所指向的结点后面。

```
int insert(linkstr * s,int i,linkstr * t)
{ int j;linkstr * p, * q, * r;
  if(i< =0||i>length(s)+1) return 0;
  for(j=0,r=s;j<i-1;j++) r=r->next;            /* 让 r 指向第 i-1 结点 */
  p=t->next;
  while(p! =NULL)                              /* 将 t 复制到 r 所指向的结点后面 */
  { q=(linkstr *)malloc(sizeof(linkstr));
    q->ch=p->ch;
    q->next=r->next;
    r->next=q;
    r=q;
    p=p->next;
    }
  return 1;
}
```

(9)删除操作(删除链串 s 的从第 i 个字符开始的连续 j 个字符)

算法思路:首先判断 i、j 的合理性,若合理,则使 p 指向 s 的第 i−1 个结点,q 指向 s 的第 i+j 个结点,然后把 q 指向的结点连到 p 所指向的结点后面。

```
int delete(linkstr * s,int i,int j)
{ int k;linkstr * p, * q, * r;
  if(i<=0||i>length(s)||j<0||i+j-1>length(s)) return 0;
  for(k=0,p=s;k<i-1;k++) p=p->next;          /* 让 p 指向第 i-1 个结点 */
  for(k=1;k<=j;k++)
  {q=p->next;p->next=q->next;free(q);}
  return 1;
}
```

(10)替换操作(将串 s 从第 i 个字符开始的连续 j 个字符用串 t 替换)

算法思路:首先判断 i、j 的合理性,若合理,则先使 r 指向 s 的第 i−1 个结点,p1 指向 s 的第 i+j 个结点,然后把串 t 复制到 r 所指向的结点后面,指向最后一个结点,最后把 p1 指向的结点连到 r 所指向的结点后面。

```
int replace(linkstr * s,int i,int j,linkstr * t)
{ int k;
  linkstr * p1, * p2, * q, * r, * f;
  if(i<=0||i>length(s)||j<=0||i+j-1>length(s)) return 0;
  for(k=0,r=s;k<i-1;k++) r=r->next;          /* 让 r 指向 s 的第 i-1 个结点 */
  for(k=0,p1=r;k<j;k++) p1=p1->next;          /* 让 p1 指向 s 的第 i+j 个结点 */
  f=r;p2=t->next;
  while(p2! =NULL)                            /* 将串 t 复制到 r 所指向的结点后面 */
  { if(f! =p1)
    { f->ch=p2->ch;r=f;f=f->next;}
    else
  { q=(linkstr * )malloc(sizeof(linkstr));
    q->ch=p2->ch;
    q->next=p1;
    r->next=q;
    r=q;
  }
  p2=p2->next;
  }
  return 1;
}
```

(11)输出操作(输出串 s 的值)

```
void list(linkstr * s)
{ linkstr * p;
  p=s->next;
```

```
    while(p! =NULL)
    { printf("%c",p->ch);
        p=p->next;
    }
printf("\n");
}
```

【例 4.2】 设计一个函数,将链串中存放的一个英文句子的各单词的首字母变为大写。

```
void firstupr(linkstr * s)
{ int word=0;linkstr * p;
    p=s->next;
    while(p! =NULL)
    { if(p->ch==' ') word=0;
        else if(word==0)
        { if(p->ch>='a'&&p->ch<= 'z')
            p->ch-=32;
            word= 1;
        }
        p=p->next;
    }
}
```

4.3　串的模式匹配算法

子串在主串中的定位操作称为串的模式匹配,记为

$$index(s,t, pos)$$

即在主串 s 中,从第 pos 个字符开始查找与子串 t 第 1 次相等位置。若查找成功,则返回子串 t 的字符在主串中的位序,否则返回 0。其中,主串称为目标串,子串称为模式串。模式匹配是一个比较复杂的串操作,许多人对此提出了各不相同的算法,在此介绍两种,并设串采用顺序存储结构。

4.3.1　朴素的模式匹配算法

朴素的模式匹配算法(Brute-Force 算法)的基本思想是:从目标串 $s=$"$a_1a_2\cdots a_n$"的第 pos 个字符开始和模式串 $t=$"$b_1b_2\cdots b_m$"的第 1 个字符比较,若相等,则继续逐个比较后续字符;否则从主串的第 pos+1 个字符开始再重新和模式串的字符进行比较。依次类推,若存在和模式串 t 相等的子串,则称匹配成功,返回模式串的第 1 个字符在目标串 s 中的位置;否则,匹配失败,返回 0。

假设 $s=$"ababcabcacbab",$t=$"abcac",pos$=1$,则模式串 t 和目标串 s 的匹配过程如图 4.5 所示。在此,i 和 j 为下标值。

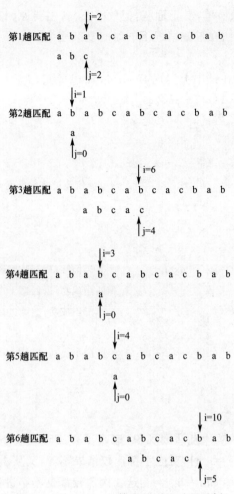

图 4.5　Brute-Force 算法的匹配过程示例

Brute-Force 算法如下:

```
int index(string s,string t,int pos)
{ int i,j;
  if(pos<1||pos>s.length||pos>s.length-t.length+ 1) return 0;
  i=pos-1; j=0;
  while(i<s.length&&j<t.length)
    { if(s.data[i]== t.data[j])
    { i++;j++;}                    /* 继续匹配下一个字符 */
    else
    { i=i-j+1;j=0;}                /* 主串、子串指针回溯,重新开始下一次匹配 */
    }
  if(j>=t.length)
    return i-t.length+1;          /* 返回主串中已匹配子串的第 1 个字符的位序 */
  else
  return 0;                       /* 匹配不成功 */
}
```

Brute-Force 算法比较简单,易于理解,但效率不高,主要原因是由于目标串指针 i 回溯消耗了大量的时间。该算法在最好情况下的时间复杂度为 $O(n+m)$,在最坏情况下的时间复杂度将达到 $O(n*m)$。

【例 4.3】 编写函数,在链串上实现 Brute-Force 算法。

```
int seek(linkstr * s,linkstr * t,int pos)
{int i; linkstr * p, * q, * r;
  if(pos<1) return 0;
  for(i=0,r=s;r&&i<pos;i++,r=r->next);
    if(! r) return 0;                    /* pos 值超过链串长度 */
    while(r)
    { p=r;q=t->next;
      while(p&&q&&q->data==p->data)
      { p=p->next; q=q->next;}           /* 若当前字符相同,则继续比较下一个字符 */
      if(! q) return i;                  /* 匹配成功,返回第 1 个字符在主串中的位序 */
      i++; r=r->next;                    /* 匹配不成功,继续进行下一趟匹配 */
    }
    return 0;                            /* 匹配不成功,返回 0 */
}
```

4.3.2 KMP 算法

Brute-Force 算法由于指针有回溯现象,造成了算法时间效率不高,在图 4.5 匹配过程的第 3 趟匹配中,当 $i=6$、$j=4$ 时,对应字符比较结果不等,又从 $i=3$、$j=0$ 重新开始比较。其实,$i=3$、$j=0$,$i=4$、$j=0$ 和 $i=5$、$j=0$ 这 3 次比较都是不必进行的。因为从第 3 趟部分匹配的结果可以得出,目标串中第 4、5 和 6 个字符必然是'b'、'c'和'a'(即模式串中的第 2 个、第 3 个和第 4 个字符)。因为模式串中的第 1 个字符是 a,所以它不必再和这 3 个字符进行比较,仅需将模式串向右滑动 3 个字符的位置继续进行 $i=6$、$j=1$ 时的字符比较即可。同理,在第 1 趟匹配中出现字符不等时,仅需将模式串向右滑动两个字符的位置继续进行 $i=2$、$j=0$ 时的字符比较。这样,就使得在整个匹配过程中,i 指针没有回溯,图 4.6 展示了目标串为 $s=$"ababcabcacbab",模式串为 $t=$"abcac",从 $pos=1$ 开始的匹配过程。

现在讨论一般情况,设目标串 $s=$"$s_0s_1\cdots s_{n-1}$",模式串 $t=$"$t_0t_1\cdots t_{m-1}$",当 $s_i\neq t_j$ 时存在:

$$\text{"}t_0t_1\cdots t_{j-1}\text{"}=\text{"}s_{i-j}s_{i-j+1}\cdots s_{i-1}\text{"}$$

若模式串 t 中存在可互相重叠的最大真子串满足:

$$\text{"}t_0t_1\cdots t_{k-1}\text{"}=\text{"}t_{j-k}t_{j-k+1}\cdots t_{j-1}\text{"}(0<k<j)$$

则下一次比较可直接从模式串的第 $k+1$ 个字符 t_k 开始与目标串的第 $i+1$ 个字符 s_i 相对应,继续进行下一趟的匹配。若模式串 t 中不存在子串"$t_0t_1\cdots t_{k-1}$"="$t_{j-k}t_{j-k+1}\cdots t_{j-1}$",则下一次比较可直接从模式串的第 1 个字符 t_0 开始与目标串的第 $i+1$ 个字符 s_i 相对应继续进行下一趟的匹配。

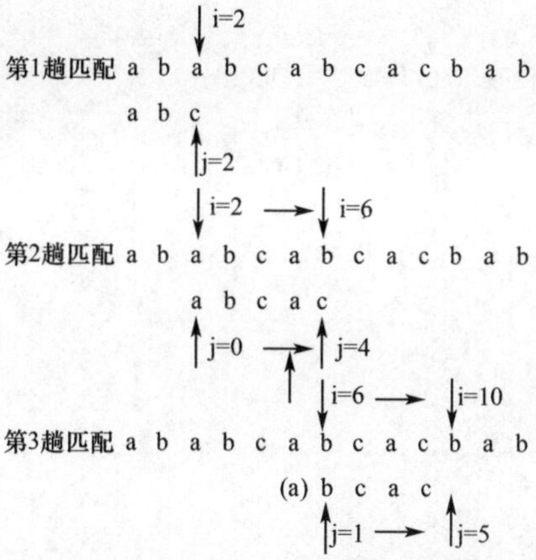

图 4.6　目标串指针不回溯的匹配过程示例

综上所述，可以看出，k 的取值与目标串 s 并没有关系，只与模式串 t 本身的构成有关，即从模式串本身就可以求出 k 值。

若令 $next[j]=k$，则 $next[j]$ 表明当模式串中第 j 个字符与目标串中相应字符 s_i "失配"时，在模式串中需重新和目标串中字符 s_i 进行比较的字符位置。

模式串 next 函数的定义如下：

$$next[j]=\begin{cases} \max\{k\,|\,0<k<j,\text{且"}t_0\,t_1\cdots t_{k-1}\text{"}=\text{"}t_{j-k}t_{j-k+1}\cdots t_{j-1}\text{"}\}, & \text{此集合非空时} \\ 0, & \text{其他情况} \\ -1, & j=0 \end{cases}$$

在此，之所以使用 $next[j]$，而不用函数形式 $next(j)$，是因为要用一维数组 next 来存储 k 值。由此可推出模式串 $t=$ "$abaabcac$"的 next 函数值见表 4.1：

表 4.1　　　　　　　　　　　　　模式串的 next 函数值

j	0	1	2	3	4	5	6	7
模式串	a	b	a	a	b	c	a	c
next[j]	−1	0	0	1	1	2	0	1

在求得模式串的 next 函数后，匹配可如下进行：假设 s 是目标串，t 是模式串，并设 i 指针和 j 指针分别指示目标串和模式串正待比较的字符，令 i 的初值为 pos−1（因为 C 语言的下标从 0 开始），j 的初值为 0。在匹配过程中，若有 $s_i==t_j$，则 i 和 j 分别增 1，否则，i 不变，j 退回到 $next[j]$ 的位置（即模式串右滑），比较 s_i 和 t_j，若相等，则 i 和 j 分别增 1，否则，i 不变，j 退回到 $next[j]$ 的位置（即模式串继续右滑），再比较 s_i 和 t_j，…。依次类推，直到下列两种情况之一出现为止：一种是 j 退到某个 next 值（$next[\ next[\cdots next[j]\cdots]]$）时有 $s_i==t_j$，则 i 和 j 分别增 1 后继续匹配；另一种是 j 退回到 −1（即模式串的第 1 个字符失配），此时令 i 和 j 分别增 1，即下一次比较 s_{i+1} 和 t_0。简言之，就是利用已经得到的部分匹配结果，将模式串右滑一段距离再继续进行下一趟的匹配，而无须回溯目标串指针。

例如，若 s＝"acabaabaabcacaabc"，t＝"abaabcac"，pos＝1，则根据上述描述算法，模式串 t 和目标串 s 的匹配过程如图 4.7 所示，其中，$next[j]$ 的函数值已在前面计算完成。

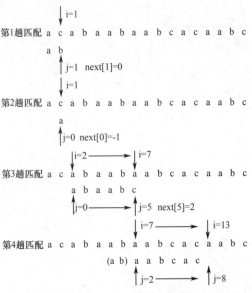

图 4.7　KMP 算法的匹配过程示例

上述算法是由 D.E.Kunth,J.H.Morris 和 V.R.Pratt 同时提出的,所以该算法被称为 Kunth-Morris-Pratt 算法,简称 KMP 算法。该算法与 Brute-Force 算法相比较有了较大的改进,主要是消除了目标串的指针回溯,从而使算法效率有了某种程度的提高。

KMP 算法设计如下:

```
void getnext(string * t,int next[])              /* 由模式串 t 求出 next 值 */
{ int j,k;
  j=0;k=-1;next[0]=-1;
  while(j< t.length)
    if(k==- 1||t.data[j]==t.data[k])
    { j++;k++ ;next[j]=k;}
    else k=next[k];
}
  int KMPindex(string * s,string * t,int pos)
  { int next[INITSTRLEN],i,j;
    getnext(t,next);
    i=pos-1;j=0;
    while(i<s.length&&j<t.length)
    {if(j==-1||s.data[i]==t.data[j])
    { i++;j++;}                                  /* 对应字符相同,指针后移一个位置 */
    else j=next[j];}                             /* i 不变,j 后退,相当于模式串向右滑动 */
if(j>=t.length)
    return i-t.length+ 1;                        /* 匹配成功,返回第 1 个匹配字符在主串中的位序 */
else return 0;                                   /* 匹配不成功,返回标志 0 */
  }
```

实际上,上述定义的 next 函数在某些情况下尚有缺陷。例如,模式串"aaaab"在和目标串"aaabaaaab"匹配时,当 $i=3$、$j=3$ 时,s.data[i]≠t.data[j],由 next[j]的指示还需进行

$i=3$、$j=2$，$i=3$、$j=1$，$i=3$、$j=0$ 等 3 次比较。实际上，因为模式串中的第 1、2、3 个字符和第 4 个字符都相等，因此，不需要再和目标串中的第 4 个字符比较，而可以将模式串一次向右滑动 4 个字符的位置直接进行 $i=4$、$j=0$ 时的字符比较。因此，若按上述定义得到 next$[j]=k$，而模式串中 $t_j=t_k$，则当目标串中字符 s_i 与 t_j 比较不等时，不需要再与 t_k 进行比较，而直接与 $t_{next[k]}$ 进行比较即可，即此时的 next$[j]$ 应和 next$[k]$ 相同。为此，将求 next 函数 getnext() 的算法修正如下，成为 next 函数的修正值算法。

```
void getnextval(string * t,int nextval[])
{ int j,k;
  j=0;k=-1;nextval[0]=-1;
  while(j<t.length)
    if(k==-1||t.data[j]==t.data[k])
    { j++;k++;
      if(t.data[j]! =t.data[k])
        nextval[j]=k;
      else
        nextval[j]=nextval[k];
    }
    else k=nextval[k];
}
```

【例 4.4】 求模式串"abcdabcdabe"的 next 函数值和 nextval 函数值。

next 函数值和 nextval 函数值结果见表 4.2。

表 4.2 例 4.4 结果

j	0	1	2	3	4	5	6	7	8	9	10
模式串	a	b	c	d	a	b	c	d	a	b	e
next[j]	-1	0	0	0	0	1	2	3	4	5	6
nextval[j]	-1	0	0	0	-1	0	0	0	-1	0	2

【例 4.5】 编写算法，求串 s 和串 t 的最长公共子串。

基本思想：以 s 为主串，t 为子串，设 pos 为最长公共子串在 s 中的序号，len 指出最长公共子串的长度。对串 s 的每个字符扫描串 t，当 s 的当前字符等于 t 的当前字符时，比较后面的字符是否相等，这样得到一个公共子串(至少长度为 1，因为 s 与 t 的当前字符相等)，其长度与 len 相比，将大者存放在 len 中。如此进行下去，直到扫描完串 s 为止。

```
void maxpubstr(string * s,string * t)
{ int pos=0,len=0,i,j,k,len1;
  i=0;                              /* i 作为扫描 s 的指针 */
  while(i<s.len)
  { j=0;                           /* j 作为扫描 t 的指针 */
    while(j<t.len)
    { if(s.data[i]==t.data[j])
      { len1=1;                    /* 找一个子串,其在 s 中的位序为 i,长度为 len1 */
        for(k=1;k+i<s.len&&k+j<t.len&&s.data[k+i]==t.data[k+j];k++)
```

```
        len1++;
      if(len1> len)
      { pos=i;len=len1;}              /* 将较大者赋给 pos 与 len */
      }
     j++;
    }
   i++;                               /* 继续扫描 s 中第 i 个字符之后的字符 */
 }
 for(i=0;i<len;i++)                    /* 输出最长公共子串 */
   printf(" %c",s.data[i+pos]);
}
```

例如,s="abacaaabcda",t="babaaaabcbba",则最长的公共子串为"aaabc"。

4.4 串的应用

4.4.1 判断给定字符串是否为回文

用 C 语言编写程序,测试一个顺序存储的字符串 s 的串值是否为回文,即从左侧读与从右侧读内容一样,例如:"上海自来水来自海上"。

基本思想:对于一个给定的字符串 s,s="$s_0 s_1 s_2 \cdots s_{n-1}$",要判断其是否为回文,只要判断当 $i=0$、1、$\cdots$、$n/2$ 时,等式 $s_0=s_{n-1}$、$s_1=s_{n-2}$、$\cdots$、$s_i=s_{n-i-1}$ 是否成立即可。若成立,则可判断为回文。

```
# include "string.h"              /* 测试一个顺序串的值是否为回文 */
# include "stdio.h"
# include "BH.c"                  /* 自定义头文件包含一个清屏函数 clear */
# define STRMAX 64                /* 每个字符串的最大长度 */
typedef struct node
{ char data[STRMAX];             /* 字符串数组 data 用来存储串中所有字符 */
  int slen;                       /* 整数 slen 用来表示字符串的实际长度 */
}seqstring;
seqstring * p                      /* p 为指向顺序串指针 */

main()                            /* 测试顺序串的值是否为回文——主函数 */
{ int invert(), flag, j=0;
  clear();                        /* 包含在 BH.c 头函数中清屏函数 */
  printf("\n\t 判断输入的字符串是否为回文示例:");
  printf("\n\t 请从键盘上输入一个字符串:");
  gets(p->data);                  /* 从键盘输入一个字符串 */
  while(p->data[j++]! ='\0')      /* 统计字符个数,即统计字符串的长度 */
  p->slen=j;                      /* 给出字符串的长度 */
  printf("\n\t 字符串长度 legth= %d", p->slen);
```

```
    flag＝invert(p);
    if(flag＝1) printf("\n\t 该字符串是回文!");
    else printf("\n\t 该字符串不是回文!");
    puts(p−＞data);                    /＊输出字符串＊/
    getchar()                        /＊固定屏幕＊/
}/＊MAIN＊/


Int invert(t)                      /＊判断字符串是否为回文,若是则返回1,否则返回0＊/
seqstring＊t;
{ int i, j, n,sign＝1;              /＊sign为回文标志＊/
    j＝t−＞slen−1;
    n＝t−＞slen/2;
    for(i＝0; i＜＝n; i＋＋, j−−)       /＊判断字符串是否为回文＊/
        if(t−＞data[i]!＝t−＞data[j]) sign＝0;
    return(sign);                   /＊若是回文,则返回1,否则为0＊/
}/＊INVERT＊/
```

程序运行结果如图 4.8 所示。

图 4.8　判断顺序存储的字符串是否为回文

4.4.2　分离字符串中的单词

编写程序,在一个结点大小为 1 的单链表表示的字符串中,将形如"data structures and data opteration"的字符串中的各个单词分离出来。

基本思想:首先调用函数 L_strassign 将串常量 t 赋给链串 head,建立用带头结点单链表表示的链串 head,然后调用函数 L_strsplit 从链串中分离每一个单词,最后输出全部的单词。若将 clear 函数存放在头文件"BH.c"中,则完整的程序如下:

```
# include "stdio.h"
# include "stdlib.h"
# include "BH.c"                    /＊包含清屏函数 clear＊/
# define NULL 0
# define LEN sizeof(linkstring)
typedef struct strnode              /＊结点大小为 1 的链串类型定义＊/
```

```
{char data;                         /* data 为结点的数据域 */
  struct strnode * next;            /* next 为结点的指针域 */
} linkstring;                       /* linkstring 为链串类型 */
linkstring * head ;                 /* head 是结点大小为 1 的链串的头指针 */

void L_strwrite(linkstring * s)     /* 输出一个带头结点的链串 */
{ linkstring * p;
  p=s->next;                        /* 链串头结点的数据不用输出 */
  while(p! =NULL)                   /* 依次输出链串 s 中的每个字符 */
  { printf(" % c", p->data);
    p=p->next;
  } /* while */
  printf("\n\n\t");
}/* L_STRWRITE */


linkstring * L_strassign(s,t)       /* 将字符串常量 t 赋给链串 s 并输出 t 和建立的链串 s */
linkstring * s; char t[];           /* 根据字符串常量 t 建立带头结点的链串 s */
  { int k=0;
    linkstring * r,* p;
    s=(linkstring * )malloc(LEN);   /* 建立链串 s 的头结点 */
    s->next=NULL;                   /* 将链串 s 头结点指针域设置为空 */
    s->data='#';                    /* 将链串 s 头结点数据域设置为 # */
    r=s;
    while(t[k]! ='\0')              /* 将字符串常量 t 依次赋给链串 s */
      { p=(linkstring * )malloe(LEN);/* 建立新的链串结点 */
        p->data=t[k++];             /* 给结点的数据域 data 赋值 */
        r->next=p;                  /* 将新结点插入链串的尾部 */
        r=p;                        /* 修改链串的尾部指针 */
      }
    r->next=NULL;                   /* 链串最后一个结点指针置空 */
    printf("\n\n\t\t 输出字符串数组 t= % s",t);  /* 输出字符串常量 t 和提示信息 */
    printf("n\n\t\t 输出字符串链串 s= % s",s);   /* 输出链串 s 的提示 */
    L_strwrite(s);                  /* 调用函数输出链串 s 中每个字符 */
    return (s);                     /* 函数返回链串 s 头指针 */
  } /* L STRASSIGN */


  void L_strplit(heads)             /* 将结点大小为 1 的链串中包含的所有单词分离出来 */
  linkstring * heads;
  { int i=1; linkstring * p, * s1, * r, * q;
    p=heads;
    while(p! =NULL)                 /* 一次循环分离一个单词 */
      { q=(linkstring * )malloc(LEN);      /* 创建一个单词链串的头结点 q */
        q->next=NULL;
```

```
        p=p->next;
        r=q;
     while(p! =NULL&&p->data! ='')          /* 建立单词链串中的每个结点 */
     { sl=(linkstring*) malloc(LEN);        /* 创建一个新的字符结点 */
        sl->data=p->data;
        sl->next=NULL;
        r->next=sl;                          /* 将新结点连接到每个单词链串 */
        r=sl;                                /* r 指向单词链串的尾结点 */
        p=p->next;
     }/* WHILE */
     printf("\n\t 输出一个单词 %d:",i++);  /* 统计和输出分离出的单词数 */
     L_strwrite(q);                          /* 输出分离出的每个单词链串 */
    }/* WHILE */
}/* L_STRPLIT */


void main()                                 /* 将链串表示的字符串中的每个单词分离出来 */
{ char t[80]="data structures and data opteration";   /* t 为字符串常量 */
  clear();                                  /* 清屏幕 */
  printf("\n\t\t\t 将链串上的单词分离出来示例\n\t");
  head=L_strassign(&head, t);               /* 调用函数 L_strassign 生成链串 */
  L_strplit(head) ;                         /* 将链串中所有的单词分离出来 */
  getchar();                                /* 固定屏幕 */
} /* MAIN */
```

程序的运行结果如图 4.9 所示。

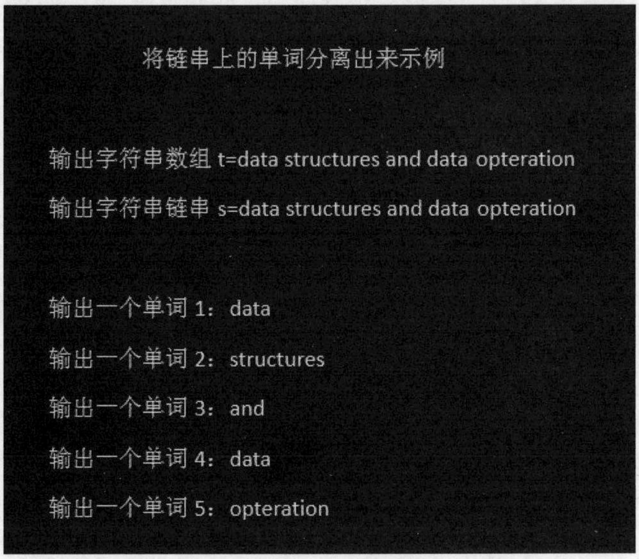

```
                 将链串上的单词分离出来示例


     输出字符串数组 t=data structures and data opteration
     输出字符串链串 s=data structures and data opteration


     输出一个单词 1：data
     输出一个单词 2：structures
     输出一个单词 3：and
     输出一个单词 4：data
     输出一个单词 5：opteration
```

图 4.9 将链串中所有的单词分离出来

4.5 本章小结

串是一种特殊的线性表,它的每个结点仅由一个字符组成。随着计算机的发展,串在文字编辑、信息检索、词法扫描、符号处理及定理证明等许多领域得到越来越广泛的应用。很多高级语言都具有较强的串处理功能,C 语言更是如此。本章简要介绍了串的有关概念和术语,以及串的两种存储方法;着重介绍了串的基本运算及算法的实现;详细讨论了串的匹配算法:BF 算法和 KMP 算法,并通过实例给出了这两种算法的基本思想和算法的实现。

1.本章的复习要求

(1)串是由有限个字符组成的序列。串中字符的个数称为串的长度,长度为 0 的串称为空串。

串的基本运算有:求字符串的长度、判断某串是否为空串、两个串的连接、求某串的子串、串的模式匹配及串的插入、删除、复制、替换等。

(2)串的存储方法主要有两种:顺序存储结构和链式存储结构。

串采用顺序存储结构时有两种格式:紧缩格式和非紧缩格式。对于以字为存取单位的计算机来说,若采用非紧缩格式,每个存储单元只存放一个字符。非紧缩存储方式虽然随机存取方便,但存储空间利用率不高,只适合于程序中串变量不多且每个串变量又不太长的情况。若采用紧缩格式,每个存储单元可存放多个字符,最后一个存储单元如果未能占满可填充空格。采用这种紧缩存储方式时,需要将串的长度显式给出,其空间利用率较高。对以字节为存取单位的计算机来说,每个字符恰好对应一个单元,既便于存取又能充分利用空间。这种存储方式不必显式地给出串的长度,只要在串的末尾加上分界符即可。

串的顺序存储方式的缺点是对顺序串进行插入和删除等运算很不方便。

在串的链式存储结构中,每个结点由字符域和指针域组成,可采取每个结点只存放一个字符和每个结点存放多个字符的两种链接结构,前者运算速度较快,而后者的空间利用率较高。

(3)串的模式匹配算法就是判断某串是否是另一个已知串的子串,如果是其子串,则给出该子串的起始位置。

2.本章的重点和难点

本章的重点是:通过本章学习,要求熟悉串的有关概念和术语,串和线性表的关系;掌握串的顺序和链式存储结构,比较它们的优点和缺点,从而学会根据具体情况选用恰当的存储结构;熟练掌握串的基本运算并能利用这些基本运算编写程序完成串的各种其他运算;熟练掌握 BF 和 KMP 模式匹配算法的基本思想。

本章的难点是:BF 和 KMP 模式匹配算法的基本思想。

习题4

一、单项选择题

❶ 空串与空格字符组成的串的区别在于( )。

A.没有区别   B.两串的长度不相等

C.两串的长度相等   D.两串包含的字符不相同

❷ 一个子串在包含它的主串中的位置是指（　　）。

A.子串的最后那个字符在主串中的位置

B.子串的最后那个字符在主串中首次出现的位置

C.子串的第一个字符在主串中的位置

D.子串的第一个字符在主串中首次出现的位置

❸ 下面的说法中,只有（　　）是正确的。

A.字符串的长度是指串中包含的字母的个数

B.字符串的长度是指串中包含的不同字符的个数

C.若 T 包含在 S 中,则 T 一定是 S 的一个子串

D.一个字符串不能说是其自身的一个子串

❹ 两个字符串相等的条件是（　　）。

A.两串的长度相等

B.两串包含的字符相同

C.两串的长度相等,并且两串包含的字符相同

D.两串的长度相等,并且对应位置上的字符相同

❺ 若 SUBSTR(S,i,k)表示求 S 中从第 i 个字符开始的连续 k 个字符组成的子串的操作,则对于 S＝"Beijing&Nanjing",SUBSTR(S,4,5)＝（　　）。

　A."ijing"　　　　　B."jing&"　　　　　C."ingNa"　　　　　D."ing&N"

❻ 若 INDEX(S,T)表示求 T 在 S 中的位置的操作,则对于 S＝"Beijing&Nanjing",T＝"jing",INDEX(S,T)＝（　　）。

　A.2　　　　　　　B.3　　　　　　　C.4　　　　　　　D.5

❼ 若 REPLACE(S,S1,S2)表示用字符串 S2 替换字符串 S 中的子串 S1 的操作,则对于 S＝"Beijing&Nanjing",S1＝"Beijing",S2＝"Shanghai",REPLACE(S,S1,S2)＝（　　）。

　A."Nanjing&Shanghai"　　　　　　B."Nanjing&Nanjing"

　C."ShanghaiNanjing"　　　　　　D."Shanghai&Nanjing"

❽ 在长度为 n 的字符串 S 的第 i 个位置插入另外一个字符串,i 的合法值应该是（　　）。

　A.$i>0$　　　　　B.$i\leqslant n$　　　　　C.$1\leqslant i\leqslant n$　　　　　D.$1\leqslant i\leqslant n+1$

❾ 字符串采用结点大小为 1 的链表作为其存储结构,是指（　　）。

A.链表的长度为 1

B.链表中只存放 1 个字符

C.链表的每个链结点的数据域中不仅只存放了一个字符

D.链表的每个链结点的数据域中只存放了一个字符

二、填空题

❶ 计算机软件系统中,有两种处理字符串长度的方法:一种是＿＿＿＿＿＿,另一种是＿＿＿＿＿＿。

❷ 两个字符串相等的充要条件是＿＿＿＿＿＿和＿＿＿＿＿＿。

❸ 设字符串 S1＝"ABCDEF",S2＝"PQRS",则运算 S＝CONCAT(SUB(S1,2,LEN

(S2)),SUB(S1,LEN(S2),2))后的串值为_____。

④ 串是指_____。

⑤ 空串是指_____,空格串是指_____。

三、算法设计题

❶ 设有一个长度为 s 的字符串,其字符顺序存放在一个一维数组的第 1 至第 s 个单元中(每个单元存放一个字符)。现要求从此串的第 m 个字符以后删除长度为 t 的子串,m＜s,t＜(s−m),并将删除后的结果复制在该数组的第 s 单元以后的单元中,试设计此删除算法。

❷ 设 s 和 t 是表示成单链表的两个串,试编写一个找出 s 中第 1 个不在 t 中出现的字符(假定每个结点只存放 1 个字符)的算法。

第 5 章

数组和广义表

本章介绍的数组与广义表可视为线性表的推广,其特点是数据元素本身也可能是一个表。本章讨论多维数组的逻辑结构和存储结构,特殊矩阵、矩阵的压缩存储,广义表的逻辑结构和存储结构等内容。

5.1 数组的定义和运算

数组是我们很熟悉的一种数据结构,它可以看作线性表的推广,在 C 语言等大多数的编程语言中都作为一种数据类型供用户使用。

数组是由一组类型相同的数据元素构造而成的,它的每个元素由一个值和一组下标确定,数组元素可以是整数、实数等简单类型,也可以是数组等构造类型。数组元素在数组中的相对位置是由其下标来确定的。

数组作为一种数据结构,其特点是结构中的元素本身可以是具有某种结构的数据,但必须属于同一数据类型。若数组元素只含有一个下标,这样的数组称为一维数组。若把数据元素的下标顺序变换成线性表中的序号,则一维数组就是一个线性表。

当一个数组的每个数组元素都含有两个下标时,该数组称为二维数组。图 5.1 是一个 m 行 n 列的二维数组。二维数组可以看作"数据元素是一维数组"的一维数组,即可以把二维数组 A 看成是由 n 个向量组成的一维数组,其中每个向量是由 m 个简单类型的元素组成的。因此,我们也可以把二维数组看成是一个线性表。同样,三维数组可以看作"数据元素是二维数组"的一维数组。以此类推,可以把 n 维数组看成是一个线性表,表中每一个数据元素是一个 $n-1$ 维数组。

$$A = \begin{bmatrix} a_{00} & a_{01} & \cdots & a_{0,n-1} \\ a_{10} & a_{11} & \cdots & a_{1,n-1} \\ \cdots & \cdots & \cdots & \cdots \\ a_{m-1,0} & a_{m-1,1} & \cdots & a_{m-1,n-1} \end{bmatrix}$$

图 5.1　m 行 n 列的二维数组

数组虽然是线性表的特例,但数组是一个具有固定格式和数量的有序集,每一个数据元

素由唯一的一组下标来标识。数组的运算与一般线性表的运算不同,在数组中通常做下面两种操作:

(1)取值操作:给定一组下标,读其对应的数据元素。

(2)赋值操作:给定一组下标,存储或修改与其相对应的数据元素。

5.2 数组的顺序存储

现在来讨论数组在计算机中的存储表示。根据数组的运算特点,通常采用顺序存储结构存放数组。数组的顺序存储结构指的是用一组连续的存储单元依次存放数组元素,数组的行列固定后,通过一个映像函数,并根据数组元素的下标得到它的存储地址。对于一维数组按下标顺序分配即可。

由于存储单元是一维的结构,而二维以上的数组是个多维的结构,因此,若用一组连续的存储单元存放数组的元素,就必须按一定次序把多维数组中所有的元素排在一个线性序列中。一般有两种存储方式:一种是以行序为主序(先行后列)的顺序存放,即一行分配完后接着分配下一行。具体来说就是先排第一行,行内按列的升序进行排列,紧跟其后排第二行,以此类推,此种方法称为"行优先顺序"。另一种是以列序为主序(先列后行)的顺序存放,即一列一列地分配。具体来说就是先排第一列,列内按行的升序进行排列,紧跟其后排第二列,以此类推,此种方法称为"列优先顺序"。

【例 5.1】 设有一个 2 行 3 列的二维数组,逻辑结构用图 5.2 表示。试画出它的内存映像图。

若以行序为主序进行存储,分配顺序为:a_{00}、a_{01}、a_{02}、a_{10}、a_{11}、a_{12},内存映像如图 5.3(a)所示。若以列序为主序进行存储,分配顺序为:a_{00}、a_{10}、a_{01}、a_{11}、a_{02}、a_{12},内存映像如图 5.3(b)所示。

序号	数组元素
1	a_{00}
2	a_{01}
3	a_{02}
4	a_{10}
5	a_{11}
6	a_{12}

序号	数组元素
1	a_{00}
2	a_{10}
3	a_{01}
4	a_{11}
5	a_{02}
6	a_{12}

a_{00}	a_{01}	a_{02}
a_{10}	a_{11}	a_{12}

(a)以行为主序　　(b)以列为主序

图 5.2　2×3 数组的逻辑状态　　图 5.3　2×3 数组的物理状态

数组的顺序存储能轻松地根据下标求出元素所在地址。设有 $m×n$ 二维数组 A_{mn},下面仅对按行优先顺序表示的情形进行讨论,由于数组元素 a_{ij} 的前面有 i 行,每一行的元素个数为 n,在第 i 行中它的前面还有 j 个数组元素,因此 a_{ij} 的前面共有 $i×n+j$ 个元素。假设数组的基址(第一个元素的存储地址)为 $LOC(a_{00})$,每个数组元素占据 L 个地址单元,那么 a_{ij} 的物理地址可以用下式计算:

$$LOC(a_{ij})=LOC(a_{00})+(i×n+j)×L$$

同理,对于三维数组 A_{mnp},即 $m×n×p$ 数组,数组元素 a_{ijk} 的物理地址为:

$$LOC(a_{ijk})=LOC(a_{000})+(i×n×p+j×p+k)×L$$

【例 5.2】 已知二维数组 $A[10][20]$ 采用行序为主序进行存储,每个元素占 4 个存储单元,$A[0][0]$ 的存储地址是 200,求 $A[6][12]$ 的地址。

解:因为 $A[6][12]$ 前面有 6 行,每行有 20 个元素,$A[6][12]$ 所在行的前面有 12 个元素,即 $A[6][12]$ 前面共有 $6 \times 20 + 12 = 132$ 个元素。所以,$A[6][12]$ 的地址是:

$$LOC(A[6][12]) = LOC(A[0][0]) + (6 \times 20 + 12) \times 4 = 200 + 132 \times 4 = 728$$

5.3 矩阵的压缩存储

矩阵是一个二维数组,它是很多科学与工程计算问题中研究的数学对象。矩阵可以用行优先或列优先方法顺序存放到内存中,但是,当矩阵的阶数很大时将会占较多存储单元。当矩阵的元素分布呈现某种规律时,这时从节约存储单元出发,可考虑若干元素共用一个存储单元,即进行压缩存储。所谓压缩存储是指:为多个值相同的元素只分配一个存储空间,值为零的元素不分配空间。虽然压缩存储节约了存储单元,但怎样在压缩后找到某元素呢?因此还必须给出压缩前的下标和压缩后的下标之间的变换公式,才能使压缩存储变得有意义。

5.3.1 特殊矩阵

若值相同的元素或零元素在矩阵中的分布有一定规律,则称此类矩阵为特殊矩阵。特殊矩阵包括:对称矩阵、三角矩阵、对角矩阵三种。下面从节省存储空间这一角度来考虑这些特殊矩阵的存储结构。

1.对称矩阵

对称矩阵的特点是:在一个 n 阶方阵中,有 $a_{ij} = a_{ji}$,其中 $1 \leqslant i$、$j \leqslant n$,如图 5.4(a)所示是一个 5 阶对称矩阵。

对称矩阵中的元素关于主对角线对称,故只需要存储矩阵中上三角或下三角中的元素,让每两个对称的元素共享一个存储空间即可。比如,我们只存储下三角中的元素 a_{ij},其特点是 $j \leqslant i$ 且 $1 \leqslant i \leqslant n$。对于上三角中的元素 a_{ij},它和对应的 a_{ji} 相等,因此当访问的元素在上三角时,直接去访问和它对应的下三角元素即可。图 5.4(a)的对称矩阵若存储在一维数组中,其存储结构如图 5.4(b)所示。

$$A = \begin{bmatrix} 1 & 5 & 4 & 7 & 9 \\ 5 & 5 & 8 & 4 & 2 \\ 4 & 8 & 6 & 5 & 1 \\ 7 & 4 & 5 & 0 & 2 \\ 9 & 2 & 1 & 2 & 7 \end{bmatrix}$$

(a)5 阶对称矩阵 A

数组下标	0	1	2	3	4	5	6	7	8	9	10	11	12	13	14
矩阵元素	1	5	5	4	8	6	7	4	5	0	9	2	1	2	7

(b)5 阶对称矩阵 A 的压缩存储

图 5.4 对称矩阵及其压缩存储

不失一般性,我们按"行优先顺序"存储主对角线及其以下的元素,其需要存储的元素和对应的存储形式如图 5.5 所示:

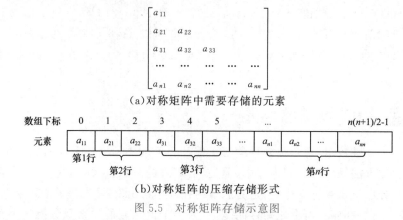

(a)对称矩阵中需要存储的元素

（b)对称矩阵的压缩存储形式

图 5.5　对称矩阵存储示意图

在这个下三角矩阵中,第 1 行有 1 个元素,第 2 行有 2 个元素,依次类推,第 i 行恰好有 i 个元素,因此,元素总数为:

$$1+2+3+\cdots+n=\sum_{i=1}^{n}i=\frac{n(1+n)}{2}$$

如果不进行压缩存储,存储所有元素需要 $n\times n$ 个存储单元,进行压缩存储以后只需要 $n(n+1)/2$ 个存储单元了,节约了大约一半的存储单元。

由于下三角矩阵中有 $n(n+1)/2$ 个元素需要存储,因此,下三角矩阵中的元素顺序存储到一个向量 $sa[0\cdots n(n+1)/2-1]$ 中。为了便于访问对称矩阵 A 中的元素,我们必须在 a_{ij} 和 $sa[k]$ 之间找到一个对应关系。

对于下三角中的元素 a_{ij},其特点是:$i\geqslant j$ 且 $1\leqslant i\leqslant n$,存储到 sa 中后,根据存储原则,它前面有 $i-1$ 行,共有 $1+2+\cdots+i-1=(i-1)\times(1+i-1)/2=(i-1)\times i/2$ 个元素。而在 a_{ij} 所在的行的前面有 $j-1$ 个元素,即 a_{ij} 前面共有 $i\times(i-1)/2+j-1$ 个元素,因此它在 sa 中的下标 k 与 i、j 的关系为:

$$k=i\times(i-1)/2+j-1 \quad (0\leqslant k<n\times(n+1)/2)$$

若 $i<j$,则 a_{ij} 是上三角中的元素,因为 $a_{ij}=a_{ji}$,这样,访问上三角中的元素 a_{ij} 时则去访问和它对应的下三角中的 a_{ji} 即可,因此将上式中的行列下标交换就是上三角中的元素在 sa 中的对应关系:

$$k=j\times(j-1)/2+i-1 \quad (0\leqslant k<n\times(n+1)/2)$$

综上所述,对称矩阵中的元素 a_{ij} 与向量 sa 的下标 k 具有下列关系:

$$k=\begin{cases} i\times(i-1)/2+j-1 & \text{当 } i\geqslant j \\ j\times(j-1)/2+i-1 & \text{当 } i<j \end{cases}$$

【例 5.3】　设有对称矩阵 $a[6][6]$,压缩存储到向量 sa 中,求 a_{21} 和 a_{12} 在 sa 中的位置。

解:a_{21} 和 a_{12} 存储在 $sa[4]$ 中,这是因为 $k=i\times(i+1)/2+j=2\times(2+1)/2+1=4$。

2.三角矩阵

一个 n 阶方阵,当它的主对角线的右上方元素均为常量(通常是零元素)时,称它为下三角矩阵,如图 5.6(a)所示,即当 $i<j$ 时,$a_{ij}=c$。与下三角矩阵对应的是上三角矩阵,如图 5.6(b)所示,其主对角线的左下方皆为常量,即 $i>j$ 时,$a_{ij}=c$,其中 c 为某个常数。

$$\begin{bmatrix} a_{11} & c & c & \cdots & c \\ a_{21} & a_{22} & c & \cdots & c \\ a_{31} & a_{32} & a_{33} & c & c \\ \cdots & \cdots & \cdots & \cdots & \cdots \\ a_{n1} & a_{n2} & \cdots & \cdots & a_{nn} \end{bmatrix} \qquad \begin{bmatrix} a_{11} & a_{12} & \cdots & \cdots & a_{1n} \\ c & a_{22} & a_{23} & \cdots & a_{2n} \\ c & c & a_{33} & a_{34} & a_{3n} \\ \cdots & \cdots & \cdots & \cdots & \cdots \\ c & c & \cdots & c & a_{nn} \end{bmatrix}$$

(a)下三角矩阵   (b)上三角矩阵

图 5.6 三角矩阵示意图

（1）下三角矩阵

下三角矩阵的压缩存储与对称矩阵类似，不同之处在于存储完下三角中的元素之后，紧接着需要存储对角线上方的常量，因为这些常量是同一个常数，所以只存储一个即可，这样一共需要存储 $n\times(n+1)/2+1$ 个元素，如图 5.7 所示。

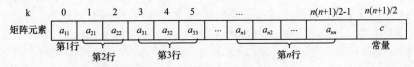

图 5.7 下三角矩阵的压缩存储

设下三角矩阵的元素存入向量 $sa[0\cdots n(n+1)/2]$ 中，a_{ij} 和 $sa[k]$ 之间的对应关系如下：

对于下三角中的元素 $a_{ij}(i \geqslant j$ 且 $1 \leqslant i \leqslant n)$，其存储到 sa 中的情形与对称矩阵的存储形式完全相同，因此它在 sa 中的下标 k 与 i、j 的关系为：

$$k = i \times (i-1)/2 + j - 1 \quad (0 \leqslant k < n \times (n+1)/2)$$

若 $i < j$，则 a_{ij} 是上三角中的常量元素，存储到 sa 的最后一个存储单元，因此 sa 中的下标 k 与 i、j 的关系为：

$$k = n \times (n+1)/2$$

综上所述，下三角矩阵中的元素 a_{ij} 与向量 sa 的下标 k 具有下列关系：

$$k = \begin{cases} i \times (i-1)/2 + j - 1 & \text{当 } i \geqslant j \\ n \times (n+1)/2 & \text{当 } i < j \end{cases}$$

（2）上三角矩阵

上三角矩阵的存储思想与下三角类似，以行为主序存储上三角部分，最后存储对角线下方的常量。

在上三角矩阵的上三角中，第 1 行有 n 个非常量元素，第 2 行有 $n-1$ 个非常量元素，以此类推，第 i 行有 $n-i+1$ 个非常量元素，因此，上三角非常量元素总数为：

$$n + (n-1) + (n-2) + \cdots + 1 = \sum_{i=1}^{n} n - i + 1 = \frac{n(n+1)}{2}$$

除上三角中的非常量元素外，还有一个常量需要存储，因此，上三角矩阵中共需要存储 $n\times(n+1)/2+1$ 个元素，如图 5.8 所示。

图 5.8 上三角矩阵的压缩存储

设上三角矩阵的元素存入向量 $sa[0\cdots n(n+1)/2]$ 中，a_{ij} 和 $sa[k]$ 之间的对应关系如下：

对于上三角中的元素 a_{ij}，其特点是：$i \leqslant j$，存储到 sa 中后，根据存储原则它前面有 i 行，共有 $n+(n-1)+(n-2)+\cdots+(n-i+2)=(i-1)\times(2n-i+2)/2$ 个非常量元素。而在 a_{ij} 所在的行中的前面有 $j-i$ 个非常量元素，a_{ij} 前面共有 $(i-1)\times(2n-i+2)/2+j-i$ 个非常量元素，因此它在 sa 中的下标 k 与 i、j 的关系为：

$$k=(i-1)\times(2n-i+2)/2+j-i \quad (0 \leqslant k < n\times(n+1)/2)$$

若 $i>j$ 且 $1 \leqslant i \leqslant n$，则 a_{ij} 是下三角中的常量元素，存储到 sa 的最后一个存储单元，因此 sa 中的下标 k 与 i、j 的关系为：

$$k=n\times(n+1)/2$$

综上所述，上三角矩阵中的元素 a_{ij} 与向量 sa 的下标 k 具有下列关系：

$$k=\begin{cases}(i-1)\times(2n-i+2)/2+(j-i) & \text{当 } i \leqslant j \\ n\times(n+1)/2 & \text{当 } i>j\end{cases}$$

3.对角矩阵

若矩阵中所有非零元素都集中在以主对角线为中心的带状区域中，区域外的值全为 0（或同一个常数 c），则称为对角矩阵（或称带状矩阵）。常见的有三对角矩阵、五对角矩阵、七对角矩阵等，如图 5.9 所示。

$$A=\begin{bmatrix} a_{11} & a_{12} & 0 & 0 & 0 & 0 & 0 \\ a_{21} & a_{22} & a_{23} & 0 & 0 & 0 & 0 \\ 0 & a_{32} & a_{33} & a_{34} & 0 & 0 & 0 \\ 0 & 0 & a_{43} & a_{44} & a_{45} & 0 & 0 \\ 0 & 0 & 0 & a_{54} & a_{55} & a_{56} & 0 \\ 0 & 0 & 0 & 0 & a_{65} & a_{66} & a_{67} \\ 0 & 0 & 0 & 0 & 0 & a_{76} & a_{77} \end{bmatrix}$$

(a)三对角矩阵

$$B=\begin{bmatrix} a_{11} & a_{12} & a_{13} & 0 & 0 & 0 & 0 \\ a_{21} & a_{22} & a_{23} & a_{24} & 0 & 0 & 0 \\ a_{31} & a_{32} & a_{33} & a_{34} & a_{35} & 0 & 0 \\ 0 & a_{42} & a_{43} & a_{44} & a_{45} & a_{46} & 0 \\ 0 & 0 & a_{53} & a_{54} & a_{55} & a_{56} & a_{57} \\ 0 & 0 & 0 & a_{64} & a_{65} & a_{66} & a_{67} \\ 0 & 0 & 0 & 0 & a_{75} & a_{76} & a_{77} \end{bmatrix}$$

(b)五对角矩阵

$$C=\begin{bmatrix} a_{11} & a_{12} & a_{13} & a_{14} & 0 & 0 & 0 \\ a_{21} & a_{22} & a_{23} & a_{24} & a_{25} & 0 & 0 \\ a_{31} & a_{32} & a_{33} & a_{34} & a_{35} & a_{36} & 0 \\ a_{41} & a_{42} & a_{43} & a_{44} & a_{45} & a_{46} & a_{47} \\ 0 & a_{52} & a_{53} & a_{54} & a_{55} & a_{56} & a_{57} \\ 0 & 0 & a_{63} & a_{64} & a_{65} & a_{66} & a_{67} \\ 0 & 0 & 0 & a_{74} & a_{75} & a_{76} & a_{77} \end{bmatrix}$$

(c)七对角矩阵

图 5.9 对角矩阵

对角矩阵也可以采用压缩存储，压缩的方法是将对角矩阵压缩到向量 sa 中，以行为主序，顺序地存储其非零元素，如图 5.10 所示，按其压缩规律，找到相应的映像函数。

K	0	1	2	3	4	5	6	7	8	9	10	11	12	13	14	15	16	17	18
矩阵元素	a_{11}	a_{12}	a_{21}	a_{22}	a_{23}	a_{32}	a_{33}	a_{34}	a_{43}	a_{44}	a_{45}	a_{54}	a_{55}	a_{56}	a_{65}	a_{66}	a_{67}	a_{76}	a_{77}

图 5.10 三对角矩阵 A 的存储形式

我们仅讨论三对角矩阵的压缩存储。

在一个 $n\times n$ 的三对角矩阵中，只有 $n+n-1+n-1$ 个非零元素，故只需 $3n-2$ 个存储单元即可，零元素不占用存储单元。

故将 $n\times n$ 三对角矩阵 A 压缩存放到只有 $3n-2$ 个存储单元的 sa 向量中，假设仍按行优先顺序存放，a_{ij} 和 $sa[k]$ 之间的对应关系如下：

若 $i=j$，则 a_{ij} 是对角线上的元素，由图 5.10 的存储形式可以推算出：

$$k=3\times(i-1) \quad \text{或} \quad 3\times(j-1)$$

若 $i=j-1$，则 a_{ij} 是对角线右方的非零元素，由图 5.10 的存储形式可以推算出：

$$k = 3 \times i - 2 \quad 或 \quad 3 \times j - 5$$

若 $i = j + 1$，则 a_{ij} 是对角线左方的非零元素，由图 5.10 的存储形式可以推算出：

$$k = 3 \times i - 4 \quad 或 \quad 3 \times j - 1$$

5.3.2　稀疏矩阵

在实际应用中，往往会遇到这样一种矩阵，其中大多数元素的值为零，而只有少部分非零元素，这时非零元素在矩阵中的分布又没有一定的规律，这种矩阵称为稀疏矩阵。如果用一般的存储方法表示稀疏矩阵，就会把大量的零元素存储起来，这将浪费大量的存储空间，为此，我们采用压缩存储。在压缩存储的时候应该注意，通常稀疏矩阵的零元素分布没有规律，为了能找到相应的元素，仅存储非零元素的值是不够的，还要记下它所在的行和列。常用的方法有两种：三元组表和十字链表。

1.三元组表

三元组表方法是用一个线性表来表示稀疏矩阵，线性表的每个结点对应稀疏矩阵的一个非零元素，每个非零元素包括 3 个域，分别表示非零元素的行下标、列下标和值，记作 (i, j, v)，称为非零元素的三元组。非零元素按矩阵的行优先顺序存储，形成三元组表，三元组表可以用一维数组表示。反之，一个三元组 (i, j, v) 是唯一确定矩阵 A 的一个非零元素。为了运算方便，三元组表中还需要存储该矩阵的行数、列数以及矩阵的非零元素的个数，这项信息存放在三元组表的 0 号单元中，如图 5.11 所示。

$$A = \begin{bmatrix} 12 & 3 & 0 & 0 & 0 & 0 & 1 \\ 0 & 9 & 0 & 0 & 4 & 0 & 0 \\ 0 & 0 & 0 & 0 & 0 & 0 & 0 \\ 0 & 4 & 0 & 0 & 0 & 0 & 0 \\ 0 & 0 & 0 & 0 & 0 & 0 & 0 \\ 0 & 0 & 0 & 0 & 0 & 0 & 0 \\ 5 & 0 & 0 & 0 & 0 & 0 & 0 \end{bmatrix}$$

	i	j	v
0	7	7	7
1	1	1	12
2	1	2	3
3	1	7	1
4	2	2	9
5	2	5	4
6	4	2	4
7	7	1	5

(a)稀疏矩阵 A　　　　　　　　(b)三元组表 ma

图 5.11　稀疏矩阵及其三元组表

三元组表中的结点类型用 C 语言定义如下：

```c
struct TSMatrix
{
    int i,j,v;
}
```

稀疏矩阵的压缩存储方法确实节约了存储空间，但矩阵的运算从算法上可能变得复杂些。下面讨论在这种压缩存储结构中，如何实现矩阵转置运算。

矩阵转置运算的规则是行、列交换，值不变，稀疏矩阵转置后仍是稀疏矩阵。图 5.11(a) 中的稀疏矩阵 A 转置后成为矩阵 B，矩阵 B 的三元组表如图 5.12 所示。

$$B=\begin{bmatrix} 12 & 0 & 0 & 0 & 0 & 0 & 5 \\ 3 & 9 & 0 & 4 & 0 & 0 & 0 \\ 0 & 0 & 0 & 0 & 0 & 0 & 0 \\ 0 & 0 & 0 & 0 & 0 & 0 & 0 \\ 0 & 4 & 0 & 0 & 0 & 0 & 0 \\ 0 & 0 & 0 & 0 & 0 & 0 & 0 \\ 1 & 0 & 0 & 0 & 0 & 0 & 0 \end{bmatrix}$$

	i	j	v
0	7	7	7
1	1	1	12
2	1	7	5
3	2	1	3
4	2	2	9
5	2	4	4
6	5	2	4
7	7	1	1

(a)稀疏矩阵 B   （b)三元组表 mb

图 5.12　稀疏矩阵及其三元组表

完成矩阵转置的基本步骤是将 A 的行、列转化成 B 的列、行,即把三元组表 ma 中每一个三元组(i,j,v)的行、列交换后变成(j,i,v)存储到三元组表 mb 中,存储的同时必须保证三元组表中每行的元素是按列号从小到大的规律顺序存放的。在图 5.11(b)中第 1 个三元组(1,1,12)转换后变成(1,1,12),存放到 mb 的第 1 个位置,但 ma 中第 2 个三元组(1,2,3)转换后变成(2,1,3)却不能放到 mb 的第 2 个位置上,原因是转换后的矩阵的第 1 行上还没有存储的元素。那么,转换后的元素放到哪个位置上合适呢?我们按下面的方法进行转换:在 ma 中依次找列号为 1 的所有三元组,列号为 2 的所有三元组,以此类推,找到列号为 n 的所有三元组,并将每次找到的三元组的行、列交换后顺序存储到 mb 中。按上述方法转换,B矩阵中同一行的元素已按列升序存于 mb 数组中了。

算法 5.1　矩阵转置算法

按上述方法对用三元组存储的矩阵实现转置运算的算法如下:

```
struct TSMatrix * TransposeSMatrix(struct TSMatrix * ma)
{
    struct TSMatrix * mb;
    int col,m,n,t,k,p;
    k=1;
    m=ma[0].i;              /* 原矩阵的行数 */
    n=ma[0].j;              /* 原矩阵的列数 */
    t=ma[0].v;              /* 原矩阵的非零元素个数 */
    mb=(struck TSMatrix * )malloc(t * sizeof(struct TSMatrix));
    mb[0].i=ma[0].j;
    mb[0].j=ma[0].i;
    mb[0].v=ma[0].v;
    for(col=1;col<=n;col++)
      for(p=1;p<=t;p++)
        if(ma[pl.j==col)
        {
            mb[k].i=ma[p].j;
            mb[k].j=ma[p].i;
```

```
            mb[k].v=ma[p].v;
            k++;
            }
    return mb;
    }
```

分析该算法,其时间主要耗费在 col 和 p 的二重循环上,所以时间复杂度为 $O(n \times t)$(m、n 是原矩阵的行、列,t 是稀疏矩阵的非零元素个数),显然当非零元素的个数 t 和 $m \times n$ 同数量级时,算法的时间复杂度为 $O(m \times n^2)$,和通常存储方式下的矩阵转置算法相比,可能节约了一定量的存储空间,但算法的时间性能更差一些。

从算法 5.1 中不难看出,算法的执行时间主要花费在多次扫描 ma 数组寻找第一列、第二列直到第 n 列的数据的过程上,这个重复过程其实是可以取消的。因为 A 中第一列的第一个非零元素一定存储在 mb[1],如果还知道第一列的非零元素的个数,那么第二列的第一个非零元素在 mb 中的位置便等于第一列的第一个非零元素在 mb 中的位置加上第一列的非零元素的个数,以此类推,只要知道每一列非零元素的个数,就可以求出每一列第一个非零元素在 mb 中应该存放的位置。为此需要附设两个一维数组 nu 和 p,nu[j] 表示矩阵 A 中的第 j 列非零元素个数,p[j] 指向矩阵 A 中第 j 列下一个非零元素在 mb 中应存放的位置(初值为该列第一个非零元素在 mb 中应存放的位置)。显然有:

p[1]=1;
p[j]=p[j-1]+nu[j-1];　　(2≤j≤n,n 是矩阵的列数)

矩阵 A 的 nu 和 p 值如图 5.13 所示。

j	1	2	3	4	5	6	7
nu[j]	2	3	0	0	1	0	1
p[j]	1	3	6	6	6	7	7

图 5.13　矩阵 A 的 nu 和 p 值

算法 5.2　快速转置算法

为了运算方便,nu[0]、p[0] 未用。转换过程中依次扫描 ma,当扫描到一个 j 列元素时,直接将其存放在 mb 的 p[j] 位置上,p[j] 加 1,p[j] 中始终是下一个 j 列元素在 mb 中的位置,这种转置方法称为快速转置算法。算法如下:

```
struct TSMatrix * TransposeSMatrix(struct TSMatrix * ma)
{
    struct TSMatrix * mb;
    int col,m,n,t,k,p;
    k=1;
    m=ma[0].i;              /*原矩阵的行数/
    n=ma[0].j;              /*原矩阵的列数/
    t=ma[0].v;              /*原矩阵的非零元素个数 * /
    mb=(struct TSMatrix * )malloc(t * sizeof(struct TSMatrix));
    mb[0].i=ma[0].j;
```

```
mbl0].j＝mal0].i;
mb[0].v＝ma[0].v;
for(col＝1;col＜＝n;col＋＋)
   for(p＝1;p＜＝t;p＋＋)
      if(ma[p].j＝＝col)
      {
         mb[k].i＝ma[p].j;
         mb[k].j＝ma[p].i;
         mb[k].v＝ma[p].v;
         k＋＋;
      }
return mb;
}
```

该算法中有 2 个循环,循环次数分别为 n 和 t,因而总的时间复杂度为 O($n+t$)。当矩阵 A 中非零元素的个数 t 和 $m×n$ 等数量级时,其时间复杂度为 O($m×n$),和一般 M 维数组方法表示的矩阵的转置时间复杂度相同。

2.十字链表

三元组表可以看作稀疏矩阵的顺序存储,但是在做一些操作(如加法、乘法)时,非零项数目及非零元素的位置会发生变化,这时,这种表示就十分不便。在这节中,我们介绍稀疏矩阵的一种链式存储结构——十字链表。十字链表是一种既带行指针又带列指针的链接存储结构。对稀疏矩阵的链接存储就是对其相应的三元组线性表进行链接存储,链接表中的每一个结点表示一个非零元素的三元组,每一个结点既处于同一行的单链表中,又处于同一列的单链表中,即处于所在行的单链表和所在列的单链表的交点处,整个稀疏矩阵由十字交叉链表结构组成,故称十字链表。在某些情况下,采用十字链表表示稀疏矩阵是很方便的。

在十字链表的每个结点中,用 row、col、val 分别存放矩阵非零元素的行号、列号及元素值,用指针 down 指向同一列中的下一个非零元素的结点,用指针 right 指向同一行中的下一个非零元素的结点,十字链表的结点结构如图 5.14 所示。

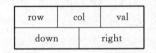

图 5.14 十字链表的结点结构

用十字链表做稀疏矩阵的存储结构,每个结点除了存储非零元素的行下标、列下标、元素值外,还得存储两个指针,另外还要增设行链表、列链表表头指针数组。

【例 5.4】 画出图 5.11(a)所示的稀疏矩阵 A 的十字链表结构。

稀疏矩阵中每行的非零元素结点按其列号从小到大顺序由 right 域链成一个带表头结点的行链表,同样每一列中的非零元素按其行号从小到大顺序由 down 域也链成一个带表头结点的列链表。即每个非零元素 a_{ij} 既是第 i 行循环链表中的一个结点,又是第 j 列循环链表中的一个结点。图 5.11(a)所示的稀疏矩阵 A 的十字链表结构如图 5.15 所示。

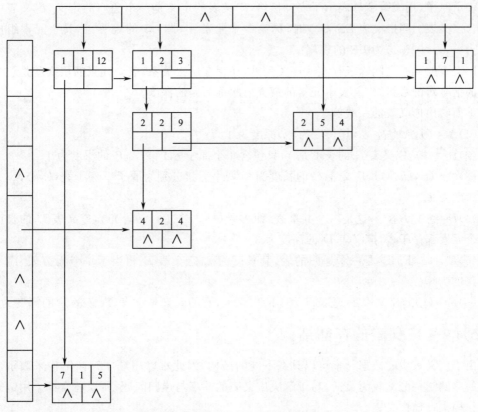

图 5.15 稀疏矩阵 A 的十字链表存储结构

5.4 广义表

广义表是线性表的推广,也有人称其为列表(Lists,用复数形式将其与统称的表 List 加以区别)。

5.4.1 广义表的定义

在第 2 章中,我们把线性表定义为 n 个元素构成的有限序列($n \geqslant 0$)。线性表的元素仅限于性质相同,它可以是一个数或一个结构,但有时这种限制需要拓宽。例如,某校教师红歌大合唱比赛的参赛队伍清单可以采用下面的表示形式:

(信息学院,化材学院,艺术学院,(教务处、人事处、图书馆),纺织学院,机械学院)

在这个拓宽的线性表中,教务处、人事处、图书馆由于人数较少,所以合并到一起作为一支队伍进行参赛,很显然,这三项构成了线性表,成为整个表中的一个数据项。这种放松了对表元素限制的线性表就是广义表。

广义表是 $n(n \geqslant 0)$ 个数据元素构成的有限序列,一般记作:

$$LS = (a_1, a_2, \cdots, a_i, \cdots, a_n)$$

其中:LS 是广义表的名称,n 是它的长度。每个 $a_i (1 \leqslant i \leqslant n)$ 是 LS 的成员,它可以是单个元素,也可以是一个广义表,分别称为原子和子表。为了区别原子和子表,习惯用小写字母表示原子,用大写字母表示子表。显然,广义表的定义是一个递归的定义,广义表中可以包含广义表。当广义表 LS 非空时,称第一个元素 a_1 为 LS 的表头,称其余元素组成的表 $(a_2, \cdots, a_i, \cdots, a_n)$ 为 LS 的表尾。

广义表的元素之间除了存在次序关系外,还存在层次关系,表中元素的层次就是包含该元素的括号对的数目,广义表中元素的最大层次称为表的深度。

下面给出广义表的一些例子:

(1)$A = ()$,A 是空表,其长度为零,深度为1。

(2)$B = (e)$,广义表 B 的长度是1,只包含1个原子 e,广义表 B 的深度为1。

(3)$C = (a, (b, c))$,广义表 C 的长度为2,两个元素分别为原子 a 和子表 (b, c),广义表 C 的深度为2。

(4)$D = (A, B, C)$,这是一个共享表,即 $D = ((), (e), (a, (b, c)))$,广义表 D 的长度为3,三个元素都是子表,广义表 D 的深度为3。

(5)$E = (a, E)$,这是一个递归的表,其长度为2,广义表 E 相当于一个无穷表,广义表 E 的深度为∞。

(6)$F = (())$,广义表 F 是长度为1的广义表,它的元素是空表,广义表 F 的深度为2。

5.4.2 广义表的存储结构

由于广义表中的数据元素可以具有不同的结构,因此难以用顺序存储结构来表示。而链式的存储结构分配较为灵活,易于解决广义表的共享与递归问题,所以通常都采用链式的存储结构来存储广义表。

广义表中的元素可以是原子或子表,因此需要两种结构的结点:一种是表结点,用以表示子表;另一种是元素结点,用以表示原子。为此我们在广义表的结点中设立标记域 tag 来进行区分。约定当 tag=0 时,该结点为原子,结点中的 data 域存放数据元素的值;tag=1 时,该结点为子表,结点中的指针 hp 指向本子表中的表头结点,指针 tp 指向本子表的表尾结点。广义表的结点结构如图5.16所示。

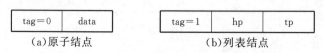

(a)原子结点　　　　　　　　　(b)列表结点

图 5.16　广义表的结点结构

【例5.5】 画出以下三个广义表的存储结构:

①A=(e); ②B=(a,(b,c,d)); ③C=(a,C)。

解:①广义表 A 的长度是1,其表头是原子 e,表尾是一个空表,所以表头指针 hp 指向原子结点 e,表尾指针 tp 为空。存储结构如图5.17(a)所示。

②广义表 B 的长度是2,其表头是原子 a,表尾是列表((b,c,d)),所以表头指针 hp 指向原子结点 a,表尾指针 tp 指向列表((b,c,d))。接下来,继续表示列表((b,c,d))的存储结构。列表((b,c,d))的长度是1,其表头是列表(b,c,d),表尾是空表,所以表头指针 hp 指向列表(b,c,d),表尾指针 tp 为空。接下来,继续表示列表(b,c,d)的存储结构。列表(b,c,d)的长度是3,其表头是原子 b,表尾是列表(c,d),所以表头指针 hp 指向原子 b,表尾指针 tp 指向列表(c,d)。接下来,继续表示列表(c,d)的存储结构。列表(c,d)的长度是2,其表头

是原子 c,表尾是列表(d),所以表头指针 hp 指向原子 c,表尾指针 tp 指向列表(d)。最后,表示列表(d)的存储结构。列表(d)的长度是 1,其表头是原子 d,表尾是空表,所以表头指针 hp 指向原子 d,表尾指针 tp 为空。存储结构如图 5.17(b)所示。

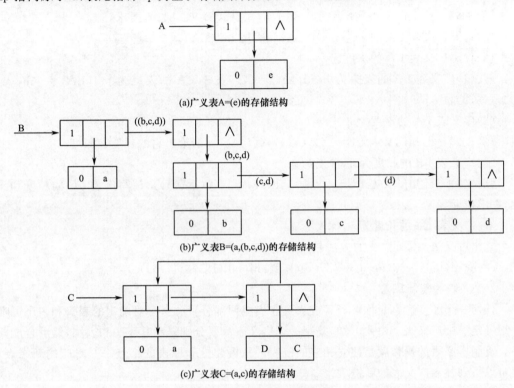

(a)广义表A=(e)的存储结构

(b)广义表B=(a,(b,c,d))的存储结构

(c)广义表C=(a,c)的存储结构

图 5.17 广义表的存储结构

③广义表 C 的长度是 2,是一个共享表,其表头是原子 a,表尾是列表(C),所以表头指针 hp 指向原子结点 a,表尾指针 tp 指向列表(C)本身。接下来,继续表示列表(C)的存储结构。列表(C)的长度是 1,其表头是广义表 C 本身,表尾是空表,所以表头指针 hp 指向广义表 C,表尾指针 tp 为空。存储结构如图 5.17(c)所示。

广义表还有多种存储表示方式,这里就不一一列举了。

5.4.3 广义表的基本运算

广义表的运算主要有:求广义表的表头和表尾、求广义表的长度和深度、广义表的建立和输出、广义表的复制、向广义表插入元素,以及在广义表中查找或删除元素等。由于广义表是一种递归的数据结构,所以对广义表的运算一般采用递归的算法。

1.求广义表的表头 head 和表尾 tail 运算

根据广义表表头和表尾的定义可知:任何一个非空广义表的表头都是表中第一个元素,它可能是原子,也可能是子表,而其表尾始终是一个子表。空表无表头和表尾。例如,

$$head(L)=a \quad tail(L)=(b)$$

$$head(B)=A \quad tail(B)=(v)$$

由于 tail(L)是一个非空表,可继续分解得到:

$$head(tail(L))=b \quad tail(tail(L))=()$$

同理,对非空表 A 和(v),也可以继续进行分解。

值得注意的是:广义表()和(())不同。前者是长度为 0 的空表,对其不能求表头和表尾运算;而后者是长度为 1 的非空表,可以继续分解,得到表头和表尾均为空表()。

【例 5.6】 已知广义表 LA=(a,(b,(a,b)),((a,b),(a,b))),要求:

(1)计算广义表 LA 的表头 head(LA)和表尾 tail(LA)。

(2)计算广义表 LA 的深度。

解:(1)广义表 LA 的表头为 head(LA)=a,广义表 LA 的表尾为 tail(LA)=((b,(a,b)),((a,b),(a,b)))。

(2)广义表 LA 的深度为 3。

【例 5.7】 已知广义表 LB=((),((()))),(((()))))),请给出它的长度和深度。

解:广义表 LB 的长度为 3,深度为 5。

【例 5.8】 已知广义表 LC=(((a)),(b),c,(a),(((d,e)))),请写出表 LC 的长度和深度,并求出元素 e。

解:广义表 LC 的长度为 5,深度为 4。

求出广义表 LC 元素 e 的方法是:

e=head(tail(head(head(head(tail(tail(tail(tail(LC))))))))))。

2.广义表的复制算法

任何一个非空广义表均可分解成表头和表尾两部分,反之,一对确定的表头和表尾可唯一地确定一个广义表。由此可知,复制一个广义表只要分别复制其表头和表尾,然后合成即可。复制广义表的操作就是建立相应的链表。只要建立和原表的结点一一对应的新结点,便可以得到复制广义表的新链表。

广义链表的复制过程如下:假设 p 表示原表,q 表示复制的新表。广义链表的表头结点指针为 *p,若 p 为空,则返回空指针;若 p 为表结点,则递归复制 p 的子表;否则复制原子结点 p,然后继续递归复制 p 的后续表。函数返回所复制的广义链表的表头指针 q。

下面给出复制广义链表的递归算法:

```
glists * glistcopy(p)                    /* 将广义表 p 复制到广义表 q 中的运算 */
glists * p;                              /* p 是被复制的广义表的头结点指针 */
{ glists * q;
  if(p==NULL) return (NULL);             /* 若 p 为空表,则返回出错信息 */
  q=(glists *)malloc(sizeof(glists));    /* 若 p 为非空表,则建立一个表结点 */
  q->tag=p->tag;
  if(p->tag==1)                          /* 若 p 为表结点,则递归复制子表结点 */
    q->element.sublink=glistcopy(p->element.sublink);
  else
    q->element.data=p->element.data;     /* 若 p 为原子结点,则复制原子结点 */
  q->link=glistcopy(p->link);            /* 继续递归复制同一层中的后续表 */
  return (q);                            /* 函数返回复制后的表头结点指针 */
}/* GLISTCOPY */
```

3.建立广义表的链式存储结构

假设广义表中元素类型 datatype 为 char,元素值限定为英文字母。又假设广义表是一个表达式,元素之间用一个逗号分隔,表元素的起止符号为左、右圆括号,空表为在其圆括号内不包含任何字符的空白串。为了清晰起见,也可用一个字符"♯"代替空白串,最后以"$"作为整个广义表的结束符。例如,"(a,(♯),(b,c,d,e))$"就是一个符合上述规定的广义表格式。

　　建立广义表链式存储结构的算法是一个递归算法。该算法使用一个具有广义表格式的字符串参数 s,返回所建立的广义链表的表头指针 p。该算法的基本思想是:在算法执行过程中,从头到尾扫描字符串 s 的每个字符。若当前字符为左括号"(",表明它是一个表元素的开始,则应建立一个由 p 指向的表结点,并用它的 sublist 域作为子表的表头指针进行递归调用来建立子表的存储结构;若当前字符是一个英文字符,表明它是一个原子,则应建立一个由 p 指向的原子结点;若当前字符为右括号")",表明它是一个空表,应将 p 置空。当建立一个由 p 指向的结点之后,再取下一个未处理的字符,若当前字符为逗号",",表明存在后继结点,需要建立当前结点的后继表;若当前字符为右括号")"或"$",表明当前所处理的表已经结束,应将当前结点的 link 域设置为空。重复上述过程,直到字符串全部处理完毕,当前字符为"$",则算法结束。

　　根据上述分析,给出建立广义表的链式存储结构的算法如下:

```
glists * glistcreat(char * s)            /* 带头结点链式存储的广义表建立算法 */
{ glists * p;                            /* p 是指向广义链表表头结点的指针 */
  char ch;
  ch= * s; s++;                          /* 从字符串中取一个字符并将串指针后移 */
  if(ch! ='$')                           /* 判断字符串是否结束 */
  { p=(glists * )malloc(sizeof(glists)); /* 创建一个新结点 */
    if(ch= ='(')                         /* 当前字符串为左括号 */
      { p->tag=1;                        /* 新结点作为表头结点 */
        p->element.sublink=glistcreat(s);}  /* 递归构造子表并链接到表头结点 */
    else if(ch= =')')
        { p->tag=1;
          p->element.sublink=NULL;}      /* 当前字符串为右括号,子表为空 */
      else { p->tag=0;                    /* 新结点作为原子结点 */
             p->element.data=ch;}
  }/* endif */
  else p=NULL;                           /* 当字符串结束时,子表为空 */
  ch= * s; s++;                          /* 从字符串中取下一个字符并将串指针后移 */
  if(p! =NULL)
    if(ch= =',')
      p->link=glistcreat(s);             /* 递归构造后续子表 */
    else  p->link=NULL;                  /* 若串结束,则处理表最后一个元素 */
  return (p);                            /* 函数返回指向广义链表头结点指针 p */
}/* GLISTCREAT */
```

　　算法分析:该算法需要扫描输入广义表中的所有字符,并且对每个字符处理都是简单的比较和赋值操作,其时间复杂度为 O(1),所以整个算法的时间复杂度为 O(n),n 表示广义表中字符的个数。由于平均每两个字符可以生成一个表结点或原子结点,所以 n 也可以看成是生成的广义表中所有结点的个数。在这个算法中,既包含向子表的递归调用,也包含向后继表的递归调用,所以递归调用的最大深度不会超过生成的广义表中所有结点的个数,因而其空间复杂度也为 $O(n)$。

4.广义表的输出算法

带表头结点的广义链表的输出过程如下:假设 ha 为指向带表头结点的广义链表的表头指针,打印输出该广义链表时,需要对子表进行递归调用。当 ha 为表结点时,首先应输出一个表的起始符号左括号"(",然后再输出以 ha->sublink 为表头指针的表;当 ha 为原子结点时,则应输出该元素的值。当以 ha->sublink 为表头指针的子表输完后,应在其最后输出一个作为表终止符的右括号")"。当结点 ha 输出结束后,若存在后继结点,即 ha->link ≠NULL,则应首先输出一个逗号","作为分隔符,然后再递归输出由 ha->link 指针所指向的后继表。

打印输出一个带表头结点的广义链表的算法如下:

```
void writeglist(ha)                          /* 带表头结点链接存储广义表的输出算法 */
glists * ha;                                 /* ha 是一个广义表的头结点指针 */
{ if(ha! =NULL)                              /* 若为空表,则打印错误信息返回 */
  {if(ha->tag==1)                            /* 若为表结点,则输出'(' */
    { printf("(");
      if(ha->element.sublink==NULL)          /* 若子表为空,则输出空子表'#' */
        printf("#");
      else
        writelist(ha->element.sublink);      /* 若子表非空,则递归输出子表 */
    }/* ENDIF ha->tag==1 */
    else printf("%c", ha->element.data);     /* 若为原子结点,则输出元素值 */
    if(ha->tag==1)
      printf(")");                           /* 若为表结点,则输出')' */
    if(ha->link! =NULL)                      /* 若子表后继结点非空,则输出后续表 */
    { printf(",");                           /* 输出分隔符',' */
      writeglist(ha->link);                  /* 递归输出后继表 */
    }
  }/* ENDIF ha=NULL */
}/* WRITEGLIST */
```

算法分析:该算法的时间复杂度和空间复杂度与建立广义表的链式存储结构的情况相同,均为 $O(n)$,n 表示广义表中所有字符的个数。

5.求广义表表头的算法

假设把广义表看成是 n 个并列的子表(假设原子也看成为子表)。求带表头结点的广义链表表头的过程如下:若广义链表为空表或原子时,则不能求表头运算。若表头结点是原子,则复制该结点到 q;若表头结点是子表,则由于结点的 link 不一定为 NULL,所以复制该表头结点产生一个结点 t,并设置 t->link=NULL,t 称为虚拟表头结点(图 5.18)。然后调用广义链表的复制函数 copyglist 将 t 复制到 q,最后函数返回指针 q。

例如,图 5.18 所示就是广义链表 L=(E(a),F(b))求表头时设置虚拟表头结点 t 的情况。

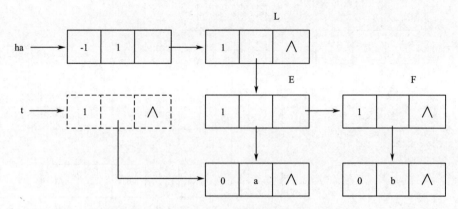

图 5.18　带表头结点的广义链表求表头过程示意图

下面给出带表头结点的广义链表求表头运算的算法：

```
glists * headglist(glists * ha)                    /*带表头结点广义链表求表头算法 */
{ glists * p=ha->element.sublink;                  /* ha 是一个广义链表的头结点指针 */
  glists * q, * t;
  if(p==NULL)                                       /*若为空表,则打印错误信息返回 */
    { printf("空表不能求表头"); exit(0);}
  else if(ha->tag==0)                               /*若为原子,则打印错误信息返回 */
    {printf("原子不能求表头");exit(0);}
  if(p->tag==0)                                     /*若为原子,则取表中第一个原子 */
    {q=(glists * )malloc(sizeof(glists));
      q->tag=0;
      q->element.data=p->element.data;
      q->link=NULL;
    }
  else
    { t=(glists * )malloc(sizeof(glists));          /*若为子表,则产生虚子表 t * /
      t->tag=1;
      t->element.sublink=p->element.sublink;
      t->link=NULL;
      q=glistcopy(t);                               /*将子表 t 复制到 q 中 * /
      free(t) ;
    }
  return (q) ;                                      /*函数返回原子或指向子表头结点指针 * /
}/ * HEADGLIST * /
```

6.求广义表表尾的算法

同理,广义表求表尾的过程如下(空表或原子不能求表尾运算)：若广义表为非空表,则创建一个虚拟表头结点 t,并设置 t->element.sublink=ha->element.sublink->link,然后调用广义表的复制函数 glistcopy,将 t 复制为 q,最后函数返回 q 指针。

例如,图 5.19 是广义表 L=(E(a),F(b))求表尾时设置虚拟表头结点 t 的情况示意图。

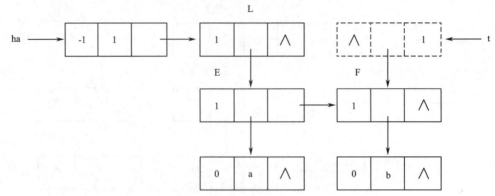

图 5.19 带表头结点的广义表求表尾过程示意图

带表头结点的广义表求表尾运算的算法如下：

```
glists * taillist(glists * ha)                    /* 求带表头结点广义表表尾运算 */
{ glists * p=ha->element.sublink;                 /* ha 是一个广义表的头结点指针 */
  glists * q, * t;
  if(p==NULL)                                      /* 若为空表,则打印错误信息返回 */
    {printf("空表不能求表尾"); exit(0);}
  else if(ha->tag==0)                              /* 若为原子,则打印错误信息返回 */
    {printf("原子不能求表尾"); exit(0);}
  p=p->link;,
  t=(glists * ) malloc(sizeof(glists));            /* 若为子表,则建立一个虚子表 t */
  t->tag=1;
  t->element.sublink=p;
  t->link=NULL;
  q=glistcopy(t);                                  /* 将子表 t 复制到 q 中 */
  return (q);                                      /* 函数返回指向子表头结点指针 */
}/* TAILGLIST */
```

5.5 广义表的应用

5.5.1 广义表的建立

假设建立广义表的链式存储结构的输入格式由字符串的值所提供,请编写程序实现以下功能:根据所给的字符串 sa,建立带表头结点的广义表的链式存储结构;打印输出所建立的广义表;完成广义表的复制;求广义表的表头和表尾。

算法分析:将前述广义表的几种基本运算函数保存到 GLISTYS.c 头文件中。若利用前面所给的函数,则实现上述几个功能的完整程序如下:

```
# include <stdio.h>
typedef struct node
{ int tag;                                         /* tag 是标志域,用于区分原子结点和表结点 */
  struct node * link;                              /* 指针指向与该结点同层的直接后继结点 */
```

```
    union                              /* 原子结点和子表结点的联合部分 */
      { struct node * sublink;         /* sublink 是指向子表的表头结点指针 */
         char data;                    /* data 是原子结点的数值域 */
      }element;
    } glists;                          /* glists 是广义表的单链表类型 */


# include "GLISTYS.c"                  /* 将广义表基本运算函数保存在 GLISTYS.c 头文件中 */
# include "BHCLEAR.c"                  /* 将 clear 等函数保存在 BHCLEAR.c 头文件中 */
void main()                           /* 采用链式存储的广义表的简单应用程序的主函数 */
  { char * sa={"(a,(b, c, q, j, p)) $ ")\0};   /* 建立广义表的字符串 */
    glists * pcopy, * p, * ga=NULL;
    clear();                          /* 清屏、设置颜色和光标定位函数 */
    printf("\n\n\t\t 广义表的基本运算");
    printf("\n\n\t 输入的字符串是：sa= % s", sa);   /* 输入广义表的元素即字符串 */
    ga=glistcreat(sa)                 /* 建立带表头结点的广义表结构 */
    printf("\n\n\t 建立的广义表是：ga=");
    writeglist(ga);                   /* 输出带表头结点广义表的单链表 */
    pcopy=glistcopy(ga) ;             /* 将广义表 ga 复制到 pcopy 中 */
    printf("\n\n\t 复制的广义表是：pa=");
    writeglist(pcopy);                /* 输出所复制的广义表 pcopy */
    p=headglist(ga) ;                 /* 求广义表表头并输出表头元素 */
    printf("\n\n\t 表头运算结果是：head= % c", p->element.data) ;
    p=tailglist(ga);                  /* 求广义表表尾并输出该子表 */
    printf("\n\n\t 表尾运算结果是:tail=");
    writeglist(p);
}/* MAIN */
```

上机运行该程序,其运行结果如图 5.20 所示。

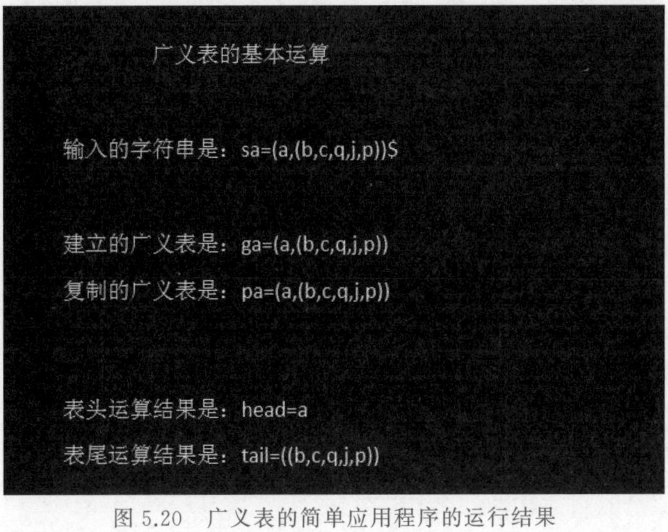

图 5.20　广义表的简单应用程序的运行结果

5.5.2　高斯消元法求解方程组

应用高斯消元法求解方程组并验证其正确性。要求:输入方程组,请自己设计输入格式;输出方程组的解,包括无解及有无限解等;应以求得的解代入原方程组验证其正确性。

算法分析:高斯消元法,是线性代数中的一个算法,可用来求解线性方程组,并可以求出矩阵的秩,以及求出可逆方阵的逆矩阵。设方程组中方程的个数为 equ,变元的个数为 var。

程序中高斯消元法的步骤:

1.把方程组转换成增广矩阵

2.利用初等行变换把增广矩阵转换成行阶梯阵

枚举 k 从 0 到 equ－1,当前处理的列为 col(初始为 0),每次找第 k 行以下(包括第 k 行),col 列中元素绝对值最大的列与第 k 行交换。如果 col 列中的元素全为 0,则处理 col＋1 列,k 不变。

3.转换为行阶梯阵,判断解的情况

① 无解

当方程中出现(0,0,…,0,a)的形式,且 a！＝0 时,说明是无解的。

② 唯一解

条件是 k ＝ equ,即行阶梯阵形成了严格的上三角阵。利用回代逐一求出解集。

③ 无穷解

条件是 k ＜ equ,即不能形成严格的上三角形,自由变元的个数即为 equ－k,但有些题目要求判断哪些变元是不确定的。

这里单独介绍下这种解法:

首先,自由变元有 var－k 个,即不确定的变元至少有 var－k 个。先把所有的变元视为不确定的。在每个方程中判断不确定变元的个数,如果大于 1 个,则该方程无法求解。如果只有 1 个变元,那么该变元即可求出,即为确定变元。

以上介绍的是求解整数线性方程组的求法,复杂度是 $O(n^3)$。浮点数线性方程组的求法类似,但是要在判断是否为 0 时,加入 EPS,以消除精度问题。

程序代码如下:

```
/ * 头文件 * /
# ifndef Head_h
# define Head_h
# include＜stdlib.h＞
# include＜stdio.h＞
# include＜string.h＞
# include＜math.h＞
typedef float Equation[30][30];
typedef int Status;
typedef int Elemtype;
# define ok 1
# define False 0
# endif
```

```
/*源文件*/
#include"Head.h"
Status CreateEQ(Elemtype VariableNum,Elemtype EqNum,Equation EQ)//输入方程
{
    int Eq_i,Eq_j;
    for(Eq_j=0;Eq_j<EqNum;Eq_j++)
      {
          printf("请输入第%d行的系数及等式的值(包含系数0):",Eq_j+1);
          for(Eq_i=0;Eq_i<VariableNum+1;Eq_i++)
            {
                scanf("%f",&EQ[Eq_j][Eq_i]);
            }
          printf("\n");
      }
    return ok;
}
Status PrintEQ(Elemtype VariableNum,Elemtype EqNum,Equation EQ)//打印方程
{
    int Eq_i,Eq_j;
    for(Eq_j=0;Eq_j<EqNum;Eq_j++)
      {
          for(Eq_i=0;Eq_i<VariableNum-1;Eq_i++)
            {
                printf("fX%d + ",EQ[Eq_j][Eq_i],Eq_i);
            }
          printf("fX%d",EQ[Eq_j][Eq_i],Eq_i);
          printf("=%12f",EQ[Eq_j][Eq_i+1]);
          printf("\n");
      }
    return ok;
}
Status ChangeEQ(Elemtype Bottom,Elemtype Top,Elemtype VariableNum,Equation EQ)//交换行
{
    int Eq_i,Eq_j;
    float Eq_temp;
    if(fabs(EQ[Bottom][Bottom])<0.000001)
      {
          for(Eq_i=Bottom+1;Eq_i<Top;Eq_i++)
          {
                if(fabs(EQ[Eq_i][Bottom])>0.000001)
                  {
                        for(Eq_j=Bottom;Eq_j<VariableNum+1;Eq_j++)
                        {
```

```
                          Eq_temp=EQ[Eq_i][Eq_j];
                          EQ[Eq_i][Eq_j]=EQ[Bottom][Eq_j];
                          EQ[Bottom][Eq_j]=Eq_temp;
                       }
                    return ok;
                 }
              }
          if(Eq_i>=Top)
          return False;
       }
    return ok;
}
Status DealEQ(Elemtype Bottom,Elemtype Top,Elemtype VariableNum,Equation EQ)
/* 某一列初等行变换 */
{
    int Eq_j,Eq_i;
    float Eq_cn;
    for(Eq_j=1;Eq_j<Top-Bottom+1;Eq_j++)
      {
        Eq_cn=EQ[Bottom+Eq_j][Bottom]/EQ[Bottom][Bottom];
        for(Eq_i=Bottom;Eq_i<VariableNum+1;Eq_i++)
        {
        EQ[Bottom+Eq_j][Eq_i]=EQ[Bottom+Eq_j][Eq_i]-Eq_cn*EQ[Bottom][Eq_i];
        }
      }
    return ok;
}
Status PreChange(Elemtype VariableNum,Elemtype &EqNum,Equation EQ)
/* 线性方程初等变换 */
{
    int Eq_i,Eq_j,Eq_n,Eq_m;
    for(Eq_i=0;Eq_i<VariableNum-1;Eq_i++)
      {
        if(ChangeEQ(Eq_i,EqNum,VariableNum,EQ))
        {
          DealEQ(Eq_i,EqNum,VariableNum,EQ);
        }
      }
    for(Eq_i=0;Eq_i<EqNum;Eq_i++)
      {
        for(Eq_j=0;Eq_j<VariableNum+1;Eq_j++)
          {
              if(fabs(EQ[Eq_i][Eq_j])>0.000001)
```

```
              break;
            }
        if(Eq_j>=VariableNum+1)
          {
             for(Eq_n=Eq_i;Eq_n<EqNum;Eq_n++)
              {
                 for(Eq_m=0;Eq_m<VariableNum+1;Eq_m++)
                 {
                      EQ[Eq_n][Eq_m]=EQ[Eq_n+1][Eq_m];
                 }
              }
              Eq_i=-1;
              EqNum--;
          }
        }
    return ok;
}
Status GetResult(Elemtype VariableNum,Elemtype EqNum,Equation EQ)/*求解方程*/
{
     float Result[40]={0.0};
     float Eq_sum=0.0;
     int Eq_j,Eq_i;
     if(VariableNum>EqNum)
     {
       printf("此线性方程组有无穷解！\n");
       printf("也可能无解,由于都不能得出结果,\n在此不进行判断,请参照变换后的线性方程
       进行判断！\n");
       return ok;
     }
     if(EqNum>VariableNum)
     {
       for(Eq_j=VariableNum-1;Eq_j<EqNum-1;Eq_j++)
       {
if(EQ[Eq_j][VariableNum]/EQ[Eq_j][VariableNum-1]!=EQ[Eq_j+1][VariableNum]/EQ[Eq_j+1]
[VariableNum-1])
           break;
       }
       if(Eq_j<EqNum-1)
       {
         printf("此线性方程组无解！\n");
         return ok;
       }
     }
```

```
        for(Eq_i=EqNum-1;Eq_i>=0;Eq_i--)
        {
            for(Eq_j=0;Eq_j<VariableNum;Eq_j++)
            {
                if(Eq_j!=Eq_i)
                {
                    Eq_sum=EQ[Eq_i][Eq_j]*Result[Eq_j]+Eq_sum;
                }
            }
            if((fabs(EQ[Eq_i][Eq_i])<0.000001)&&(fabs(EQ[Eq_i][VariableNum]-Eq_sum)>
            0.000001))
            {
                printf("此线性方程无解！\n");
                return ok;
            }
            if((fabs(EQ[Eq_i][Eq_i])<0.000001)&&(fabs(EQ[Eq_i][VariableNum]-Eq_sum)<
            0.000001))
            {
                printf("此线性方程无穷解！\n");
                return ok;
            }
            Result[Eq_i]=(EQ[Eq_i][VariableNum]-Eq_sum)/EQ[Eq_i][Eq_i];
            Eq_sum=0.0;
        }
        printf("线性方程的解如下:\n");
        for(Eq_j=0;Eq_j<VariableNum;Eq_j++)
        {
            printf("X%d=%f\n",Eq_j,Result[Eq_j]);
        }
        return ok;
}
void main()
{
    Elemtype VariableNum, EqNum;
    char cn;
    Equation EQ;                    //存放方程的数组
    printf("请输入线性方程组的变量个数和方程的个数:");
    scanf("%d%d",&VariableNum,&EqNum);
    printf("\n");
    for(;;)
    {
        CreateEQ(VariableNum,EqNum,EQ);
        PrintEQ(VariableNum,EqNum,EQ);
```

```
        printf("输入方程是否正确(y/n):");
        getchar();
        scanf("%c",&cn);
        getchar();
        printf("\n");
        if(cn=='Y'||cn=='y')
        break;
    }
    PreChange(VariableNum,EqNum,EQ);
    printf("进行初等行变换后的方程为:\n");
    PrintEQ(VariableNum,EqNum,EQ);
    GetResult(VariableNum,EqNum,EQ);
    system("pause");
}
```

5.6 本章小结

数组是最常用的一种数据结构。数组元素一般顺序存储在一组地址连续的存储单元中,下标和存储地址之间有一定的对应关系,不同维数的数组有不同的对应公式。多维数组在内存中的存放顺序有两种:可以按行优先,也可以按列优先。

数组是一种随机存储结构,可根据下标随机访问任意一个数组元素。其缺点是它的维数和数组下标的上下界必须事先给定,取值不合适就可能造成内存浪费或出现下标越界而使程序无法进行下去的情况。

在多维数组中,二维数组使用最多,它与科技计算中广泛出现的矩阵相对应。对于非零元素或零元素分布有一定规律的矩阵称为特殊矩阵;对于非零元素的个数远远小于零元素个数且非零元素分布没有规律的矩阵称为稀疏矩阵。用二维数组存储特殊矩阵和稀疏矩阵将浪费大量的存储空间,因此必须进行压缩存储。

对于特殊矩阵,为了节约存储空间,根据特殊矩阵的规律和特点,通常采用特定的方法将矩阵中的非零元素压缩存储到一维数组中。利用特殊矩阵任一非零元素与一维数组元素之间的对应关系式,可以很容易地计算出特殊矩阵中任一非零元素在一维数组中的存储位置。通过这个关系式,我们仍然能够对特殊矩阵中的元素进行随机存取。

对于稀疏矩阵,为了节约存储空间,通常采用三元组顺序表或十字链表来存储稀疏矩阵中的非零元素。稀疏矩阵的顺序存储结构称为三元组顺序表,而稀疏矩阵的链式存储结构则称为十字链表。

本章通过实例详细介绍了在顺序存储方式下,稀疏矩阵的两种转置运算,还介绍了在链式存储方式下,稀疏矩阵十字链表的存储结构。

广义表是一种复杂的非线性结构,是线性表的推广。本章简单介绍了广义表的基本概念,着重介绍了广义表的链式存储结构,以及在该结构上实现广义表的几种简单运算。

1.本章的复习要求

(1)熟练掌握数组的顺序存储方法,熟练掌握一维数组和二维数组存储地址的计算方法,了解多维数组存储地址的计算方法。

(2)掌握特殊矩阵的压缩存储方法:将特殊矩阵中的非零元素根据一定的方法压缩存储到一维数组中,并能根据矩阵元素与一维数组元素的对应关系,计算任意元素在一维数组中的存储地址。

(3)熟练掌握稀疏矩阵的压缩存储方法:用三元组顺序表或十字链表存储稀疏矩阵。掌握稀疏矩阵采用三元组顺序表存储时,稀疏矩阵的转置运算。

(4)理解广义表的概念,广义表链式存储方式,熟练掌握广义表取表头和表尾运算,掌握广义表的基本运算的实现。

2.本章的重点和难点

本章的重点是:一维数组和二维数组存储地址的计算方法,特殊矩阵和稀疏矩阵的压缩存储方法及相应的操作运算,广义表的存储结构及相应的运算,特别是取表头和表尾运算。

本章的难点是:特殊矩阵采用压缩存储方式时,若将特殊矩阵任意非零元素按照一定的规律压缩存储到一维数组中,其对应元素在一维数组中存储地址(下标)的计算方法。

在顺序存储方式下,稀疏矩阵三元组顺序表的快速转置算法的理解;在链式存储方式下,稀疏矩阵的十字链表的表示。

广义表的基本运算,特别是取表头和表尾的运算。

习题5

一、单项选择题

❶ 设二维数组 A[0⋯m−1][0⋯n−1]按行优先顺序存储在内存中,第一个元素的地址为 p,每个元素占 k 个字节,则元素 a_{ij} 的地址为(   )。

A.$p+[i*n+j−1]*k$

B.$p+[(i−1)*n+j−1]*k$

C.$p+[(j−1)*n+i−1]*k$

D.$p+[j*n+i−1]*k$

❷ 已知二维数组 $A_{10×10}$ 中,元素 a_{20} 的地址为 560,每个元素占 4 个字节,则元素 a_{10} 的地址为(   )。

A.520

B.522

C.524

D.518

❸ 若数组 A[0⋯m][0⋯n]按列优先顺序存储,则 a_{ij} 地址为(   )。

A.$LOC(a_{00})+[j*m+i]$

B.$LOC(a_{00})+[j*n+i]$

C.$LOC(a_{00})+[(j−1)*n+i−1]$

D.$LOC(a_{00})+[(j−1)*m+i−1]$

❹ 若下三角矩阵 $A_{n×n}$,按列顺序压缩存储在数组 $Sa[0⋯(n+1)n/2]$ 中,则非零元素 a_{ij}(设每个元素占 d 个字节)的地址为(   )。

A.$[(j−1)*n−\dfrac{(j−2)(j−1)}{2}+i−1]*d$

B.$[(j−1)*n−\dfrac{(j−2)(j−1)}{2}+i]*d$

C.$[(j−1)*n−\dfrac{(j−2)(j−1)}{2}+i+1]*d$

D.$[(j−1)*n−\dfrac{(j−2)(j−1)}{2}+i−2]*d$

❺ 设有广义表 $D=(a,b,D)$,其长度为(　　　),深度为(　　　)。

A.无穷大　　　　　　B.3　　　　　　　　C.2　　　　　　　　D.5

❻ 广义表 $A=(a)$,则表尾为(　　　)。

A.a　　　　　　　　B.(())　　　　　　C.空表　　　　　　D.(a)

❼ 广义表 $A=((x,(a,B)),(x,(a,B),y))$,则运算 head(head(tail($A$))) 的结果为(　　　)。

A.x　　　　　　　　B.(a,B)　　　　　C.(x,(a,B))　　　　D.A

❽ 下列广义表用图来表示时,分支结点最多的是(　　　)。

A.L=((x,(a,B)),(x,(a,B),y))　　　　　B.A=(s,(a,B))

C.B=((x,(a,B),y))　　　　　　　　　　D.D=((a,B),(c,(a,B),D))

❾ 通常对数组进行的两种基本操作是(　　　)。

A.建立与删除　　　　　　　　　　　　B.索引和修改

C.查找和修改　　　　　　　　　　　　D.查找与索引

❿ 假定在数组 A 中,每个元素的长度为 3 个字节,行下标 i 从 1 到 8,列下标 j 从 1 到 10,从首地址 SA 开始连续存放在存储器内,存放该数组至少需要的单元数为(　　　)。

A.80　　　　　　　　B.100　　　　　　C.240　　　　　　D.270

⓫ 数组 A 中,每个元素的长度为 3 个字节,行下标 i 从 1 到 8,列下标 j 从 1 到 10,从首地址 SA 开始连续存放在存储器内,该数组按行存放时,元素 A[8][5] 的起始地址为(　　　)。

A.SA+141　　　　　B.SA+144　　　　C.SA+222　　　　D.SA+225

⓬ 稀疏矩阵一般的压缩存储方法有两种,即(　　　)。

A.二维数组和三维数组　　　　　　　　B.三元组和散列

C.三元组和十字链表　　　　　　　　　D.散列和十字链表

⓭ 若采用三元组压缩技术存储稀疏矩阵,只要把每个元素的行下标和列下标互换,就完成了对该矩阵的转置运算,这种观点(　　　)。

A.正确　　　　　　B.不正确

⓮ 一个广义表的表头总是一个(　　　)。

A.广义表　　　　B.元素　　　　　C.空表　　　　　　D.元素或广义表

⓯ 一个广义表的表尾总是一个(　　　)。

A.广义表　　　　B.元素　　　　　C.空表　　　　　　D.元素或广义表

⓰ 数组就是矩阵,矩阵就是数组,这种说法(　　　)。

A.正确　　　　　　B.错误　　　　　C.前句对,后句错　　D.后句对

二、填空题

❶ 一维数组的逻辑结构是_____,存储结构是_____;对于二维或多维数组,分为_____和_____两种不同的存储方式。

❷ 对于一个二维数组 $A[m][n]$,若按行序为主序存储,则任一元素 $A[i][j]$ 相对于 $A[0][0]$ 的地址为_____。

❸ 一个广义表为 $(a,(a,b),d,e,((i,j),k))$,则该广义表的长度为_____,深度为_____。

④ 一个稀疏矩阵为 $\begin{bmatrix} 0 & 0 & 2 & 0 \\ 3 & 0 & 0 & 0 \\ 0 & 0 & -1 & 5 \\ 0 & 0 & 0 & 0 \end{bmatrix}$，则对应的三元组线性表为_____。

⑤ 一个 $n \times n$ 的对称矩阵，如果以行为主序或以列为主序存入内存，则其容量为_____。

⑥ 已知广义表 $A = ((a, b, c), (d, e, f))$，则运算 head(tail(tail($A$))) = _____。

⑦ 设有一个 10 阶的对称矩阵 A，采用压缩存储方式以行序为主序存储，a_{00} 为第一个元素，其存储地址为 0，每个元素占有 1 个存储地址空间，则 a_{85} 的地址为_____。

⑧ 已知广义表 $Ls = (a, (b, c, d), e)$，运用 head 和 tail 函数取出 Ls 中的原子 b 的运算是_____。

⑨ 三维数组 $R[c_1 \cdots d_1, c_2 \cdots d_2, c_3 \cdots d_3]$ 共含有_____个元素。（其中：$c_1 \leqslant d_1, c_2 \leqslant d_2, c_3 \leqslant d_3$）

⑩ 数组 $A[1 \cdots 10, -2 \cdots 6, 2 \cdots 8]$ 以行优先的顺序存储，设第一个元素的首地址是 100，每个元素占 3 个存储长度的存储空间，则元素 $A[5, 0, 7]$ 的存储地址为_____。

三、判断题

① 数组可看作基本线性表的一种推广，因此与线性表一样，可以对它进行插入、删除等操作。 （　　）

② 多维数组可以看作数据元素也是基本线性表的基本线性表。 （　　）

③ 以行为主序或以列为主序对于多维数组的存储没有影响。 （　　）

④ 对于不同的特殊矩阵应该采用不同的存储方式。 （　　）

⑤ 采用压缩存储之后，下三角矩阵的存储空间可以节约一半。 （　　）

⑥ 在一般情况下，采用压缩存储之后，对称矩阵是所有特殊矩阵中存储空间节约最多的。 （　　）

⑦ 矩阵不仅是表示多维数组，而且是表示图的重要工具。 （　　）

⑧ 距阵中的数据元素可以是不同的数据类型。 （　　）

⑨ 矩阵中的行列数往往是不相等的。 （　　）

⑩ 广义表的表头可以是广义表，也可以是单个元素。 （　　）

⑪ 广义表的表尾一定是一个广义表。 （　　）

⑫ 广义表的元素可以是子表，也可以是单元素。 （　　）

⑬ 广义表不能递归定义。 （　　）

⑭ 广义表实际上是基本线性表的推广。 （　　）

⑮ 广义表的组成元素可以是不同形式的元素。 （　　）

第6章
树

前面的第 2 章至第 5 章讨论的数据结构均属于线性结构,线性结构的特点是数据元素间具有唯一前驱、唯一后继的关系,其主要用于对客观世界中线性数据关系进行描述。而客观世界中许多事物间的关系并非如此简单,例如,人类社会的族谱以及各种社会机构的组织结构等,这些事物间的关系是一对多的层次关系;另如,城市的道路交通以及通信网络等,这些事物间的关系又是多对多的网状关系。本章与下章将要介绍的树和图,即是对这些非线性结构的讨论。

本章讨论的树型结构是元素之间具有分支,且具有层次关系的结构,其分支、分层的特征类似于自然界中的树木。本章重点讨论树,特别是二叉树的特性、存储及其操作实现,并介绍树的几个应用实例。

6.1 树的概念和操作

6.1.1 树的定义

树(Tree)是 $n(n \geqslant 0)$ 个结点的有限集合。当 $n=0$ 时,称为空树;当 $n>0$ 时,该集合满足如下条件。

(1)有且仅有一个称为根(root)的特定结点,该结点没有前驱结点,但有零个或多个直接后继结点。

(2)除根结点之外的 $n-1$ 个结点可划分成 $m(m>0)$ 个互不相交的有限集 $T_1, T_2, T_3,$ $\cdots, T_m$,每个 T_i 又是一棵树,称为根的子树(Subtree)。每棵子树的根结点有且仅有一个直接前驱,其前驱就是树的根结点,同时可以有零个或多个直接后继结点。

树的定义采用了递归定义的方法,即树的定义中又用到了树的概念,这正好反映了树的固有特性。

如图 6.1 所示,(a)是一颗空树,(b)是只有一个根结点的树,(c)是有 13 个结点的树。其中 A 是根结点,其余结点分为三个互不相交的子集:$T_1 = \{B, E, F, K, L\}$,$T_2 = \{C, G\}$,

$T_3 = \{D, H, I, J, M\}$。T_1、T_2 及 T_3 自身均是一棵树且为树根 A 的子树。在 T_1 中，根为 B，其余结点分为两个互不相交的子集：$T_{11} = \{E\}$，$T_{12} = \{F, K, L\}$，T_{11} 和 T_{12} 均为 B 的子树。整体看来图 6.1(c) 就如同一棵倒长的大树。

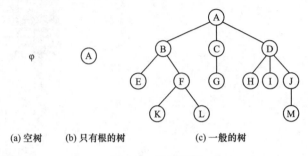

(a) 空树　　(b) 只有根的树　　　　(c) 一般的树

图 6.1　树的示例

6.1.2　树的基本术语

以下列出一些有关树的基本术语。

结点(Node)：包含一个数据元素及若干指向其子树的分支。图 6.1(c) 中的树有 A、B、C、D、E 等 13 个结点。

结点的度(Degree)：结点拥有子树的个数称为该结点的度。图 6.1(c) 中结点 A 的度为 3，结点 B 的度为 2。

树的度：树中所有结点的度的最大值。图 6.1(c) 树的度为 3。

叶子结点(Leaf)：度为 0 的结点称为叶子结点，也称终端结点。图 6.1(c) 中结点 E、K、L、G 等均为叶子结点。

内部结点(Internal node)：度不为 0 的结点称为内部结点，也称为分支结点或非终端结点。图 6.1(c) 中结点 B、C、D 等均为内部结点。

我们借助人类族谱的一些术语，描述树中结点之间的关系，以便直观理解。

孩子结点(Child)：结点的子树的根(即直接后继)称为该结点的孩子结点。图 6.1(c) 中结点 B、C、D 是 A 结点的孩子结点，结点 E、F 是 B 结点的孩子结点。

双亲结点(Parent)：结点是其子树的根的双亲，即结点是其孩子的双亲。图 6.1(c) 中结点 A 是 B、C、D 的双亲结点，结点 D 是 H、I、J 的双亲结点。

兄弟结点(Sibling)：同一双亲的孩子结点之间互称兄弟结点。图 6.1(c) 中结点 H、I、J 互为兄弟结点。

堂兄弟：双亲是兄弟或堂兄弟的结点间互称堂兄弟结点。图 6.1(c) 中结点 E、G、H 互为堂兄弟，结点 L、M 也互为堂兄弟。

祖先结点(Ancestor)：结点的祖先结点是指从根结点到该结点的路径上的所有结点。图 6.1(c) 中结点 K 的祖先结点是 A、B、F 结点。

子孙结点(Descendant)：结点的子孙结点是指该结点的子树中的所有结点。图 6.1(c) 中结点 D 的子孙有 H、I、J、M 结点。

结点的层次(Level)：结点的层次从树根开始定义，根为第一层，根的孩子为第二层。若某结点在第 k 层，则其孩子就在第 k+1 层，依次类推。图 6.1(c) 中结点 C 在第二层，结点 M 在第四层。

树的深度(Depth):树中所有结点层次的最大值称为树的深度,也称树的高度。图 6.1 (c)中树的深度为 4。

前辈:层号比该结点层号小的结点,都可称为该结点的前辈。图 6.1(c)中结点 A、B、C、D 都可称为结点 E 的前辈。

后辈:层号比该结点层号大的结点,都可称为该结点的后辈。图 6.1(c)中结点 K、L、M 都可称为结点 E 的后辈。

森林(Forest):$m(m \geqslant 0)$棵互不相交的树的集合称为森林。在数据结构中,树和森林不像自然界中有明显的量的差别,0 棵树、1 棵树也可以称为森林。任意一棵非空的树,删去根结点就变成了森林;反之,给森林中各棵树增加一个统一的根结点,就变成了一棵树。

有序树(Ordered tree)和无序树(Unordered tree):树中结点的各棵子树从左到右是有特定次序的树称为有序树,否则称为无序树。

6.1.3 树的基本操作

树具有以下 15 种基本操作:

初始化操作 InitTree(Tree):将 Tree 初始化为一棵空树。

销毁树操作 DestoryTree(Tree):销毁树 Tree。

创建树操作 CreateTree(Tree):创建树 Tree。

清空树操作 ClearTree(Tree):将 Tree 清为空树。

树判空函数 TreeEmpyt(Tree):若 Tree 为空则返回 TRUE,否则返回 FALSE。

求树深函数 TreeDepth(Tree):返回树 Tree 的深度(高度)。

求树根函数 Root(Tree):返回树 Tree 的根。

求双亲函数 Parent(Tree,x):树 Tree 存在,x 是 Tree 中的某个结点,若 x 为非根结点则返回它的双亲,否则返回"空"。

求首孩子函数 FirstChild(Tree,x):树 Tree 存在,x 是 Tree 中的某个结点,若 x 为非叶子结点,则返回它的第一个孩子(即最左孩子)结点,否则返回"空"。

求右兄弟函数 NextSibling(Tree,x):树 Tree 存在,x 是 Tree 中的某个结点,若 x 不是其双亲的最后一个孩子,则返回 x 右边的兄弟结点,否则返回"空"。

求结点值函数 Value(Tree,x):树 Tree 存在,x 是 Tree 中的某个结点,函数返回结点 x 的值。

结点赋值操作 Assign(Tree,x,v):树 Tree 存在,x 是 Tree 中的某个结点,将 v 的值赋给 x 结点。

插入操作 InsertChild(Tree,p,Child):树 Tree 存在,p 指向 Tree 中某个结点,非空树 Child 与 Tree 不相交,将 Child 插入 Tree 中,成为 p 所指结点的一棵子树。

删除操作 DeleteChild(Tree,p,i):树 Tree 存在,p 指向 Tree 中某个结点,删除 p 所指结点的第 i 棵子树(1≤i≤d,d 为 p 所指结点的度)。

遍历操作 TraverseTree(Tree,Visit()):树 Tree 存在,Visit()是对结点进行访问的函数。按照某种次序对 Tree 中的每个结点调用 Visit()函数访问且仅访问一次。访问 Visit()失败,则操作失败。

树的应用极为广泛,在不同的应用系统中,树的基本操作集以及各操作的定义不尽相同。

6.1.4 树的表示

(1)树型图表示法:如图 6.1 所示,这是树的最直观的表示方法,其特点是对树的逻辑结构描述非常直观,它是树的最常用的表示方法。

(2)嵌套集合表示法(文氏图表示法):如图 6.2(a)所示,用嵌套集合的形式表示树,嵌套集合即指任意两个集合或者不相交,或一个包含另一个。这种表示法中,根结点表示为一个大的集合,其各棵子树构成其中的互不相交的子集,各子集中再嵌套下一层的子集,如此构成整棵树的嵌套表示。

(3)广义表表示法(嵌套括号表示法):如图 6.2(b)所示,以广义表的形式表述树,将根作为由各子树组成的广义表的名字写在表的左边,形成广义表表示法。

(4)凹入表示法:如图 6.2(c)所示,用位置的缩进表示其层次,类似于书的目录,常见的程序的锯齿形书写形式即是这种表示结构。

| (a) 嵌套集合表示法 | (b) 广义表表示法 | (c) 凹入表示法 |

图 6.2 树的表示方法

6.2 二叉树

在讨论一般树的存储及操作之前,我们先研究一种简单且非常重要的树型结构——二叉树。因为一般树都可以转化为二叉树进行处理,而二叉树的存储及操作较为简单,适合于计算机处理,所以二叉树是学习的重点。

6.2.1 二叉树的概念

二叉树(Binary Tree)是 $n(n \geqslant 0)$ 个结点的有限集合。当 $n=0$ 时,称为空二叉树;当 $n>0$ 时,该集合由一个根结点及两棵互不相交的被分别称为左子树和右子树的二叉树组成。

以前面定义的树为基础,二叉树可以理解为是满足以下两个条件的树型结构。

(1)每个结点的度不大于 2。

(2)结点每棵子树的位置是明确区分左右的,其次序不能随意改变。

由上述定义可以看出:二叉树中的每个结点只能有 0、1 或 2 个孩子,而且孩子有左右之分,即使仅有一个孩子,也必须区分左右。位于左边的孩子(或子树)叫左孩子(左子树),位于右边的孩子(或子树)叫右孩子(右子树)。

二叉树也是树型结构,故上一节所介绍的有关树的术语都适用于二叉树。如图 6.3 所示展示了二叉树的五种基本形态。

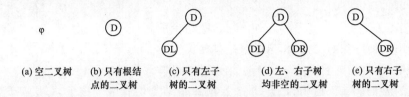

图 6.3 二叉树的五种基本形态

图 6.3(a)为一棵空的二叉树;图 6.3(b)为一棵只有根结点的二叉树;图 6.3(c)为一棵右子树为空,只有左子树的二叉树,其左子树仍是一棵二叉树;图 6.3(d)为左、右子树均非空的二叉树,其左、右子树也均为二叉树;图 6.3(e)为一棵左子树为空,只有右子树的二叉树,其右子树也是一棵二叉树。

6.2.2 二叉树的性质

二叉树具有以下重要性质:

性质 1 在二叉树的第 i 层上至多有 2^{i-1} 个结点($i \geqslant 1$)。

证明:用数学归纳法证得此性质。

归纳基础:当 $i=1$ 时,只有一个根结点,此时 $2^{i-1}=2^0=1$,结论成立。

归纳假设:假设 $i=k$ 时结论成立,即二叉树第 k 层上至多有 2^{k-1} 个结点。

欲证明:当 $i=k+1$ 时,结论成立。

因二叉树中每个结点的度最大为 2,则第 $k+1$ 层的结点数最多为第 k 层上结点数的 2 倍,又由归纳假设可知,第 k 层至多有 2^{k-1} 个结点,所以,第 $k+1$ 层上结点数至多为:

$$2 \times 2^{k-1}=2^k=2^{i-1} \qquad 故结论成立。$$

性质 2 深度为 k 的二叉树至多有 2^k-1 个结点($k \geqslant 1$)。

证明:二叉树结点总数的最大值应该是:将二叉树上每层结点数的最大值相加。所以,深度为 k 的二叉树的结点总数至多为:

$$\sum_{i=1}^{k} 第 i 层结点数的最大值 = \sum_{i=1}^{k} 2^{i-1}=2^k-1 \quad 故结论成立。$$

性质 3 对任意一棵二叉树 T,若终端结点数为 n_0,度为 2 的结点数为 n_2,则 $n_0=n_2+1$。

证明:设二叉树中结点总数为 N,度为 1 的结点数为 n_1。因为,二叉树中只存在度为 0、1 或 2 的结点,所以:

$$N=n_0+n_1+n_2 \tag{6-1}$$

再设二叉树中分支条数为 B。因为,二叉树中除根结点外,每个结点均对应一条由其双亲结点射出的且进入该结点的分支,所以有:

$$N=B+1 \tag{6-2}$$

又因为,二叉树中的分支都是由度为 1 和度为 2 的结点射出,度为 1 的结点射出 1 条分支到其孩子结点,度为 2 的结点射出 2 条分支到其孩子结点,所以有:

$$B=n_1+2n_2 \tag{6-3}$$

由式(6-1)、式(6-2)和式(6-3)可得到：

$$n_0+n_1+n_2=N=B+1=n_1+2n_2+1 \tag{6-4}$$

整理后可得到：

$$n_0=n_2+1 \quad 故结论成立。$$

下面给出两种特殊的二叉树,然后讨论其相关性质。

满二叉树:深度为 k 且含有 2^k-1 个结点的二叉树称为满二叉树。

在深度为 k 的满二叉树中,1 至 $k-1$ 层上每个结点均有两个孩子,每层都具有最大结点数,即每层结点都是满的。如图 6.4(a)所示即为一棵深度为 4 的满二叉树。

满二叉树结点的连续编号:对含有 n 个结点的满二叉树,约定从根开始,按层从上到下,每层内从左到右,逐个对每一结点进行编号 $1,2,\cdots,n$。

按上述约定,满二叉树其结点编号为 1 至 15,如图 6.4(a)所示。

完全二叉树:深度为 k,结点数为 $n(n\leq2^k-1)$ 的二叉树,当其 n 个结点与满二叉树中连续编号为 1 至 n 的结点位置一一对应时,称为完全二叉树。如图 6.4(b)所示即为一棵深度为 4,结点数为 12 的完全二叉树。

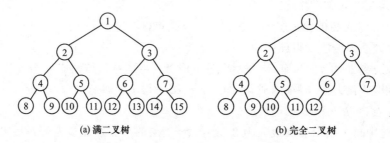

图 6.4　满二叉树与完全二叉树

完全二叉树有两个重要特征:其一,所有叶子结点只可能出现在层号最大的两层上;其二,对任意结点,若其右子树的层高为 k,则其左子树的层高只可为 k 或 $k+1$。

由定义可知,满二叉树必为完全二叉树,而完全二叉树不一定是满二叉树。

性质 4　具有 n 个结点的完全二叉树的深度为 $\lfloor\log_2n\rfloor+1$。

证明:假设 n 个结点的完全二叉树的深度为 k,根据性质 2 可知,$k-1$ 层满二叉树的结点总数 n_1 为:$n_1=2^{k-1}-1$;k 层满二叉树的结点总数 n_2 为:$n_2=2^k-1$。

根据完全二叉树的定义,显然有 $n_1<n\leq n_2$,进而可推出:

$$2^{k-1}\leq n<2^k$$

取对数后可得到:$k-1\leq\log_2n<k$,

又因为 k 是整数,所以有:

$$k=\lfloor\log_2n\rfloor+1 \quad 故结论成立。$$

性质 5　对于具有 n 个结点的完全二叉树,如果按照对满二叉树结点进行连续编号的方式,对所有结点从 1 开始顺序编号,则对于任意序号为 i 的结点有:

(1)如果 $i=1$,则结点 i 为根,其无双亲结点;如果 $i>1$,则结点 i 的双亲结点序号为 $\lfloor i/2\rfloor$。

(2)如果 $2i\leq n$,则结点 i 的左孩子结点序号为 $2i$;否则,结点 i 无左孩子。

(3)如果 $2i+1\leq n$,则结点 i 的右孩子结点序号为 $2i+1$;否则,结点 i 无右孩子。

可以先用归纳法证明(2)和(3),然后由(2)和(3)证明(1)。

归纳基础:当 $i=1$ 时,由完全二叉树的定义可知,结点 i 的左孩子是 $2=2i$ 号结点,其右孩子是 $3=2i+1$ 号结点;此时,若 $n<2$,即不存在 2 号结点,则结点 i 无左孩子;若 $n<3$,即不存在 3 号结点,则结点 i 无右孩子;(2)和(3)结论成立。

归纳假设:假设 $i=k$ 时,(2)和(3)结论成立。即当 $2k≤n$ 时,结点 i 的左孩子存在且序号为 $2k$;而当 $2k>n$ 时,结点 i 无左孩子;当 $2k+1≤n$ 时,结点 i 的右孩子存在且序号为 $2k+1$;而当 $2k+1>n$ 时,结点 i 的右孩子不存在。

欲证明:当 $i=k+1$ 时,(2)和(3)结论成立。

根据完全二叉树的定义,若结点 $k+1$ 的左孩子存在,则其序号必定是 k 结点右孩子的序号加 1,等于 $(2k+1)+1=2(k+1)=2i$,并且有 $2(k+1)≤n$;而如果 $2(k+1)>n$,则结点 $(k+1)$ 的左孩子不存在。

若结点 $k+1$ 的右孩子存在,则其序号必定是其左孩子结点的序号加 1,即等于 $2(k+1)+1$,并且有 $2(k+1)+1≤n$;而如果 $2(k+1)+1>n$,则结点 i 的右孩子不存在。

由此,(2)和(3)结论成立。而由(2)和(3)很容易证明(1)。

当 $i=1$ 时,显然该结点为根结点,无双亲结点。当 $i>1$ 时,设结点 i 的双亲结点序号为 m,如果结点 i 是其双亲结点的左孩子,根据(2)有 $i=2m$,即 $m=i/2$;如果结点 i 是其双亲结点的右孩子,根据(3)有 $i=2m+1$,即 $m=(i-1)/2=i/2-1/2$。由于 m 为整数,所以有 $m=\lfloor i/2 \rfloor$。综合 i 结点为其双亲的左、右孩子的两种情况,可得:当 $i>1$ 时,结点 i 的双亲结点序号为 $\lfloor i/2 \rfloor$,故结论成立。

6.2.3 二叉树的存储结构

1.顺序存储结构

对于满二叉树和完全二叉树来说,可以按照对满二叉树结点连续编号的次序,将各结点数据存放到一组连续的存储单元中,即用一维数组作存储结构,将二叉树中编号为 i 的结点存放在数组的第 i 号分量中。根据二叉树的性质 5,可知数组中下标为 i 的结点的左孩子下标为 $2i$,右孩子下标为 $2i+1$,双亲结点的下标为 $\lfloor i/2 \rfloor$,如图 6.5 所示。

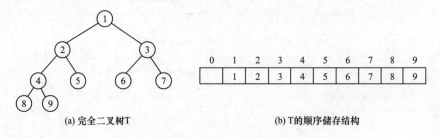

(a) 完全二叉树T   (b) T的顺序储存结构

图 6.5 完全二叉树及其顺序存储结构

二叉树的顺序存储结构可描述如下:

```
# define MAX 100
typedef struct
{ datatype SqBiTree[MAX+1];        /*0号单元不用*/
   int nodemax ;                   /*数组中最后一个结点的下标*/
}Bitree;
```

显然,这种存储方式对于一棵满二叉树或完全二叉树来说是非常方便的,因为这种顺序存储结构既无空间的浪费,又可以很方便地计算出每一个结点的左、右孩子及其双亲的下标位置,各种操作均容易实现。

对于一般的二叉树,不能将结点连续的存储在一维数组中,因为无法体现各结点间的逻辑关系,导致无法找到结点的孩子及双亲。解决的办法是用"空结点"将一般的二叉树补成一棵"完全二叉树"来存储,但这样空结点将占用一定的空间。

如图 6.6 所示,可以看出一种极端的情况,对于一个深度为 k 的二叉树,在每个结点只有右孩子的情况下,虽然二叉树只有 k 个结点,但却需要占用 2^k 个存储单元,空间浪费很大。因此,顺序存储结构仅适用于满二叉树或完全二叉树。

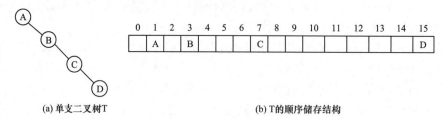

(a) 单支二叉树T   (b) T的顺序储存结构

图 6.6 二叉树及其顺序存储结构

2.链式存储结构

对于任意的二叉树来说,每个结点除自身的数据外,最多只有两个孩子,因此可以设计包括三个域:数据域、左孩子域和右孩子域的结点结构,用这种结点结构所得的二叉树存储结构称为二叉链表。

二叉链表的结点结构如下所示,其中,LChild 域指向该结点的左孩子,Data 域记录该结点的数据,RChild 域指向该结点的右孩子。

LChild	Data	RChild

如图 6.7 所示展示了二叉树的二叉链表存储结构。

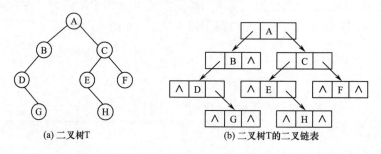

(a) 二叉树T   (b) 二叉树T的二叉链表

图 6.7 二叉树及其二叉链表

二叉链表结点结构的描述如下:

```
typedef struct Node
{ DataType data;
  Struct Node * Lchild;
  Struct Node * Rchild;
} BiTNode, * BiTree;
```

可以看出,一个二叉树含有 n 个结点,则它的二叉链表中必含有 $2n$ 个指针域,而仅有

$n-1$个指针域指向其孩子,其余的 $n+1$ 个指针域为空的链域。在 6.4 节中将介绍利用这些空链域可以存储其他有用的信息,从而得到另一种二叉树的表示——线索二叉树。

在一些应用操作中,还需要方便地找到双亲结点,可以在二叉链表结点结构中增加 Parent 域,以指向该结点的双亲,其结点结构如下所示,采用这种结点结构的二叉树存储结构称为三叉链表。

Parent	LChild	Data	RChild

如图 6.8 所示展示了图 6.7 中二叉树 T 的三叉链表存储结构。

在不同的存储结构上,实现二叉树的操作算法也不同。如,求某个结点的双亲结点,这在三叉链表中很容易实现,而在二叉链表中则需要从根出发一一查找。因此,在实际应用中,要根据二叉树的形态和具体要进行的操作来选择决定采用哪种存储结构。

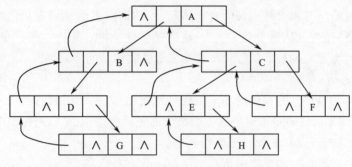

图 6.8　三叉链表存储结构

6.2.4　二叉树的基本操作

二叉树具有以下 14 种基本操作:

初始化操作 Initiate(bt):将 bt 初始化为空二叉树。

创建二叉树操作 Create(bt):创建一棵非空二叉树 bt。

销毁二叉树操作 Destory(bt):销毁二叉树 bt。

清空二叉树操作 Clear(bt):将 bt 置为空树。

二叉树判空函数 IsEmpty(bt):若 bt 为空,返回 TRUE,否则返回 FALSE。

求二叉树根函数 Root(bt):求二叉树 bt 的根结点。若 bt 为空二叉树,则函数返回"空"。

求二叉树深函数 Depth(bt):返回二叉树 bt 的深度(高度)。

求双亲函数 Parent(bt,x):求二叉树 bt 中结点 x 的双亲结点。若结点 x 是二叉树的根结点或二叉树 bt 中无结点 x,则返回"空"。

求左孩子函数 LeftChild(bt,x):求二叉树 bt 中结点 x 的左孩子,若 x 无左孩子或 bt 中无结点 x,则返回"空"。

求右孩子函数 Righchild(bt,x):求二叉树 bt 中结点 x 的右孩子,若 x 无右孩子或 bt 中无结点 x,则返回"空"。

先序遍历操作 PreOrder(bt):按先序次序访问二叉树中每个结点一次且仅一次。

中序遍历操作 InOrder(bt):按中序次序访问二叉树中每个结点一次且仅一次。

后序遍历操作 PostOrder(bt):按后序次序访问二叉树中每个结点一次且仅一次。

层次遍历操作 LevelOrder(bt)：按层次依次访问二叉树中每个结点一次且仅一次。

6.3 二叉树的遍历

二叉树的遍历是指按某种规律对二叉树中的每个结点进行访问且仅访问一次的过程。其中对结点的访问，可以是按实际应用的具体要求对结点进行各种数据处理，如打印结点的信息或任何其他的操作。二叉树的遍历是对二叉树进行多种操作运算的基础。

6.3.1 二叉树的遍历方法及递归实现

遍历对于线性结构而言是轻而易举的，但二叉树是非线性结构，所以每个结点可能有两个后继，要想通过遍历对每个结点访问且仅访问一次，因此就必须约定访问的次序，从而得到结点的访问顺序序列。从这个意义上说，遍历操作就是将二叉树中的结点按一定规律进行线性化的操作，也就是说将非线性化结构变成线性化的访问序列。

1.二叉树的遍历

由二叉树的定义可知，二叉树的基本结构是由根结点、左子树和右子树三个部分构成，如图 6.9 所示。因此只要确定了遍历这三个部分的先后次序，就可以遍历整个二叉树。

一般而言二叉树可以有三种遍历策略：

(1)先上(根)后下(子)的层次遍历；

(2)先左(子树)后右(子树)的深度遍历；

(3)先右(子树)后左(子树)的深度遍历。

考虑到子树间互不相交的结构特性和子树遍历序列的完整性要求，以及通常的先左后右的顺序习惯，我们将重点讨论第 2 种遍历策略，即先左子树后右子树的深度遍历。

图 6.10 中的虚线展示了先左后右深度遍历二叉树时的局部搜索路线。在搜索过程中，先后三次经过根结点 A(事实上每个结点都要先后经过三次)，由于遍历操作要求每个结点访问且仅能访问一次，因此，现在的问题是：哪一次经过 A 时访问 A 结点？

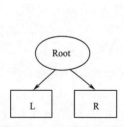
图 6.9 二叉树基本结构

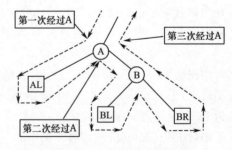
图 6.10 二叉树的搜索路线

其实可以在任何一次经过 A 时访问它，但仅可访问一次，因此便形成了三种不同的遍历方式。若用 D、L、R 分别表示访问根结点、遍历左子树、遍历右子树，那么三种遍历方式分别是：

(1)第一次经过时访问，按 DLR 次序访问：访问根结点，遍历左子树，遍历右子树。

(2)第二次经过时访问，按 LDR 次序访问：遍历左子树，访问根结点，历右子树。

(3)第三次经过时访问,按 LRD 次序访问:遍历左子树,遍历右子树,访问根结点。

我们依据对根结点访问的先后次序不同,来命名二叉树的访向方式,分别称 DLR 为先序遍历(或先根遍历),LDR 为中序遍历(或中根遍历),LRD 为后序遍历(或后根遍历)。

下面给出二叉树三种遍历方式的递归定义。

(1)先序遍历二叉树的操作定义为:

若二叉树为空,则空操作,否则依次执行如下 3 个操作。

①访问根结点;

②按先序遍历左子树;

③按先序遍历右子树。

(2)中序遍历二叉树的操作定义为:

若二叉树为空,则空操作,否则依次执行如下 3 个操作。

①按中序遍历左子树;

②访问根结点;

③按中序遍历右子树。

(3)后序遍历二叉树的操作定义为:

若二叉树为空,则空操作,否则依次执行如下 3 个操作。

①按后序遍历左子树;

②按后序遍历右子树;

③访问根结点。

需要特别注意的是:先序、中序、后序遍历均是递归定义的,在各子树的遍历中,必须按相应的遍历次序规律对子树的各结点进行遍历。

如图 6.11 所示的二叉树,其先序、中序、后序遍历的结点序列如下。

先序遍历序列:A、B、D、G、C、E、F、H。

中序遍历序列:B、G、D、A、E、C、H、F。

后序遍历序列:G、D、B、E、H、F、C、A。

另外,如图 6.7 所示的二叉树 T,其先序遍历、中序遍历、后序遍历的结点序列如下。

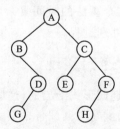

图 6.11 二叉树

先序遍历序列:A、B、D、G、C、E、H、F。

中序遍历序列:D、G、B、A、E、H、C、F。

后序遍历序列:G、D、B、H、E、F、C、A。

2.二叉树遍历的递归实现

根据二叉树遍历操作的递归定义,可以很容易地写出在二叉链表上实现二叉树遍历的递归算法。

(算法 6.1 先序递归遍历二叉树)

```
void PreOrder(BiTree root)              /* 先序遍历二叉树,root 为根结点的指针 */
{ if(root)
  { Visit(root->data);                 /* 访问根结点 */
    PreOrder(root->LChild);            /* 先序遍历左子树 */
    PreOrder(root->RChild);            /* 先序遍历右子树 */
  }
}
```

(算法 6.2 中序递归遍历二叉树)

```
void InOrder(BiTree root)               /* 中序遍历二叉树,root 为根结点的指针 */
{ if(root)
  { InOrder(root->LChild);             /* 中序遍历左子树 */
    Visit(root->data);                 /* 访问根结点 */
    InOrder(root->RChild);             /* 中序遍历右子树 */
  }
}
```

(算法 6.3 后序递归遍历二叉树)

```
void PostOrder(BiTree root)             /* 后序遍历二叉树,root 为根结点的指针 */
{ if(root)
  { PostOrder(root->LChild);           /* 后序遍历左子树 */
    PreOrder(root->RChild);            /* 后序遍历右子树 */
    Visit(root->data);                 /* 访问根结点 */
  }
}
```

上述算法语句简单、结构清晰,非常便于形式上的掌握。但值得注意的是:递归遍历时一定要按约定的次序访问每一个局部的子树。形式上,三种遍历算法的区别仅表现在 Visit 函数的位置不同,但由于对子树的遍历是递归调用,所以三种遍历的结果差别是很大的。

递归遍历算法的时间复杂度:对于有 n 个结点的二叉树,设访问每个结点的时间是常量级的,则上述二叉树递归遍历的三个算法的时间复杂度均为 $O(n)$,其中,对每个结点都要经过递归调用和递归退出的控制处理过程。

6.3.2 二叉树遍历的非递归实现

上述的二叉树遍历算法均是以递归形式给出的,递归形式的算法简洁、可读性强,而且其正确性容易得到证明,这给程序的编写与调试带来很大的方便。但是递归算法运行效率低,消耗的时间、空间资源较多,因此,需要给出二叉树遍历的非递归算法。

大多数递归问题的非递归算法设计中,需要用栈消除递归。栈既是一种存储容器,同时又提供一种控制结构。对应于递归算法的调用与退出,栈可以提供先进后出的控制结构,同时,调用时可用栈保留必要的信息,退出时可从栈中取出信息,进行后续处理。因此,设计二叉树遍历的非递归算法,需要分析二叉树遍历过程的特征,以及调用时需要保留的信息,退出时需要进行的处理等问题,以便合理地运用栈。

回顾图 6.10 中所展示的二叉树遍历过程的搜索路线,可以看出,三种不同的遍历方式其遍历过程的搜索路线是相同的,不同的仅是三次经过结点时哪一次访问结点。但无论哪次经过时访问结点,在第一次经过结点时(进入左子树访问前),均应保留该结点的信息,以备下次经过时使用该结点的信息,否则,从左子树返回时,找不到该结点信息,无法进行该结点及其右子树的访问遍历。因此,进入左子树前,用栈保留结点信息是非常必要的。而访问完左子树后,第二次经过结点时,可访问该结点(对中序遍历而言),由于还要进入右子树,所以应从栈中取得结点信息,进行访问(中序遍历),并取得其右孩子指针进入右子树。之后,对后序遍历而言,结点信息应继续保留于栈中,以便访问完右子树后访问该结点。而对先序、中序遍历而言,因为访问完右子树后,对该结点已没有需要处理的工作,可直接退到再上层,所以,该结点信息无须保留于栈中。

分析了遍历过程中,栈保留结点信息的控制及使用情况后,再加上三种不同的遍历方式中细节的不同处理,便可实现二叉树的非递归遍历。

1.先序遍历二叉树的非递归实现

利用栈实现二叉树的先序非递归遍历过程如下:

(1)访问根结点,根结点入栈并进入其左子树,然后访问左子树的根结点并入栈,再进入下一层左子树,……,如此重复,直至当前结点为空。

(2)如栈非空,则从栈顶退出上一层的结点,并进入该结点的右子树。

重复上述(1)、(2)两步骤,直至当前结点及栈均为空,结束。

上述遍历过程,可简单地概括为如下算法:

从根开始,当前结点存在或栈不为空,重复如下两步操作。

(1)访问当前结点,当前结点进栈,进入其左子树,重复直至当前结点为空。

(2)若栈非空,则退栈顶结点,并进入其右子树。

(算法 6.4 先序非递归遍历二叉树)

```
void PreOrder(BiTree root)
{ SeqStack * S;
  BiTree p;
  InitStack(S);p＝root;
  while(p!＝NULL||!IsEmpty(S))            /* 当前结点指针及栈均空,则结束 */
  { while(p!＝NULL)
    { Visit(p－＞data); Push(S,p); p=p－＞LChild; } /* 访问根结点,根指针进栈,进入左子树 */
      if(!IsEmpty(S))
        {Pop(S,&p); p=p－＞RChild; }            /* 根指针退栈,进入其右子树 */
  }
}
```

2.中序遍历二叉树的非递归实现

利用栈实现二叉树的中序非递归遍历过程如下。

(1)根结点入栈,进入其左子树,进而左子树的根结点入栈,进入下一层左子树,……,如此重复,直至当前结点为空。

(2)若栈非空,则从栈顶退出上一层的结点,访问出栈结点,并进入其右子树。

重复上述(1)、(2)两步骤,直至当前结点及栈均为空,结束。

上述遍历过程,可简单地概括为如下算法。

从根开始,当前结点存在或栈不为空,重复如下两步操作。

(1)当前结点进栈,进入其左子树,重复直至当前结点为空。

(2)若栈非空,则退栈,访问出栈结点,并进入其右子树。

(算法 6.5 中序非递归遍历二叉树－1)

```
void InOrder1(BiTree root)
{ SeqStack * S;
  BiTree p;
  InitStack(S); p=root;
  while(p! =NULL || ! IsEmpty(S))
  { while(p! =NULL)
    { Push(S,p); p=p->LChild; }
    if(! IsEmpty(S))
      {Pop(S,&p); Visit(p->data); p=p->RChild; }
  }
}
```

也可以改变上述算法的控制结构,形成如下的算法。

从根开始,当前结点存在或栈不为空,重复如下两步操作。

(1)若当前结点存在,则当前结点进栈,并进入其左子树。

(2)否则,退栈并访问出栈结点,然后进入其右子树。

(算法 6.6 中序非递归遍历二叉树－2)

```
void InOrder2(BiTree root)
{ SeqStack * S;
  BiTree p;
  InitStack(S); p=root;
  while(p! =NULL || ! IsEmpty(S))
  { if(p! =NULL)
    { Push(S,p); p=p->LChild; }
    else
    { Pop(S,&p); Visit(p->data); p=p->RChild;}
  }
}
```

上述两个算法的控制结构虽有所不同,但其功能是相同的,读者可以分析比较,便于加深理解。事实上,中序非递归遍历算法的控制结构还可以有多种,此外,先序非递归遍历算法以及后序非递归遍历算法也都可以灵活地设计控制结构,实现相应的遍历。

3.后序遍历二叉树的非递归实现

后序遍历的非递归算法比先序遍历、中序遍历算法复杂。在先序遍历、中序遍历算法中,从左子树返回时,上一层结点先退栈,再访问其右子树。而后序遍历中,左、右子树均访问完成后,从右子树返回时,上一层结点才能退栈并被访问。由此产生如下问题:当从子树返回时,如何有效地判断是从左子树返回的,还是从右子树返回的,以便确定栈顶的上一层结点是否应出栈。

解决该问题的方法有多种,其中一种是设置标记,每个结点入栈时加上一个标记位 tag

同时入栈,进左子树访问时置 tag＝0,进右子树访问时置 tag＝1,当从子树返回时,通过判断 tag 的值决定下一步的动作,此方法的算法实现留给读者自己完成。

在此介绍另一种方法:判断刚访问的结点是不是当前栈顶结点的右孩子,以确定是否是从右子树返回。具体做法是从子树返回时,判断栈顶结点 p 的右子树是否为空? 刚访问过的结点 q 是否是 p 的右孩子,结果若为是,则说明 p 无右子树或右子树刚访问过,此时应退栈、访问出栈的 p 结点,并将 p 赋给 q(q 始终记录刚访问的结点),然后将 p 赋为空(p 置空可避免再次进入该棵树访问);结果若为不是,则说明 p 有右子树且右子树未访问,则应进入 p 的右子树访问。

综上所述,利用栈实现二叉树的后序非递归遍历过程如下。

(1)根结点入栈,进入其左子树,进而左子树的根结点入栈,进入下一层左子树,……,如此重复,直至当前结点为空。

(2)若栈非空,而栈顶结点 p 的右子树为空,或者 p 的右孩子是刚访问的结点 q,则退栈,访问 p 结点,并将 p 赋给 q,然后 p 置为空;如果栈顶结点 p 有右子树且右子树未访问,则进入 p 的右子树。

重复上述(1)、(2)两步骤,直至当前结点及栈均为空结束。

上述遍历过程,可简单地概括为如下算法。

从根开始,当前结点存在或栈不为空,重复如下两步操作。

(1)当前结点进栈,并进入其左子树,重复直至当前结点为空。

(2)若栈非空,判栈顶结点 p 的右子树是否为空、或右子树是否刚访问过,如果是,则退栈,访问 p 结点,p 赋给 q,p 置为空;如果不是,则进入 p 的右子树。

(算法 6.7 后序非递归遍历二叉树)

```
void PostOrder(BiTree root)
{ SeqStack * S;
  BiTree p,q;
  InitStack(S); p＝root; q＝NULL;
  while(p! ＝NULL||! IsEmpty(S))
  {
    while(p! ＝NULL)
    { Push(S,p); p＝p->LChild; }
    if(! IsEmpty(S))
    { Top(S, &p) ;
    if((p->RChild==NULL)||(p->RChild==q))
      /* 判断栈顶结点的右子树是否为空,右子树是否刚访问过 */
      { Pop(S, &p);visit(p->data); q=p;p=NULL;}
    else p=p->RChild;
    }
  }
}
```

非递归算法的时间复杂度：上述 4 个算法的控制结构不尽相同，有双重循环，有单重循环，但本质上均是控制每个结点进栈、出栈各一次，每个结点访问一次。对有 n 个结点的二叉树，设访问每个结点的时间是常量级的，则上述二叉树非递归遍历算法的时间复杂度均为 $O(n)$。

非递归算法的空间复杂度：对于深度为 k 的二叉树，上述 4 个算法所需的栈空间与二叉树的深度 k 成正比，因此，算法的空间复杂度为 $O(k)$。

表面上看递归算法好像并没有使用栈，实际上递归算法的执行需要反复多次地自己调用自己，系统内部有隐含的工作栈在控制递归调用的运行，以及保留本层参数、临时变量与返回地址等。因此递归算法比非递归算法占用的时间、空间资源都多。

6.3.3 二叉树的层次遍历

考虑到左、右子树结构的互不相交性质以及子树遍历的完整性，二叉树的遍历一般选用上述介绍的先左后右的深度遍历方式，但在有些应用场合更强调结构的层次特性，因此还需要讨论先上（根）后下（子）的层次遍历。

所谓二叉树的层次遍历，是指从二叉树的第一层（根结点）开始，自上而下逐层遍历，同层内按从左到右的顺序逐个结点进行访问。如图 6.11 所示的二叉树，其层次遍历的结果序列为：A、B、C、D、E、F、G、H。

由二叉树层次遍历的要求可知，当一层访问完之后，按该层结点访问的次序，再对各结点的左、右孩子进行访问（即对下一层从左到右进行访问），这一访问过程的特点是：先访问的结点其孩子也将先访问，后访问的结点其孩子也将后访问，这与队列的操作控制特点吻合，因此在层次遍历的算法中，将应用队列进行结点访问次序的控制。

利用队列实现二叉树层次遍历的算法如下：

首先根结点入队，当队列非空时，重复如下两步操作。

（1）队头结点出队，并访问出队结点。

（2）出队结点非空，左、右孩子依次入队。

（算法 6.8 二叉树的层次遍历）

```
void LevelOrder(BiTree root)
{ SeqQueue * Q;
  BiTree p;
  InitQueue(Q); EnterQueue(Q, root);
  while(! IsEmpty(Q))
  {DeleteQueue(Q, &p); Visit(p->data);
    if(p->LChild! =NULL)
    EnterQueue(Q, p->LChild);
    if(p->Rchild! =NULL)
    EnterQueue(Q, p->RChild);
  }
}
```

6.3.4　二叉树遍历算法的应用

二叉树的遍历是二叉树多种操作运算的基础。在实际应用中,首先,要根据实际情况确定访问结点的具体操作;其次,应根据具体问题的需求合理选择遍历的次序。以下讨论几个典型的二叉树遍历算法的应用问题。

1.统计二叉树中的结点数

统计二叉树中的结点数并无次序要求,因此可用 3 种遍历方法中的任何一种来实现,只需将访问操作具体变为累计计数操作即可。下面给出采用先序遍历实现的算法:

(算法 6.9 先序遍历统计二叉树中的结点数)

```
void PreOrder(BiTree root)
/* Count 为统计结点数目的全局变量,调用前初始值为 0 */
{ if(root)
  { Count++;                        /*统计结点数*/
    PreOrder(root->LChild);         /*先序遍历左子树*/
    PreOrder(root->RChild);         /*先序遍历右子树*/
  }
}
```

2.输出二叉树中的叶子结点

三种遍历方法输出的二叉树叶子结点次序是一样的,因此可任意选择其中一种遍历方法。但要输出叶子,则应在遍历过程中,每到一个结点均测试是否满足叶子结点的条件。下面给出采用中序遍历实现的算法:

(算法 6.10 中序遍历输出二叉树叶子结点)

```
void InOrder(BiTree root)
{ if(root)
  { InPreOrder(root->LChild);
    if(root->LChiId==NULL && root->RChild==NULL)
    pritf(" %s/n", root->data);          /*输出叶子结点*/
    InOrder(root->EChild);
  }
}
```

3.统计叶子结点数目

方法一:使用全局变量的方法。参考上述两个算法,可以方便地设计出使用全局变量统计二叉树中叶子结点数目的算法,读者可自己完成。

方法二:通过函数值返回的方法。采用递归求解的思想,如果是空树,返回 0;如果是叶子,返回 1;否则,返回左、右子树的叶子结点数之和。此方法中必须在左、右子树的叶子结点数求出之后,才可求出树的叶子结点数,因此要用后序遍历。

(算法 6.11 后序遍历统计叶子结点数目)

```
int leaf(BiTree root)
{ int nl,nr;
```

```
    if(root==NULL) return 0;
    if((root->LChild==NULL)&&(root->RChild==NULL)) return 1;
    nl=leaf(root->LChild);              /*递归求左子树的叶子数*/
    nr=leaf(root->RChild);              /*递归求右子树的叶子数*/
    return (nl+nr);
}
```

4.求二叉树的高度

方法一:使用全局变量的方法。二叉树根结点为第一层的结点,第 h 层结点的孩子在 $h+1$ 层,故增设层次参数 h,通过递归调用参数的变化,获得二叉树中每个结点的层次,用全局变量记录二叉树中结点层次的最大值,即为二叉树的高度。

(算法 6.12 全局变量法求二叉树的高度)

```
void TreeDepth(BiTree root, int h)
/* h 为 root 结点所在的层次,首次调用前初始值为 1 */
/* depth 为记录当前求得的最大层次的全局变量,调用前初始值为 0 */
{ if(root)
  {if(h>depth) depth=h;                /*当前结点层次大于 depth,则更新*/
    TreeDepth(root->LChild,h+1);       /*遍历左子树,子树根层次为 h+1 */
    TreeDepth(root->RChild,h+1);       /*遍历右子树,子树根层次为 h+1 */
  }
}
```

方法二:通过函数值返回的方法。采用递归求解的思想,如果是空树,则高度为 0;否则,树高应为其左、右子树高度的最大值加 1。此方法中必须在左、右子树的高度求出之后,才可求出树的高度,因此要用后序遍历。

(算法 6.13 求二叉树的高度)

```
int PostTreeDepth(BiTree root)
{int hl,hr,h;
  if(root==NULL) return 0;
  else{hl=PostTreeDepth(root->LChild);    /*递归求左子树的高度*/
    hr=PostTreeDepth(root->RChild);       /*递归求右子树的高度*/
    h=(hl>hr? hl:hr)+1;                    /*计算树的高度*/
    return h;
  }
}
```

5.求结点的双亲

求特定结点双亲的方法是:在遍历过程中,若当前结点非空且当前结点的左孩子或右孩子就是特定结点,则已找到双亲;否则可先在左子树中找,若找到,则返回双亲结点指针;若未找到,再在右子树中找。

(算法 6.14　求二叉树中某结点的双亲)

```
BiTree parent(BiTree root, BiTree current)
/* 在以 root 为根的二叉树中找结点 current 的双亲 */
```

```
{ BiTree * p;
  if(root==NULL) return NULL;
  if(root->LChild==current||root->RChild==current)
    return root;                                    /* root 即为 current 的双亲 */
  p=parent(root->LChild, current);                  /* 递归在左子树中找 */
  if(p! =NULL) return p;
  else return (parent(root->RChild,current));       /* 递归在右子树中找 */
}
```

6.二叉树相似性判定

所谓二叉树 t1 与 t2 相似,是指 t1 和 t2 或均为空二叉树,或 t1 的左子树与 t2 的左子树相似,同时 t1 的右子树与 t2 的右子树相似。

判定两棵二叉树是否相似,可以采用递归求解的思想,如果两棵二叉树均是空树,则返回 1;如果两棵二叉树,一棵为空,另一棵非空,则返回 0;两棵二叉树均非空,则两棵二叉树的左子树相似且右子树相似,返回 1;否则,返回 0。

(算法 6.15 二叉树相似性判定)

```
int like(BiTree t1, BiTree t2)
{ int like1, like2;
  if(t1==NULL&&t2==NULL) return 1;                  /* t1,t2 均空,则相似 */
  else if(t1==NULL||t2==NULL) return 0;             /* t1,t2 仅一棵为空,则不相似 */
    else
    { like1=like(t1->LChild,t2->LChild);            /* 递归判左子树是否相似/
      like2=like(t1->RChild,t2->RChild);            /* 递归判右子树是否相似 */
      return (like1&&like2);
    }
}
```

7.按树状打印二叉树

假设在以二叉链表存储的二叉树中,每个结点所含数据元素均为单字母。现要求实现二叉树的横向显示,即按如图 6.12 所示的树状打印二叉树。

分析图 6.12 可知,这种树型打印格式要求先打印右子树,再打印根,最后打印左子树,即按先右后左的策略中序遍历二叉树。此外,在这种输出格式中,结点的横向位置由结点在树中的层次决定,所以算法中设置了表示结点层次的参数 h,以控制结点输出时的左右位置。

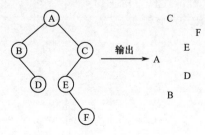

图 6.12　树型打印二叉树示意图

（算法 6.16 按树状打印二叉树）

```
void PrintTree(BiTree root, int h)
{ if(root＝NULL) return;
  PrintTree(root－>RChild, h＋1);              /＊先打印右子树＊/
  for(int i=0;i<h;i＋＋) printf(" ");           /＊层次决定结点的左右位置＊/
  printf("％c\n", root－>data);                /＊输出结点＊/
  PrintTree(root－>LChild,h＋1);               /＊后打印左子树＊/
}
```

8.建立二叉链表存储的二叉树

对二叉树的遍历以及各种操作，必须先建立起二叉树的存储，否则一切均是空谈。如何建立二叉树的存储呢？我们在此介绍一种根据二叉树的"扩展的遍历序列"创建二叉链表的方法。

在前述的遍历序列中，均忽略空子树，而在"扩展的遍历序列"中，用特定的元素表示空子树，如可用'ˆ'表示空子树，则图 6.13 中二叉树的"扩展的先序遍历序列"为 ABDˆGˆˆˆCEˆHˆFˆˆ。

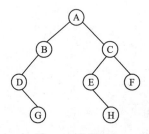

图 6.13　二叉树

通常给定的二叉树遍历序列，是不能确定唯一的一棵二叉树的，但先序、后序或层次遍历的"扩展的遍历序列"是能够唯一地确定一棵二叉树的。因为，在通常的遍历序列中无空子树的表示，也就没有了叶子结点与非叶子结点的区分，所以建立存储时就没有层次结束的控制标志。而"扩展的遍历序列"中，区分了空与非空子树，建立树时，就可以确定子树是否为空，可以控制子树的结束，因此可利用"扩展的遍历序列"创建二叉树的存储。

算法 6.17 以"扩展的先序遍历序列"作为输入数据，采用先序遍历的递归算法创建二叉树的存储。算法的形参采用指针变量，实参为结点孩子域地址，以便传递孩子结点的指针，建立父子结点间的联系。算法读入结点数据，若是'ˆ'，则当前树置空；否则申请结点空间，存入结点数据，并分别以该结点的左孩子域和右孩子域地址为实参进行递归调用，进而创建左、右子树，同时传递左、右子树指针置于孩子指针域。

（算法 6.17　用"扩展的先序遍历序列"创建二叉链表）

```
void CreateBiTree(BiTree ＊ root)
{ char ch;
  ch＝getchar();
  if(ch＝＝ˆ) ＊root＝NULL;
  else
  { ＊root＝(BiTree)malloc(sizeof(BiTNode));
```

```
    ( * root)->data=ch;
  CreateBiTree(&(( * root)->LChild));
  /* 以左子树域地址为参数,可使被调用函数中建立的结点指针置于该域中 */
  CreateBiTree(&(( * root)->RChild));
  /* 以右子树域地址为参数,可使被调用函数中建立的结点指针置于该域中 */
  }
}
```

6.4 线索二叉树

6.4.1 线索二叉树的基本概念

由上节讨论可知,对二叉树进行遍历,可以将二叉树中所有结点按一定规律排列为一个线性序列。在该序列中,每一结点有且仅有一个直接前驱(第一结点除外)和一个直接后继(最后结点除外),但用前面定义的二叉链表作为存储结构时,只能找到结点的左、右孩子信息,而不能直接得到结点在遍历序列中的前驱和后继的信息,想要得到这些信息,只能在遍历过程中动态得到。

此外,由前面的介绍还可以知道,用二叉链表存储二叉树时,n 个结点的二叉树中就有 $n+1$ 个空的指针域。于是,人们设想利用二叉链表中空的指针域,将遍历过程中结点的前驱、后继信息保存下来,这样既充分地利用了空间,也节省了动态遍历二叉求取结点在遍历序列中的前驱和后继所需的时间,一举两得。由此,便产生了我们将要讨论的线索二叉树。

线索二叉树的结点结构定义如下:

(1)若结点有左子树,则 LChild 域仍指向其左孩子;否则,LChild 域指向其某种遍历序列中的直接前驱结点。

(2)若结点有右子树,则 RChild 域仍指向其右孩子;否则,RChild 域指向其某种遍历序列中的直接后继结点。

(3)为避免混淆,结点结构增设两个布尔型的标志域:Ltag 和 Rtag,其含义如下:

$$Ltag = \begin{cases} 0 & \text{LChild 域指示结点的左孩子} \\ 1 & \text{LChild 域指示结点的遍历前驱} \end{cases}$$

$$Rtag = \begin{cases} 0 & \text{RChild 域指示结点的右孩子} \\ 1 & \text{RChild 域指示结点的遍历后继} \end{cases}$$

线索二叉树的结点结构如下所示:

LChild	Ltag	Data	Rtag	RChild

以上述结点结构组成的二叉树的存储结构,叫作线索链表;在这种存储结构中,指向前驱和后继结点的指针叫作线索;对二叉树以某种次序进行遍历并且加上线索的过程叫作线索化;线索化了的二叉树称为线索二叉树。

如图 6.14 所示展示了线索二叉树的一个实例,图中虚线为线索,实线仍为孩子指针。由图可见,不同的遍历方式,遍历序列中结点的次序不同,其线索树差别很大。

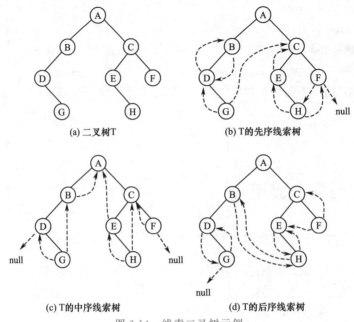

图 6.14　线索二叉树示例

6.4.2　线索二叉树的基本操作

1.二叉树的线索化

线索化实质上是将二叉链表中的空指针域填上结点的遍历前驱或后继指针的过程,而遍历前驱和后继的指针只能在动态的遍历过程中才能得到,因此线索化的过程即为在遍历过程中修改空指针域的过程。对二叉树按照不同的遍历次序进行线索化,可以得到不同的线索二叉树。

在线索化算法中,需要解决的问题是:当遍历中遇到空指针域时,如何确定应填写的内容。现分如下两种情况讨论。

(1)当遍历中遇到左孩子指针域为空时,此时要填入的内容应该是当前结点遍历前驱的结点指针,而遍历前驱结点是哪个结点呢?其实就是刚才访问过的最后一个结点。因此可设置一个指针 pre,始终记录刚刚访问过的结点,当遍历到左孩子指针域为空的结点时,将pre 赋给其左孩子域,并将 Ltag 域置为 1 即可。pre 应初始化为 null,即遍历的第一个结点的遍历前驱为空。

(2)当遍历中遇到右孩子指针域为空时,此时要填入的内容应该是当前结点遍历后继的结点指针,而遍历后继结点是哪个结点呢?其实就是下一个访问的结点,但当前并不知道,只有访问到下一个结点时才能确定。因此,空的右孩子指针域暂时无法填写,只能遍历到下一个结点时再回来填。其实,当前结点就是 pre 结点的遍历后继,所以,在遍历到每一个结点时,均应回填 pre 的后继指针。应判 pre 的右孩子域是否为空,若为空,则将当前结点的指针赋给 pre 的右孩子域,同时应将 pre 结点的 Rtag 域置为 1。

根据上述讨论,对于中序遍历,可得到下述线索化算法。

(算法 6.18 二叉树的中序线索化算法)

```
void Inthread(BiTree root)
```

```
{ if(root! =NULL)
  { Inthread(root->LChild);                    /*线索化左子树*/
    if(root->LChild==NULL)
      { root->LChild=pre; root->Ltag=1;}       /*置前驱线索*/
    if(pre! =NULL&&pre->RChild==NULL)
      { pre->RChild=root; pre->Rtag=1;}        /*置后继线索*/
    pre=root;                       /*记录当前访问结点,将成为下一个访问结点的前驱*/
    Inthread(root->RChild);                    /*线索化右子树*/
  }
}
```

对上述算法稍加修改,便可得到先序、后序线索化的算法。对于同一棵二叉树,不同遍历次序的线索化算法,将得到不同的线索二叉树。

2.在线索二叉树中查找前驱、后继结点

虽然,线索二叉树中有 n+1 个线索,记录了遍历前驱或后继的信息,但仍有 n−1 个遍历前驱或后继信息没有记录,所以,还要讨论无线索指示的遍历前驱和后继结点的快速查找方法。我们以中序线索二叉树为例,来讨论如何在线索二叉树中查找任意结点的遍历前驱和后继。

(1)中序线索树中找结点的直接前驱

根据线索二叉树结点结构的定义可知,对于结点 p,当 p->Ltag=1 时,p->LChild 即指向 p 的遍历前驱;当 p->Ltag=0 时,p->LChild 指向 p 的左孩子。而由中序遍历的规律可知,p 结点的前驱结点,是中序遍历 p 的左子树时访问的最后一个结点,也就是左子树中"最右下端"的结点,即左子树中沿右孩子链走到最下端(没有右孩子)的结点。其查找算法如下。

(算法 6.19 中序线索树中找结点的前驱)
```
BiThrTree InPre(BiThrTree p)
{ if(p->Ltag==1) pre=p->LChild;          /*直接利用线索*/
  else                                   /*在 p 的左子树中查找"最右下端"结点*/
  { for(q=p->LChild; q->Rtag==0; q=q->RChild);
    pre=q;
  }
  return (pre);
}
```

(2)中序线索树中找结点的直接后继

根据线索二叉树结点结构的定义可知,对于结点 p,当 p->Rtag=1 时,p->Rchild 即指向 p 的遍历后继;当 p->Rtag=0 时,p->RChild 指向 p 的右孩子。而由中序遍历的规律可知,p 结点的后继结点,是中序遍历 p 的右子树时访问的第一个结点,也就是右子树中"最左下端"的结点,即右子树中沿左孩子链走到最下端(没有左孩子)的结点。其查找算法如下。

(算法 6.20 中序线索树中找结点的后继)
```
BiThrTree InNext(BiThrTree p)
{ if(p->Rtag==1) next=p->RChild;          /*直接利用线索*/
```

```
        else                               /*在p的右子树中查找"最左下端"结点*/
      { for(q=p->RChild;q->Ltag==0;q=q->LChild);
        next=q;
        }
      return(next);
  }
```

上述算法解决了在中序线索树中找结点的遍历前驱和后继的问题。在先序线索树中找结点的遍历后继,以及在后序线索树中找结点的遍历前驱,也可以按上述方法分析和实现。但在先序线索树中找结点的遍历前驱、在后序线索树中找结点的遍历后继,需要结点的双亲信息,在此不做更多的讨论。

3.遍历中序线索树

遍历中序线索树的过程可分成两步:第一步是求出第一个被访问的结点(对中序遍历而言就是树中"最左下端"的结点);第二步是不断求出刚访问结点的遍历后继,进行访问,直至所有的结点均被访问。

以下给出遍历中序线索树的算法:

(算法 6.21 在中序线索树中求遍历的第一个结点)

```
BiThrTree InFirst(BiThrTree bt)
{ BiThrTree p=bt;
  if(p==NULL) return (NULL);
  while(p->Ltag==0) p=p->LChild;
  return p;
}
```

(算法 6.22 遍历中序二叉线索树)

```
void TinOrder(BiThrTree root)
{ BiThrTree p;
  p=InFirst(root);
  while(p! =NULL)
  {Visit(p->data); p=InNext(p);
  }
}
```

可见,可以通过调用 InFirst 和 InNext 实现对中序线索树的中序非递归遍历,而不需要使用栈。

6.5 树和森林

在对二叉树进行了较为详细的介绍之后,我们再回到对于一般树的讨论上来。

6.5.1 树的存储结构

在实际应用中,人们曾使用各种方式来存储树,在此,我们仅介绍三种最常用的树的存储结构。

1.双亲表示法

双亲表示法是用一个顺序表来存储树中的结点,同时为表示结点间的关系,在每个结点中附设一个指示器来指示其双亲结点在此表中的位置,其结点结构如下。

Data	Parent

双亲表示法的存储结构定义为:

```
#define MAX 100
typedef struct TNode
{ DataType data;
  int parent;
} TNode;
typedef struct              /*树的定义*/
{ TNode tree[MAX];
  int root;                 /*该树的根结点在表中的位置*/
  int num;                  /*该树的结点个数*/
}PTree;
```

如图 6.15 所示展示了一棵树及其双亲表示法。

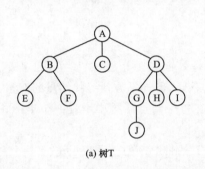

	Data	Parent
0	A	-1
1	B	0
2	C	0
3	D	0
4	E	1
5	F	1
6	G	3
7	H	3
8	I	3
9	J	6

(a) 树T　　　　(b) 树T的双亲表示法

图 6.15　树 T 的双亲表示法示例

双亲表示法利用的是树中每个结点(根结点除外)只有一个双亲的性质,使得其存储结构简单,用双亲表示法查找某个结点的双亲非常容易。反复使用求双亲结点的操作,也可以较容易地找到树根结点。但是,在这种存储结构中,求某个结点的孩子时需要在整个数组中搜寻,以找出其双亲为该结点的所有结点。

2.孩子表示法

孩子表示法是把每个结点的孩子存到一个单链表中,称为孩子链表,n 个结点共有 n 个孩子链表(叶子结点的孩子链表为空链表)。n 个结点的数据和 n 个孩子链表的头指针又用一个顺序表存储。

如图 6.16 所示展示了图 6.15 中树 T 的孩子表示法。

孩子表示法的存储结构定义如下:

```
typedef struct ChildNode           /*孩子链表结点结构定义*/
{ int Child;
  Struct ChildNode * next;
}ChildNode;
typedef struct                     /*顺序表结点结构定义*/
{ DataType data;
  ChildNode * FirstChild;
```

```
} DataNode;
typedef struct                        /*树的定义*/
{ DataNode nodes[MAX];
    int root;                         /*该树的根结点在顺序表中的位置*/
    int num;                          /*该树的结点个数*/
}CTree;
```

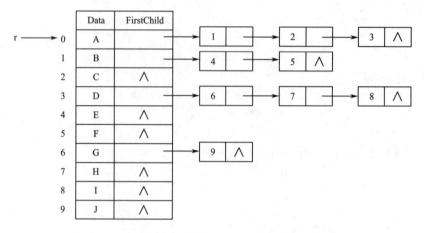

图 6.16　树 T 的孩子表示法示例

孩子表示法可以方便地找到结点的孩子,但却不方便寻找结点的双亲,为此我们可以将孩子表示法与双亲表示法结合起来,即在每个结点结构中增设一个 Parent 域,形成带双亲的孩子表示法。

如图 6.17 所示展示了图 6.15 中树 T 的带双亲的孩子表示法。

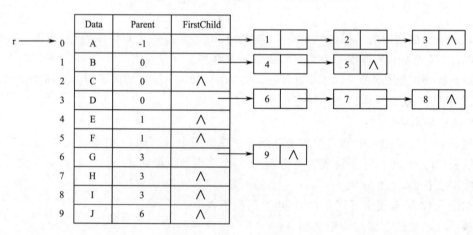

图 6.17　树 T 的带双亲的孩子表示法示例

3.孩子兄弟表示法

孩子兄弟表示法又称为树的二叉链表表示法,即以二叉链表作为树的存储结构。链表中每个结点有两个指针域,分别指向结点的第一个孩子和结点的右兄弟。

如图 6.18 所示展示了图 6.15 中树 T 的孩子兄弟表示法。

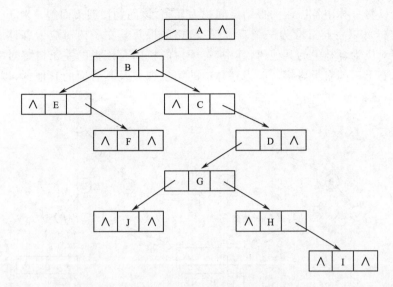

图 6.18　树 T 的孩子兄弟表示法示意图

孩子兄弟表示法的存储结构定义如下：

```
typedef struct CSNode
{ DataType data;                     /*结点信息*/
  struct CSNode * FirstChild;        /*第一个孩子指针*/
  struct CSNode * NextSibling;       /*右兄弟指针*/
}CSNode, * CSTree;
```

　　孩子兄弟表示法便于实现树的各种操作,例如,若要访问结点 x 的第 i 个孩子,可先从 FirstChild 域找到第一个孩子结点,然后沿着结点的 NextSibling 域连续走 $i-1$ 步,便可找到 x 的第 i 个孩子。如果在孩子兄弟表示法中为每个结点增设一个 Parent 域,则同样可以方便地实现查找双亲的操作。

　　孩子兄弟表示法的本质是二叉链表结构,在下一小节中将介绍,这种存储结构还可以帮助我们实现树与二叉树间的相互转换,可见孩子兄弟表示法是树的非常有效且非常重要的存储结构。

6.5.2　树、森林与二叉树的相互转换

　　前面我们分别介绍了二叉树的存储结构和树的存储结构,从中可以看到,二叉树的二叉链表结构与树的孩子兄弟二叉链表结构在物理结构上是完全相同的,只是它们的逻辑含义不同,因此以二叉链表结构为媒介,可以导出树与二叉树之间的一一对应关系。也就是说,给定一棵树,可以找到唯一的一棵二叉树与之对应;反之,给定一棵二叉树,也可以找到唯一的一棵树(或森林)与之对应。

　　如图 6.19 所示展示了树与二叉树之间的对应关系。

　　由图可见,树与二叉树之间对应关系的本质是:对以孩子兄弟二叉链表存储的树按二叉树的二叉链表来解释即成为一棵二叉树,对以二叉链表存储的二叉树(右子树为空)按树的孩子兄弟二叉链表来解释即成为一棵树。

　　由树的孩子兄弟二叉链表定义可知,任意一棵树的二叉链表其根结点的右兄弟指针均为空,因此其对应的二叉树的右子树必为空。那么,一棵右子树非空的二叉树如何对应到树

呢？其实,可以将森林中各棵树的根结点间视为兄弟,该问题便迎刃而解。对于一棵右子树非空的二叉树,可以将其对应为一个森林:二叉树的根及其左子树对应为森林中的第一棵树;右子树将对应为森林中的其他树,其中,右子树的根以及该根的左子树将对应为森林中的第二棵树;右子树的右子树将对应为森林中的第三棵树及其后面的其他树,以此类推,便可得到整个森林。

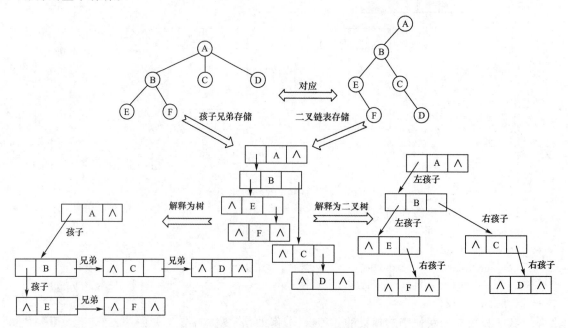

图 6.19　树与二叉树的对应

图 6.20 展示了右子树非空的二叉树与森林之间的对应关系。图中虚线环绕的部分就是上面说到的:二叉树右子树的根以及该根的左子树对应为森林中的第二棵树。

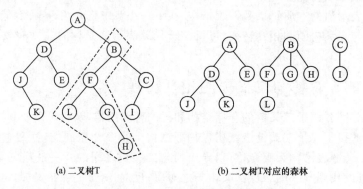

(a) 二叉树T　　　　　　　　　(b) 二叉树T对应的森林

图 6.20　二叉树与森林的对应

以下给出由树型图表示法进行树、森林与二叉树间的转换方法。

1.树转换为二叉树

将一棵由树型图表示的树转换为二叉树的方法如下:

(1)加线:树中所有相邻兄弟之间加一条连线。

(2)删线:对每个结点,只保留其与第一个孩子结点之间的连线,删掉该结点与其他孩子结点之间的连线。

（3）旋转调整：以树的根结点为轴心，将整棵树顺时针旋转一定的角度，使之层次结构清晰、左右子树分明。

如图 6.21 所示展示了树型图表示的树转换为二叉树的过程。

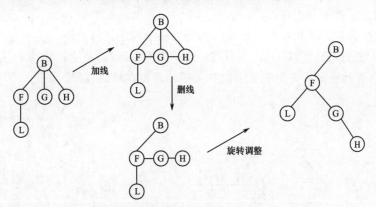

图 6.21　树到二叉树的转换过程

2.森林转换为二叉树

将一个由树型图表示的森林转换为二叉树的方法如下：

（1）转换：将森林中的每一棵树均转换成相应的二叉树。

（2）加线：将相邻的各棵二叉树的根结点之间加线，使之连为一体。

（3）旋转调整：以第一棵二叉树的根结点为轴心，将整棵树顺时针旋转一定的角度，使之层次结构清晰、左右子树分明。即依次把后一棵二叉树的根结点调整到作为前一棵二叉树根结点的右孩子的位置。

如图 6.22 所示展示了树型图表示的森林转换为二叉树的过程。

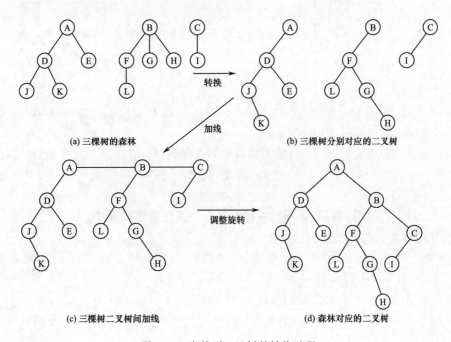

图 6.22　森林到二叉树的转换过程

3.二叉树转换为森林

将一棵由树型图表示的二叉树转换为森林的方法如下：

(1)加线：若某结点是其双亲的左孩子，则把该结点的右孩子、右孩子的右孩子、……都与该结点的双亲结点间加上连线。

(2)删线：删掉原二叉树中所有双亲结点与右孩子间的连线。

(3)旋转调整：旋转、整理由(1)、(2)两步所得到的各棵树，使之结构清晰、层次分明。

如图 6.23 所示展示了树型图表示的二叉树转换为森林的过程。

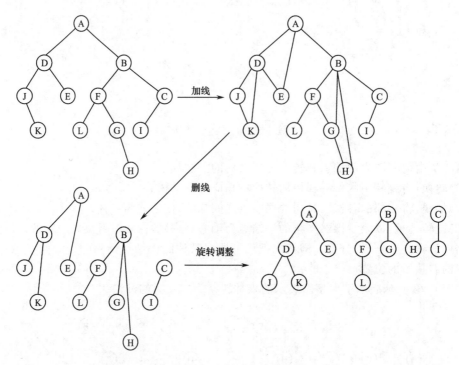

图 6.23　二叉树到森林的转换

4.森林转换为二叉树的递归定义

将森林 F 看作树的有序集，$F=\{T_1,T_2,\cdots,T_n\}$，设 F 对应的二叉树为 $B(F)$，则：

(1)若 $n=0$，则二叉树 $B(F)$ 为空。

(2)若 $n>0$，则二叉树 $B(F)$ 的根为森林中第一棵树 T_1 的根。二叉树 $B(F)$ 的左子树为 $B(\{T_{11},\cdots,T_{lm}\})$，其中 $\{T_{11},\cdots,T_{lm}\}$ 是 T_1 的子树森林；二叉树 $B(F)$ 的右子树是 $B(\{T_2,\cdots,T_n\})$。

根据此递归定义，可以容易地写出森林转换为二叉树的递归算法。

5.二叉树转换为森林的递归定义

若 B 是一棵二叉树，T 是 B 的根结点，L 是 B 的左子树，R 是 B 的右子树，设 B 对应的森林为 $F(B)$，且其含有的 n 棵树为 $\{T_1,T_2,\cdots,T_n\}$，则：

(1)若 B 为空，则 $F(B)$ 为空森林(即 $n=0$)。

(2)若 B 非空，则 $F(B)$ 中第一棵树 T_1 的根为二叉树 B 的根 T；T_1 中根结点的子树森林是由 B 的左子树 L 转换而成的森林，即 $F(L)=\{T_{11},\cdots,T_{lm}\}$；$F(B)$ 中除 T_1 之外其余树组成的森林是由 B 的右子树 R 转换而成的森林，即 $F(R)=\{T_2,\cdots,T_n\}$。

根据这个递归定义,同样可以写出二叉树转换为森林的递归算法。

6.5.3 树和森林的遍历

1.树的遍历

根据树的结构定义可以引出两种树的遍历方法。

(1)先根遍历

若树非空,则按如下规则遍历。

①访问根结点。

②从左到右,依次先根遍历根结点的每一棵子树。

例如,图 6.15 中树 T 的先根遍历结点序列为:A、B、E、F、C、D、G、J、H、I。

(2)后根遍历

若树非空,则按如下规则遍历。

①从左到右,依次后根遍历根结点的每一棵子树。

②访问根结点。

例如,图 6.15 中树 T 的后根遍历结点序列为:E、F、B、C、J、G、H、I、D、A。

仔细观察可发现,树的遍历序列与由树转换的二叉树的遍历序列有如下对应关系。

(1)树的先根遍历序列对应于转换的二叉树的先序遍历序列。

(2)树的后根遍历序列对应于转换的二叉树的中序遍历序列。

2.树的遍历算法

依据上述树的遍历规则,或仿照二叉树的遍历算法,可以方便地给出树的遍历算法。

以下给出以孩子兄弟二叉链表为存储结构的树的先根遍历算法,第一个算法完全是依据树的遍历规则而设计的,第二个算法完全是仿照二叉树的先序递归遍历算法而设计的。

(算法 6.23 树的先根遍历算法－1)

```
void RootFirst(CSTree root)
{ if(root! =NULL)
  { Visit(root->data);              /*访问根结点*/
    p=root->FirstChild;
    While(p! =NULL)                  /*依次遍历每一棵子树*/
    {RootFirst(p); p=p->NextSibling;}
  }
}
```

(算法 6.24 树的先根遍历算法－2)

```
void RootFirst(CSTree root)
{ if(root! =NULL)
  { Visit(root->data);               /*访问根结点*/
    RootFirst(root->FirstChild);     /*先根遍历首子树*/
    RootFirst(root->NextSibling) ;   /*先根遍历兄弟树*/
  }
}
```

3.森林的遍历

依据森林与树的关系,以及树的两种遍历方法,可以推出森林的两种遍历方法。

(1)先序遍历

若森林非空,则按如下规则遍历。

①访问森林中第一棵树的根结点。

②先序遍历第一棵树中根结点的子树森林。

③先序遍历除去第一棵树之后剩余的树构成的森林。

例如,图 6.23 中由二叉树转换得到的森林,其先序遍历结点序列为:ADJKEBFLGH-CI。

(2)中序遍历

若森林非空,则按如下规则遍历。

①中序遍历森林中第一棵树的根结点的子树森林。

②访问第一棵树的根结点。

③中序遍历除去第一棵树之后剩余的树构成的森林。

例如,图 6.23 中由二叉树转换得到的森林,其中序遍历结点序列为:JKDEALFGH-BIC。

仔细观察可以发现,森林的先序遍历、中序遍历序列与相应的二叉树的先序遍历、中序遍历序列是对应相同的。另外,把一棵树看成是森林,则森林的先序遍历和中序遍历分别与树的先根遍历和后根遍历相对应。森林的遍历算法可以采用其对应的二叉树的遍历算法来实现。

6.6 二叉树的应用

哈夫曼(Huffman)树,又称最优二叉树,是带权路径长度最短的树,可用来构造最优编码,用于信息传输、数据压缩等方面,是一种应用广泛的二叉树。

6.6.1 哈夫曼树

1.哈夫曼树相关基本概念

在介绍哈夫曼树之前,先介绍几个与哈夫曼树相关的基本概念。

路径:从树中一个结点到另一个结点之间的分支序列构成两个结点间的路径。

路径长度:路径上分支的条数称为路径长度。

树的路径长度:从树根到每个结点的路径长度之和称为树的路径长度。

(6.2 节介绍的完全二叉树,是结点数给定的情况下路径长度最短的二叉树。)

结点的权:给树中结点赋予一个数值,该数值称为结点的权。

带权路径长度:结点到树根间的路径长度与结点的权的乘积,称为该结点的带权路径长度。

树的带权路径长度:树中所有叶子结点的带权路径长度之和,称为树的带权路径长度,通常记为 WPL:

$$WPL = \sum_{k=1}^{n} W_k \times L_k$$

其中, n 为叶子数, W_k 为第 k 个叶子的权值, L_k 为第 k 个叶子到树根的路径长度。

最优二叉树:在叶子数 n 以及各叶子的权值 W_k 确定的条件下,树的带权路径长度 WPL 值最小的二叉树称为最优二叉树。

给定 n 个具有确定权值的叶结点,我们可以构造出若干棵形态各异的二叉树,如图 6.24 所示的三棵二叉树均是由权值分别为 $\{9,6,3,1\}$ 的 4 个叶子构造而成,其带权路径长度分别为:

(a) $WPL = 9 \times 2 + 6 \times 2 + 3 \times 2 + 1 \times 2 = 38$

(b) $WPL = 9 \times 3 + 6 \times 3 + 3 \times 2 + 1 \times 1 = 52$

(c) $WPL = 9 \times 1 + 6 \times 2 + 3 \times 3 + 1 \times 3 = 33$

可见,完全二叉树并不是树的带权路径长度 WPL 值最小的二叉树。可以验证,图 6.24(c) 树是有 4 个叶子且权值分别为 $\{9,6,3,1\}$ 的一棵最优二叉树。

由于哈夫曼最早给出了建立最优二叉树的方法,因此最优二叉树又称为哈夫曼树。

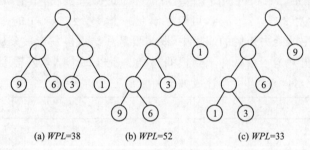

(a) WPL=38   (b) WPL=52   (c) WPL=33

图 6.24　带权路径长度不同的二叉树

2.哈夫曼树的建立

由哈夫曼最早给出的建立最优二叉树的带有一般规律的算法,俗称哈夫曼算法。描述如下。

(1)初始化:根据给定的 n 个权值 $(W_1, W_2, \cdots, W_n)$,构造 n 棵二叉树的森林集合 $F = \{T_1, T_2, \cdots, T_n\}$,其中每棵二叉树 T_i 只有一个权值为 W_i 的根结点,左、右子树均为空。

(2)找最小树并构造新树:在森林集合 F 中选取两棵根的权值最小的树作为左、右子树构造一棵新的二叉树,新二叉树的根结点为新增加的结点,其权值为左、右子树根的权值之和。

(3)删除与插入:在森林集合 F 中删除已选取的两棵根的权值最小的树,同时将新构造的二叉树加入森林集合 F 中。

重复(2)和(3)步骤,直至森林集合 F 中只含一棵树为止,这棵树便是哈夫曼树,即最优二叉树。由于(2)和(3)步骤每重复一次,森林集合 F 中将删除两棵树,增加一棵树,所以,(2)和(3)步骤重复 $n-1$ 次即可获得哈夫曼树。

如图 6.25 所示展示了图 6.24(c) 树的建立构造过程。

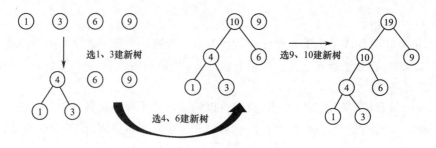

图 6.25　哈夫曼树的建立过程

3.哈夫曼算法的实现

（1）存储结构

哈夫曼树是一棵二叉树，当然可以采用前面介绍的二叉树的存储方法，但哈夫曼树有其自己的特点，因而一般采用如下介绍的静态三叉链表来存储。

由哈夫曼树的建立算法可知，哈夫曼树中没有度为1的结点，这类二叉树又称正则二叉树。结合6.2节介绍的二叉树性质3可知，n个叶子的哈夫曼树，恰有$n-1$个度为2的结点，所以哈夫曼树共有$2n-1$个结点，可以存储在一个大小为$2n-1$的一维数组中。

在后续将要介绍的哈夫曼树的应用中，既需要从根结点出发走一条从根到叶子的路径，又需要从叶子结点出发走一条从叶子到根的路径。所以每个结点既需要孩子的信息，又需要双亲的信息，因此，每个结点可设计成如下所示的三叉链表结点结构。

weight	parent	Lchild	Rchild

其中：

weight：为结点的权值；

parent：为双亲结点在数组中的下标；

Lchild：为左孩子结点在数组中的下标；

Rchild：为右孩子结点在数组中的下标。

上述结点结构为分量组成一维数组形成了哈夫曼树的静态三叉链表存储结构，其类型定义如下：

```
#define n 30
#define M 2*n-1
typedef struct
{ int weight;
int parent, Lchild, Rchild;
}HTNode, HuffmanTree[M+1];          /*0号单元不使用*/
```

静态三叉链表数组中，前n个元素存储叶子结点，后$n-1$个元素存储分支结点，即不断生成的新结点，最后一个元素将是哈夫曼树的根结点。

（2）哈夫曼算法的实现

哈夫曼算法可分为初始化和构建哈夫曼树两个部分。

初始化所有结点：首先，构造n个根结点，即将数组前n个元素视为根结点，其权值置为W_i，孩子和双亲指针全置0；其次，置空后$n-1$个元素，初始时各域均置0。

构建哈夫曼树：在数组的已有结点中选双亲为0（即树根）且权值最小的两结点，构造新结点,新结点下标为数组中已有结点的后一个位置,其权值为选取的两权值最小结点的权值之和,其左、右孩子分别指向两权值最小结点,同时,两权值最小结点的双亲应改为指向新结点。此过程要重复 $n-1$ 次。

(算法 6.25 建立哈夫曼树)

```
void CrtHuffmanTree(HuffmanTree ht , int w, int n)
{ m=2*n-1;
  for(i=1;i<=n;i++) ht[i]={w[i],0,0,0};        /* 初始化前 n 个元素成为根结点 */
  for(i=n+1;1<=m;i++) ht[i]={0,0,0,0};         /* 初始化后 n-1 个空元素 */
  for(i=n+1;i<=m;i++)                          /* 从第 n+1 个元素开始构造新结点 */
  { select(ht,i-1,&s1, &s2);
      /* 在 ht 的前 i-1 项中选双亲为 0 且权值最小的两结点 s1、s2 */
    ht[i].weight=ht[s1].weight+ht[s2].weight;  /* 建新结点,赋权值 */
    ht[i].Lchild=s1;ht[i].Rchild=s2;           /* 赋新结点左、右孩子指针 */
    ht[s1].parent=1; ht[s2].parent=i;          /* 改 s1、s2 的双亲指针 */
  }
}
```

如图 6.26 所示展示了建立图 6.25 的哈夫曼树时,上述算法中 ht 的初始化状态及最终状态。算法中函数 select 的实现较为简单,具体算法留给读者自己完成。

	weight	parent	Lchild	Rchlid
1	1	0	0	0
2	3	0	0	0
3	6	0	0	0
4	9	0	0	0
5	0	0	0	0
6	0	0	0	0
7	0	0	0	0

(a)ht 的初态

	weight	parent	Lchild	Rchlid
1	1	5	0	0
2	3	5	0	0
3	6	6	0	0
4	9	7	0	0
5	4	6	1	2
6	10	7	5	3
7	19	0	6	4

(b)ht 的终态

图 6.26 哈夫曼树 ht 的初态和终态

6.6.2 哈夫曼编码

1.哈夫曼编码的概念

等长编码并不能使信息得到有效的压缩,因此要设计压缩效率更高的编码,应是不等长的编码,而不等长的编码要使各编码间无须加分界符即可识别,则其编码必须是前缀编码。

前缀编码:同一字符集中任何一个字符的编码都不是另一个字符编码的前缀(最左子串),这种编码称为前缀编码。

例如,对于字符集{A,B,C,D},编码集对应为{1,01,000,001},则是前缀编码,对于任何有效的编码串均可以唯一地识别、译码。而如果编码集对应为{0,1,00,01},则不是前缀编码,不加分界符是无法识别编码串的,例如对于编码串"001011",无法识别其为"AABABB"还是"ADDB"或是"CBDB"。

另一方面,若想有效地压缩信息,则应使待处理的字符集中出现频率高的字符编码尽可能的短,而出现频率不高的字符编码可以略长一些。仔细观察哈夫曼树可以发现,哈夫曼树中权值大的叶子距根近,权值小的叶子距根远,因此,可以用哈夫曼树中根到各叶子的路径设计编码:每个字符对应一个叶子,字符出现的频率对应权值,权值大的叶子(频率高的字符)距根近,其编码短;权值小的叶子(频率低的字符)距根远,其编码长,这便是哈夫曼编码的基本思想。

在哈夫曼树中约定左分支表示符号'0',右分支表示符号'1',用根结点到叶子结点路径上的分支符号组成的串,作为叶子结点字符的编码,这就是哈夫曼编码。

如图 6.27 所示为哈夫曼树及其编码的一个示例。

可以证明的是,哈夫曼编码是可以使信息压缩达到最短的二进制前缀编码,即最优二进制前缀编码。

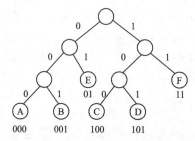

图 6.27　哈夫曼树及其编码示例

首先,由于每个字符的哈夫曼编码是从根到相应叶子的路径上分支符号组成的串,字符不同,相应的叶子就不同,而从根到每个叶子的路径均是不同的,两条路径的前半部分可能相同,但两条路径的最后一定分叉,所以,一条路径不可能是另一条路径的前缀。因此有结论:哈夫曼编码是前缀码。

其次,假设由 N 个字符组成的待处理信息中,每个字符出现的次数为 W_i,其编码长度为 L_i,则信息编码的总长为 $\sum_{i=1}^{n} W_i L_i$。若以 W_i 为叶子的权值构造哈夫曼树,叶子结点编码的长度 L_i 恰为从根到叶子的路径长度,则 $WPS = \sum_{i=1}^{n} W_i L_i$ 恰为哈夫曼树的带权路径长度,如前所述,哈夫曼树是 WPL 最小的树,因此,哈夫曼编码是可以使信息压缩达到最短的编码。因此有结论:哈夫曼编码是最优二进制前缀编码。

2.哈夫曼编码的算法实现

实现哈夫曼编码的算法可以分为以下两大部分。

(1)构造哈夫曼树。

(2)在哈夫曼树上求各叶子结点的编码。

构造哈夫曼树的算法前面已经介绍过,下面讨论在哈夫曼树上求各叶子结点编码的算法。

由于每个哈夫曼编码的长度不等,因此可以按编码的实际长度动态分配空间,但要使用一个指针数组,存放每个编码串的头指针,其定义如下:

```
typedef char * Huffmancode [n+1];
```

在哈夫曼树上求各叶子结点的编码可以按如下方法进行。

(1)从叶子结点开始,沿结点的双亲链追溯到根结点,追溯过程中,每上升一层,则经过了一个分支,便可得到一位哈夫曼编码值,左分支得到'0',右分支得到'1'。

（2）由于从叶子追溯到根的过程所得到的码串，恰为哈夫曼编码的逆串，因此，在产生哈夫曼编码串时，使用一个临时数组 cd，每位编码从后向前逐位放入 cd 中，由 start 指针控制存放的次序。

（3）到达根结点时，一个叶子的编码构造完成，此时将 cd 数组中 start 为开始的串复制到动态申请的编码串空间即可。

以下是按上述方法思想编写的求哈夫曼编码的算法。

（算法 6.26 哈夫曼编码）

```
void CrtHuffmanCode1(HuffmanTree ht , HuffmanCode hc, int n)
/*从叶子到根,逆向求各叶子结点的编码*/
{ char * cd;
  int start;
  cd=(char * )malloc(n * sizeof(char));              /*临时编码数组*/
  cd[n−1]='\0';                                      /*从后向前逐位求编码,首先放编码结束符*/
  for(i=1;i<=n;i++)                                  /*从每个叶子开始,求相应的哈夫曼编码*/
  { start=n−1;c=i;p=ht[i].parent;                    /*c为当前结点,p为其双亲*/
    while(p! =0)
    { −−start;
      if(ht[p].LChild= =c) cd[start]='0';            /*左分支得'0'*/
      else cd[start]='1';                            /*右分支得'1'*/
      c=p;p=ht[p].parent;                            /*上溯一层 */
    }
    hc[i]=(char * )malloc((n−start) * sizeof(char)); /*动态申请编码串空间*/
    strcpy(hc[i], &cd[start]);                       /*复制编码*/
  }
  free(cd);
}
```

如图 6.28 所示展示了图 6.27 的哈夫曼树中各叶子结点的哈夫曼编码。

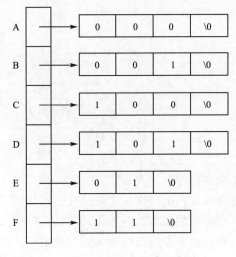

图 6.28　哈夫曼编码

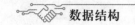

3.哈夫曼编码的译码

任何经编码压缩、传输的数据,使用时均应进行译码。译码的过程是分解、识别各个字符,还原数据的过程。对用哈夫曼编码压缩的数据,译码时要使用哈夫曼树,其译码方法如下。

从哈夫曼树的根出发,根据每一位编码的'0'或'1'确定进入左子树或右子树,直至到达叶子结点,便识别了一个相应的字符。重复此过程,直至编码串处理结束。

译码算法的实现较为简单,留给读者自己完成。

哈夫曼树除了在信息编码、数据压缩等方面的应用外,还广泛的应用于许多领域,如最佳判定过程的设计、指令编码的设计等多个方面,感兴趣的读者可参阅相关书籍,在此不再赘述。

6.6.3　表达式求值

1.表达式与表达式树

由于大部分算术运算符均有两个操作数,所以一般可以用二叉树来表示一个算术表达式,称为表达式树。表达式树和表达式是一一对应的,其递归定义如下:

(1)若表达式为常数或简单变量,则相应的二叉树为仅有一个根结点的二叉树,其数据域存放该表达式的信息。

(2)若表达式为"第一操作数、运算符、第二操作数"的形式,则相应二叉树的左子树表示第一操作数,右子树表示第二操作数,根结点的数据域存放运算符。

(3)若运算符为一元运算符,则左子树为空,右子树表示操作数,根结点的数据域存放运算符。

(4)操作数本身又可以是表达式。

如图 6.29 所示的二叉树对应的表达式为:

$$(A+B)+(C-D)/E$$

可见表达式树中并无括号,但其结构却有效地表达了运算符间的运算次序。

在表达式的表现形式方面,根据运算符所处的位置不同,表达式可分为前缀表达式、中缀表达式和后缀表达式三种。

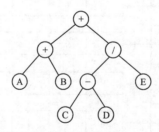

图 6.29　表达式树

前缀表达式:运算符在操作数前面的表达式,又称为波兰式。

中缀表达式:双目运算符放在两个操作数之间的表达式,即常规使用的形式。

后缀表达式:运算符放在操作数后面的表达式,又称为逆波兰式。

在三种表达式中,中缀表达式必须使用括号才可以准确地表达其运算符间的运算次序;而前缀表达式可以在不加括号的情况下进行求值;后缀表达式的求值处理则最为简单。因此,它们在编译系统中有着非常重要的作用。

使用表达式树可以方便地得到表达式的前缀、中缀、后缀表达式。事实上,通过对表达式树进行先序、中序、后序遍历,可以得到其前序、中序、后序遍历序列,而这正对应于表达式的前缀、中缀、后缀表达式。如图 6.29 所示的表达式树的三种遍历序列如下。

先序遍历序列:＋＋AB/－CDE　对应前缀表达式

中序遍历序列:A＋B＋C－D/E　对应中缀表达式

后序遍历序列:AB＋CD－E/＋　对应后缀表达式

特别需要注意的是,上述中序遍历序列,丢失了原表达式中的括号,不能正确表示运算次序,因此需要做特别处理。我们可以适当修改遍历算法,为每个子表达式均加上括号,以体现运算次序。修改后的中序遍历算法如下。

二叉树为空,则空操作;为叶子结点,则输出结点;否则依次执行如下 5 步操作。

(1)输出一个左括号;(2)按中序遍历左子树;(3)输出根结点;(4)按中序遍历右子树;(5)输出一个右括号。

用上述算法遍历图 6.29 的表达式树,所得到的遍历序列为:((A＋B)＋((C－D)/E))。虽然多了一些可省略的括号,但却准确地表达了其运算符间的运算次序。此外,也可以通过比较前后两个运算符的优先次序,决定是否输出括号,从而得到与普通书写习惯一致的中缀表达式,其算法的编写留给读者自己完成。

2.表达式树的建立与求值

以下讨论由表达式构建表达式树的方法,给定的表达式为常规使用的中缀表达式,并假设运算符均为双目运算符。

表达式是由运算符和操作数组成的字符序列,其对应的表达式树中叶子结点均是简单的操作数,分支结点均是运算符。因此,在扫描表达式构建表达式树的过程中,当遇到操作数时就要建立相应的叶子结点,当遇到运算符时则对应要建立分支结点及其子树。

考虑到建立的表达式树要准确地表达运算次序,所以当遇到运算符时不能急于建立结点,而应将其与前面的运算符进行优先级比较,依据比较的结果,决定相应的后续处理。这样就需要一个运算符栈,来暂存已经扫描到的、待比较的、还未处理的运算符。

根据表达式树与表达式对应关系的递归定义,每两个操作树和一个运算符就可以建立一棵表达式树,而这棵表达式树又可以整体地作为另一个运算符结点的一棵子树。因此需要一个表达式树栈,将建立好的表达式树的根指针存入栈中,以使其作为另一个运算符结点的子树而被引用。

由以上分析可以给出由表达式构建相应的表达式树的方法如下。

(1)在运算符栈底及表达式尾部放入表达式的起始及结尾符号"♯"。

(2)从左到右依次扫描表达式字符串,进行如下处理。

①当前字符为操作数,则以该字符为根构造一棵只有根结点的二叉树,且将该树入表达式树栈,并继续扫描表达式字符串。

②当前字符为运算符,则将运算符栈顶的运算符与当前字符进行优先级的比较,依比较结果进行如下处理。

①若栈顶运算符优先级低,则当前字符入运算符栈,并继续扫描表达式字符串。

②若栈顶运算符优先级高,则应生成栈顶运算符相应的表达式树,将表达式树栈出栈两

次,运算符栈出栈一次,并以第二次出栈的表达式树为左子树,出栈的运算符为根的数据,第一次出栈的表达式树为右子树建立一棵表达式树,并将该树入表达式树栈。

　　③若栈顶运算符与当前字符优先级相等,则将运算符栈顶元素出栈,并继续扫描表达式字符串。

　　(3)重复步骤(2)直至运算符栈为空,且扫描到"♯"结束。

　　由上述方法建立的表达式树,还可以方便地实现表达式的求值,其算法如下。

(算法 6.27 表达式树的求值)

```
int Calculate(BiTree T)
{ int oper1=0;                                    /*前操作数变量*/
  int oper2=0;                                    /*后操作数变量*/
  if(T->Lchild==NULL &&T->Rchild==NULL)          /*是操作数*/
    return (T->data-'0');                         /*返回转换为数字的操作数*/
  else
  { oper1=calculate(T->Lchild);                   /*求左子树表达式的值*/
    oper2=calculate(T->Rchild);                   /*求右子树表达式的值*/
    return Get_Value(T->data, oper1, oper2);      /*计算本子树表达式的值*/
  }
}
```

6.7　本章小结

　　树和二叉树是一类具有层次或嵌套关系的非线性结构,被广泛用于计算机领域,尤其二叉树最重要、最常用。

　　本章是数据结构课程的重点之一,是本书后续许多章节的基础。本章主要内容包括:树的基本概念;二叉树的定义、性质和存储表示及相关算法的实现,特别是二叉树的三种遍历算法;线索二叉树的有关概念及运算;二叉树与树和森林之间的相互转换;树的存储表示;树和森林的遍历方法;最后介绍了二叉树的应用。

　　树型结构中每个结点至多只有一个直接前驱,但可以有多个直接后继。而线性表最多只能有一个直接后继。因此,线性表可以看成是树型结构的特例。树型结构的表达能力比线性表更强,可以描述数据元素之间的分层关系。

　　二叉树是一种最重要的数据结构。二叉树有两种存储方式:顺序存储和链式存储。顺序存储结构适合满二叉树和完全二叉树,而链式存储结构适合一般的二叉树。二叉树和树的链式存储结构可采用动态链表,也可采用静态链表。对于链式存储结构,要掌握结点的结构及指针域的作用;对于顺序存储结构,要掌握用结点的位置关系来表示结点间父子关系的方法。二叉树线索化的目的是为了加速遍历过程和有效地利用存储空间。由于二叉树与树和森林之间能够相互转换,所以可先将树转换为二叉树,然后再进行遍历等运算。

　　遍历是二叉树和树的一种重要运算。以遍历为基础,可实现二叉树的其他较复杂的运算。

　　树的应用非常广泛,哈夫曼树只是其中的一种,它能完成通信中的编码和译码问题。

1.本章复习要点

(1)要求理解树型结构的基本概念:树和森林的定义,二叉树的定义和性质,熟练掌握二叉树的顺序存储结构和链式存储结构,熟悉树的三种存储方法。

(2)熟练掌握二叉树的三种遍历方法:前序遍历、中序遍历和后序遍历。掌握从二叉树遍历结果得到二叉树的方法。能够灵活运用各种次序的遍历算法,实现二叉树其他较复杂的运算。

(3)理解线索二叉树的概念、存储结构、结构特性,理解中序线索二叉树的结构,建立线索二叉树的方法,在中序线索二叉树中寻找某结点前驱和后继结点的方法,以及线索二叉树遍历算法,熟练掌握对给定二叉树的中序线索化方法。

(4)熟练掌握树和森林与二叉树之间的相互转换方法,树的三种存储表示方法,树的遍历方法。

(5)熟练掌握哈夫曼树的实现方法,理解哈夫曼编码的过程和算法实现。

(6)在算法设计方面,要求熟练掌握二叉树的建立方法(递归和非递归算法),二叉树的前序、中序和后序的递归遍历算法,使用栈的中序非递归算法,理解统计二叉树叶结点个数,理解中序线索二叉树的建立及中序线索二叉树的中序遍历算法,熟悉建立哈夫曼树、哈夫曼编码的算法。

2.本章重点和难点

本章的重点是:树型结构的概念,二叉树的定义、存储结构及建立和遍历算法,哈夫曼树的建立方法及哈夫曼编码。

本章的难点是:二叉树的遍历算法的执行过程,线索二叉树的概念和结构。

习题6

一、单项选择题

❶ 在一棵度为 3 的树中,度为 3 的结点数为 2 个,度为 2 的结点数为 1 个,度为 1 的结点数为 2 个,则度为 0 的结点数为(   )个。

A.4　　　　　　　B.5　　　　　　　C.6　　　　　　　D.7

❷ 假设在一棵二叉树中,双分支结点数为 15,单分支结点数为 30 个,则叶子结点数为(   )个。

A.15　　　　　　　B.16　　　　　　　C.17　　　　　　　D.47

❸ 假定一棵三叉树的结点数为 50,则它的最小高度为(   )。

A.3　　　　　　　B.4　　　　　　　C.5　　　　　　　D.6

❹ 在一棵二叉树上第 4 层的结点数最多为(   )。

A.2　　　　　　　B.4　　　　　　　C.6　　　　　　　D.8

❺ 用顺序存储的方法将完全二叉树中的所有结点逐层存放在数组中 $R[1..n]$,结点 $R[i]$ 若有左孩子,其左孩子的编号为结点(   )。

A.$R[2i+1]$　　　B.$R[2i]$　　　　C.$R[i/2]$　　　　D.$R[2i-1]$

❻ 由权值分别为 3,8,6,2,5 的叶子结点生成一棵哈夫曼树,它的带权路径长度为(   )。

A.24 　　　　　　B.48 　　　　　　C.72 　　　　　　D.53

❼ 线索二叉树是一种（　　）结构。

A.逻辑 　　　　　　B.逻辑和存储 　　　　C.物理 　　　　　D.线性

❽ 线索二叉树中，结点 p 没有左子树的充要条件是（　　）。

A.p－＞lc＝NULL 　　　　　　　　　B.p－＞ltag＝1

C.p－＞ltag＝1 且 p－＞lc＝NULL 　　D.以上都不对

❾ 设 n ，m 为一棵二叉树上的两个结点，在中序遍历序列中 n 在 m 前的条件是（　　）。

A.n 在 m 右方 　　　　　　　　　B.n 在 m 左方

C.n 是 m 的祖先 　　　　　　　　D.n 是 m 的子孙

❿ 如果 F 是由有序树 T 转换而来的二叉树，那么 T 中结点的前序就是 F 中结点的（　　）。

A.中序 　　　　　B.前序 　　　　　C.后序 　　　　　D.层次序

⓫ 欲实现任意二叉树的后序遍历的非递归算法而不必使用栈，最佳方案是二叉树采用（　　）存储结构。

A.三叉链表 　　　　B.广义表 　　　　C.二叉链表 　　　　D.顺序

⓬ 下面叙述正确的是（　　）。

A.二叉树是特殊的树 　　　　　　　B.二叉树等价于度为 2 的树

C.完全二叉树必为满二叉树 　　　　D.二叉树的左右子树有次序之分

⓭ 任何一棵二叉树的叶子结点在先序、中序和后序遍历序列中的相对次序（　　）。

A.不发生改变 　　　　　　　　　B.发生改变

C.不能确定 　　　　　　　　　　D.以上都不对

⓮ 已知一棵完全二叉树的结点总数为 9 个，则最后一层的结点数为（　　）。

A.1 　　　　　　B.2 　　　　　　C.3 　　　　　　D.4

⓯ 根据先序序列 ABDC 和中序序列 DBAC 确定对应的二叉树，该二叉树（　　）。

A.是完全二叉树 　　　　　　　　B.不是完全二叉树

C.是满二叉树 　　　　　　　　　D.不是满二叉树

二、判断题

❶ 二叉树中每个结点的度不能超过 2，所以二叉树是一种特殊的树。　　　　（　　）

❷ 二叉树的前序遍历中，任意结点均处在其子女结点之前。　　　　　　　（　　）

❸ 线索二叉树是一种逻辑结构。　　　　　　　　　　　　　　　　　　　（　　）

❹ 哈夫曼树的总结点个数（多于 1 时）不能为偶数。　　　　　　　　　　（　　）

❺ 由二叉树的先序序列和后序序列可以唯一确定一颗二叉树。　　　　　　（　　）

❻ 树的后序遍历与其对应的二叉树的后序遍历序列相同。　　　　　　　　（　　）

❼ 根据任意一种遍历序列即可唯一确定对应的二叉树。　　　　　　　　　（　　）

❽ 满二叉树也是完全二叉树。　　　　　　　　　　　　　　　　　　　　（　　）

❾ 哈夫曼树一定是完全二叉树。　　　　　　　　　　　　　　　　　　　（　　）

❿ 树的子树是无序的。　　　　　　　　　　　　　　　　　　　　　　　（　　）

三、填空题

❶ 假定一棵树的广义表表示为 A(B(E),C(F(H,I,J),G),D),则该树的度为
_____，树的深度为 _____，终端结点的个数为 _____，单分支结点的个数为
_____，双分支结点的个数为 _____，三分支结点的个数为 _____，C 结点的双亲结
点为 _____，其孩子结点为 _____ 和 _____ 结点。

❷ 设 F 是一个森林，B 是由 F 转换得到的二叉树，F 中有 n 个非终端结点，则 B 中右指
针域为空的结点有 _____ 个。

❸ 对于一个有 n 个结点的二叉树，当它为一棵 _____ 二叉树时具有最小高度，即为
_____，当它为一棵单支树具有 _____ 高度，即为 _____。

❹ 由带权为 3,9,6,2,5 的 5 个叶子结点构成一棵哈夫曼树，则带权路径长度
为 _____。

❺ 在一棵二叉排序树上按 _____ 遍历得到的结点序列是一个有序序列。

❻ 对于一棵具有 n 个结点的二叉树，当进行链接存储时，其二叉链表中的指针域的总
数为 _____ 个，其中 _____ 个用于链接孩子结点，_____ 个空闲着。

❼ 在一棵二叉树中，度为 0 的结点个数为 $n0$，度为 2 的结点个数为 $n2$，则 $n0$
= _____。

❽ 一棵深度为 k 的满二叉树的结点总数为 _____，一棵深度为 k 的完全二叉树的结
点总数的最小值为 _____，最大值为 _____。

❾ 由三个结点构成的二叉树，共有 _____ 种不同的形态。

❿ 设高度为 h 的二叉树中只有度为 0 和度为 2 的结点，则此类二叉树中所包含的结点
数至少为 _____。

⓫ 一棵含有 n 个结点的 k 叉树，_____ 形态达到最大深度，_____ 形态达到最小
深度。

⓬ 对于一棵具有 n 个结点的二叉树，若一个结点的编号为 $i(1 \leqslant i \leqslant n)$，则它的左孩子
结点的编号为 _____，右孩子结点的编号为 _____，双亲结点的编号为 _____。

⓭ 对于一棵具有 n 个结点的二叉树，采用二叉链表存储时，链表中指针域的总数为
_____ 个，其中 _____ 个用于链接孩子结点，_____ 个空闲着。

⓮ 哈夫曼树是指 _____ 的二叉树。

⓯ 空树是指 _____，最小的树是指 _____。

⓰ 二叉树的链式存储结构有 _____ 和 _____ 两种。

⓱ 三叉链表比二叉链表多一个指向 _____ 的指针域。

⓲ 线索是指 _____。

⓳ 线索链表中的 Rtag 域值为 _____ 时，表示该结点无右孩子，此时 _____ 域为指
向该结点后继线索的指针。

⓴ 本节中我们学习的树的存储结构有 _____、_____ 和 _____。

四、应用题

❶ 已知一棵树边的集合为{<i,m>,<i,n>,<e,i>,<b,e>,<b,d>,<a,b>,
<g,j>,<g,k>,<c,g>,<c,f>,<h,l>,<c,h>,<a,c>},请画出这棵树，并回
答下列问题：

(1)哪个是根结点？

(2)哪些是叶子结点？

(3)哪个是结点 g 的双亲？

(4)哪些是结点 g 的祖先？

(5)哪些是结点 g 的孩子？

(6)哪些是结点 e 的孩子？

(7)哪些是结点 e 的兄弟？ 哪些是结点 f 的兄弟？

(8)结点 b 和 n 的层次号分别是什么？

(9)树的深度是多少？

(10)以结点 c 为根的子树深度是多少？

❷ 一棵度为 2 的树与一棵二叉树有何区别？

❸ 试分别画出具有 3 个结点的树和二叉树的所有不同形态？

❹ 已知用一维数组存放的一棵完全二叉树：ABCDEFGHIJKL，写出该二叉树的先序、中序和后序遍历序列。

❺ 一棵深度为 H 的满 k 叉树有如下性质：第 H 层上的结点都是叶子结点，其余各层上每个结点都有 k 棵非空子树，如果按层次自上而下，从左到右顺序从 1 开始对全部结点编号，回答下列问题：

(1)各层的结点数目是多少？

(2)编号为 n 的结点的父结点如果存在，编号是多少？

(3)编号为 n 的结点的第 i 个孩子结点如果存在，编号是多少？

(4)编号为 n 的结点有右兄弟的条件是什么？ 其右兄弟的编号是多少？

❻ 找出所有满足下列条件的二叉树：

(1)它们在先序遍历和中序遍历时，得到的遍历序列相同；

(2)它们在后序遍历和中序遍历时，得到的遍历序列相同；

(3)它们在先序遍历和后序遍历时，得到的遍历序列相同；

❼ 假设一棵二叉树的先序序列为 EBADCFHGIKJ，中序序列为 ABCDEFGHIJK，请写出该二叉树的后序遍历序列。

❽ 假设一棵二叉树的后序序列为 DCEGBFHKJIA，中序序列为 DCBGEAHFIJK，请写出该二叉树的后序遍历序列。

❾ 给出如图 6.30 所示的森林的先根、后根遍历结点序列，然后画出该森林对应的二叉树。

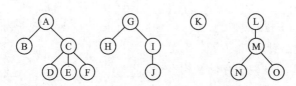

图 6.30　森林的先根、后根遍历结点序列

❿ 给定一组权值(5,9,11,2,7,16)，试设计相应的哈夫曼树。

五、算法设计题

❶ 一棵具有 n 个结点的完全二叉树以一维数组作为存储结构,试设计一个对该完全二叉树进行先序遍历的算法。

❷ 给定一棵用二叉链表表示的二叉树,其中的指针 t 指向根结点,试写出从根开始,按层次遍历二叉树的算法,同层的结点按从左至右的次序访问。

❸ 写出在中序线索二叉树中结点 P 的右子树中插入一个结点 s 的算法。

❹ 给定一棵二叉树,用二叉链表表示,其根指针为 t,试写出求该二叉树中结点 n 的双亲结点的算法。若没有结点 n 或者该结点没有双亲结点,分别输出相应的信息;若结点 n 有双亲,输出其双亲的值。

第7章

图

图在各个领域都有着广泛的应用,如城市交通、电路网络分析、管理与线路的铺设、印刷电路板与集成电路的布线、十字路口交通灯的设置等,都是直接与图相关的问题,需使用图的相关知识进行处理。另外像工作的分配、工程进度的安排、课程表的制定、关系数据库的设计等许多实际问题,如果结合图型结构,处理起来也会相对方便。这些技术领域都是把图作为解决问题的主要数学手段来使用。因此,如何在计算机中表示和处理图型结构,是计算机科学应该研究的一项重要课题。

图(Graph)是一种较线性表和树更为复杂的数据结构。在线性结构中,数据元素之间仅存在线性关系—— 一对一,即除了第一个和最后一个结点之外每个数据元素只有一个直接前驱和一个直接后继;在树型结构中,数据元素之间存在明显的一对多的层次关系,即除了根结点和叶子结点之外每个数据元素都只有一个直接前驱而有多个直接后继;而在图型结构中,结点之间是多对多的任意关系,即图中每个数据元素都有多个直接前驱和多个直接后继,任意两个数据元素之间都可能相关。

本章主要讨论图型结构的逻辑表示,在计算机中的存储方法及一些相关的算法和应用。

7.1 图的定义和术语

7.1.1 图的基本概念

事实上,很多实际问题都可转化为在图这种数据结构中实现的各种操作,为此先介绍一些与图型结构相关的基本概念。

图的定义:图是由顶点集 V 和弧集 R 构成的数据结构,Graph=(V,R),

其中:V={vIv∈DataObject}

R={VR}

VR={<v,w>| P(v,w)且(v,w∈V)}

<v,w>表示从顶点 v 到顶点 w 的一条弧,并称 v 为弧尾,w 为弧头。

为此 P(v,w) 定义了弧<v,w>的意义或信息,表示从 v 到 w 的一条单向通道。

若<v,w>∈VR 必有<w,v>∈VR,则以(v,w)代替这两个有序对,称 v 和 w 之间存在一条边。

有向图:由顶点集和弧集构成的图称为有向图,如图 7.1 所示。其中:

V1={A,B,C,D,E}

VR1={<A,B>,<A,E>,<B,C>,<C,D>,<D,A>,<D,B> <E,C> }

无向图:由顶点集和边集构成的图称为无向图,如图 7.2 所示。其中:

V2={A,B,C,D,E,F}

VR2= {(A,B),(A,E),(B,E),(B,F),(C,D),(C,F),(D,F)}

有向网或无向网:有向图或无向图中的弧或边带权后的图分别称为有向网或无向网,如图 7.3 所示。

子图:设图 G=(V,{VR})和图 G′=(V′,{VR′}),且 V′⊆V,VR′⊆VR,则称 G′为 G 的子图。例如,图 7.4 和图 7.5 为图 7.1 的子图。

完全图:图中有 n 个顶点,$n(n-1)/2$ 条边的无向图称为完全图,如图 7.6 所示。

有向完全图:图中有 n 个顶点,$n(n-1)$ 条弧的有向图称为有向完全图,如图 7.7 所示。

稀疏图:假设图中有 n 个顶点 e 条边(或弧),若边(或弧)的个数 $e<n\log n$,则称为稀疏图,否则称为稠密图。

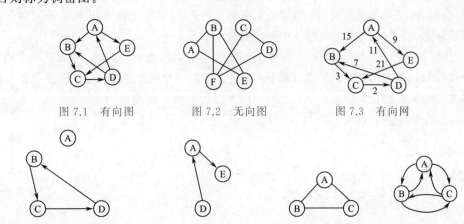

图 7.1　有向图　　图 7.2　无向图　　图 7.3　有向网

图 7.4　为图 7.1 子图(a)　图 7.5　为图 7.1 子图(b)　图 7.6　完全图　图 7.7　有向完全图

邻接点:若无向图中顶点 v 和 w 之间存在一条边(v,w),则称顶点 v 和 w 互为邻接点,称边(v,w)依附于顶点 v 和 w,或者说边(v,w)与顶点 v 和 w 相关联。

顶点的度:在无向图中与顶点 v 关联的边的数目定义为 v 的度,记为 TD(v)。

例如,如图 7.2 所示的无向图中,TD(B)=3,TD(A)=2。

可以看出:在无向图中,其总度数等于总边数的两倍。

对于有向图,若顶点 v 和 w 之间存在一条弧<v,w>,则称顶点 v 邻接到顶点 w,顶点 w 邻接自顶点 v,称弧<v,w>与顶点 v 和 w 相关联。

以 v 为尾的弧的数目定义为 v 的出度,记为 OD(v)。

以 v 为头的弧的数目定义为 v 的入度,记为 ID(v)。

顶点的度(TD) =出度(OD) +入度(ID)。

例如,如图 7.1 所示的有向图中,OD(B)=1,ID(B)=2,TD(B)=1+2=3。

可以看出:在有向图中,其总入度、总出度和总边数相等。

路径:设图 $G = (V, \{VR\})$ 中的 $\{u = v_{i,0}, v_{i,1}, \cdots, v_{i,m} = w\}$ 顶点序列中,有 $(v_{i,j-1}, v_{i,j}) \in VR (1 \leqslant j \leqslant m)$,则称从顶点 u 到顶点 w 之间存在一条路径。路径上边的数目称为路径长度,有向图的路径也是有向的。

简单路径:顶点不重复的路径称为简单路径。

回路:首尾顶点相同的路径称为回路。

简单回路:除了首尾顶点,中间任何一个顶点不重复的回路称为简单回路。

例如,图 7.1 的有向图中,顶点 A 和顶点 D 之间存在路径:

$\{A,B,C,D\}$,$\{A,E,C,D\}$,路径长度都为 3;

$\{A,E,C,D\}$ 为一条简单路径;

$\{B,C,D,B\}$,$\{A,E,C,D,B,C,D,A\}$ 为两条回路;

$\{A,E,C,D,A\}$ 为一条简单回路。

连通图:在无向图中,若顶点 V_i 到 V_j 有路径存在,则称 V_i 和 V_j 是连通的。若无向图中任意两个顶点之间都有路径相通,即是连通的,则称此图为连通图,如图 7.2 所示;否则,称其为非连通图,如图 7.8 所示。无向图中各个极大连通子图称为该图的连通分量,图 7.9 为图 7.8 的两个连通分量。

强连通图:在有向图中,若任意两个顶点之间都存在一条有向路径,则称此有向图为强连通图;否则,称其为非强连通图,如图 7.1 所示。有向图中各个极大强连通子图称为该图的强连通分量,图 7.10 为图 7.1 的 3 个强连通分量。

生成树:包含连通图中全部顶点的极小连通子图称为该图的生成树,即假设一个连通图有 n 个顶点和 e 条边,其中 n 个顶点和 n−1 条边构成一个极小连通子图,该极小连通子图为此连通图的生成树,图 7.11 为图 7.2 的一棵生成树。对非连通图,由各个连通分量的生成树构成的集合称为该非连通图的生成森林。

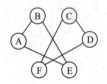
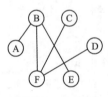

图 7.8 非连通图   图 7.9 连通分量   图 7.10 强连通分量   图 7.11 生成树

7.1.2 图的基本操作

(1) CreatGraph(G):输入图 G 的顶点和边,建立图 G 的存储。

(2) DestroyGraph(G):释放图 G 所占用的存储空间。

(3) GetVex(G,v):在图 G 中找到顶点 v,并返回顶点 v 的相关信息。

(4) PutVex(G,v,value):在图 G 中找到顶点 v,并将 value 值赋给顶点 v。

(5) InsertVex(G,v):在图 G 中增添新顶点 v。

(6) DeleteVex(G,v):在图 G 中删除顶点 v 以及所有和顶点 v 相关联的边或弧。

(7) InsertArc(G,v,w):在图 G 中增添一条从顶点 v 到顶点 w 的边或弧。

(8) DeleteArc(G,v,w):在图 G 中删除一条从顶点 v 到顶点 w 的边或弧。

(9) DFSTraverse(G,v):在图 G 中,从顶点 v 出发深度优先遍历图 G。

（10）BFSTtaverse(G,v)：在图 G 中，从顶点 v 出发广度优先遍历图 G。

在一个图中，顶点是没有先后次序的，但当采用某一种确定的存储方式存储后，存储结构中顶点的存储次序构成了顶点之间的相对次序，这里用顶点在图中的位置表示该顶点的存储顺序。同样的道理，对一个顶点的所有邻接点，采用该顶点的第 i 个邻接点表示与该顶点相邻接的某个顶点的存储顺序，在这种意义下，图的基本操作还有：

（1）LocateVex(G,u)：在图 G 中找到顶点 u，返回该顶点在图中位置。

（2）FirstAdjVex(G,v)：在图 G 中，返回 v 的第一个邻接点。若顶点在 G 中没有邻接顶点，则返回"空"。

（3）NextAdjVex(G,v,w)：在图 G 中，返回 v 的（相对于 w 的）下一个邻接顶点。若 w 是 v 的最后一个邻接点，则返回"空"。

7.2　图的存储结构

与图有关的信息主要包括顶点信息和边（或弧）的信息，因此研究图的存储结构主要是研究这些信息如何在计算机内表示。

图的存储结构有很多种，本节我们将介绍常用的 4 种存储结构：邻接矩阵、邻接表、十字链表和邻接多重表。

7.2.1　邻接矩阵

图的邻接矩阵是表示顶点之间相邻关系的矩阵，是顺序存储结构，故也称为数组表示法。它采用两个数组分别来存储图的顶点和边（或弧）的信息，其中，用一个一维数组来存储顶点信息，一个二维数组来存储边（或弧）的信息。事实上，这里的邻接矩阵主要指的是这个二维数组。

设图 G 是一个具有 n 个顶点的图，它的顶点集合 $V = \{V_0, V_1, V_2, \cdots, V_{n-1}\}$，则顶点之间的关系可用如下形式的矩阵 A 来描述，即矩阵 A 中每个元素 $A[i][j]$ 满足：

$$A[i,j] = \begin{cases} 1 & 若(V_i, V_j)或<V_i, V_j> \in VR \\ 0 & 反之 \end{cases}$$

无向图或有向图的邻接矩阵，如图 7.12 所示。

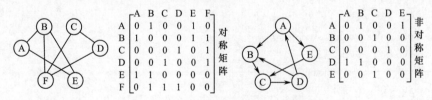

图 7.12　无向图或有向图的邻接矩阵

对于带权图（网），邻接矩阵 A 中每个元素 $A[i][j]$ 满足：

$$A[i,j] = \begin{cases} W_{i,j} & 若(V_i, V_j)或<V_i, V_j> \in VR \\ \infty & 反之 \end{cases}$$

带权图（网）的邻接矩阵，如图 7.13 所示。

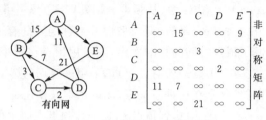

图 7.13 带权图(网)的邻接矩阵

邻接矩阵的数据类型描述为:

```
#define MAXVEX 20                              //最大顶点个数
#define INFINITY 32768                         //表示极大值∞
typedef struct
{
  int arcs [MAXVEX] [MAXVEX] ;                 //边(或弧)信息
  Vextype vex [MAXVEX] ;                       //顶点信息,顶点类型根据实际情况自行定义
  int vexnum;                                  //顶点数目
  int arcnum;                                  //边(或弧)数目
}AdjMatrix;                                    //邻接矩阵
```

(算法 7.1 用邻接矩阵创建无向网)

```
void Create(AdjMatrix * G)
{
  int i,j,k, weight, vex1, vex2;
  printf("请输入无向网中的顶点数和边数:\n");
  scanf(" % d, % d", &G->vexnum, &G->arcnum);
  for(i=1;i<=G->vexnum;i++)
    for(j=1;j<=G->vexnum;j++)
      G->arcs[i][j]=INFINITY;                  //如果不是网,则赋值 0
  printf("请输入无向网中 % d 个顶点:\n", G->vexnum) ;
  for(i=1;i<=G->vexnum;i++)
  {
    printf("No.% d个顶点:顶点 V",i);
    scanf(" % d" ,&G->vex[i]);
  }
  printf("请输入无向网中 % d 条边: \n" ,G->arcnum);
  for(k=0; k<G->arcnum;k++)
  {
    printf("\nNO.% d 条边:\n 顶点 V",k+1);
    scanf(" % d" , &vex1);
    printf("<———>顶点 V");
    scanf(" % d", &vex2) ;
    printf("权值: ");
    scanf(" % d", &weight);
    G->arcs [vex1] [vex2]=weight;               //如果不是网,则赋值 1
    G->arcs [vex2] [vex1]=weight;               //如果是有向网,则删掉此句
  }
}
```

可以看出采用邻接矩阵存储图,具有以下特点:

(1)存储空间:由于无向图的邻接矩阵是对称矩阵,由前面的内容可知,采用特殊矩阵的压缩存储,即下三角矩阵即可完成。因而,具有 n 个顶点的无向图,只需要 $n(n-1)/2$ 个空间即可。但是,对于有向图而言,邻接矩阵不一定是对称的,所以仍然需要 n^2 个空间。

(2)运算:采用邻接矩阵可以方便地判定图或网中顶点与顶点之间是否有关联,即根据矩阵中元素的值可直接判定。另外,对于求解各个顶点的度也是非常方便。

对于无向图:第 i 个顶点的度就等于矩阵中第 i 行非零元素个数。

$$TD(v_i) = \sum_{j=1}^{n} A[i,j]$$

对于有向图:第 i 个顶点的出度就等于矩阵中第 i 行非零元素个数。

$$OD(v_i) = \sum_{j=1}^{n} A[i,j]$$

第 i 个顶点的入度就等于矩阵中第 i 列非零元素个数。

$$ID(v_i) = \sum_{j=1}^{n} A[i,j]$$

7.2.2 邻接表

当图中的边(或弧)数远远小于图中的顶点数时,即为稀疏图时,邻接矩阵就成为稀疏矩阵,此时用邻接矩阵存储图就会造成空间的浪费,一个较好的解决方法是采用邻接表。

邻接表是图的链式存储结构,它克服了邻接矩阵的缺点,只存储顶点之间有关联的信息。邻接表由边表和顶点表组成,如图 7.14 所示。边表就是对图中的每个顶点建立一条单链表,表中存放与该顶点邻接的所有顶点,相当于邻接矩阵中的所有非零元素。实际上,单链表中的邻接点与该顶点可以组成一条边,因此认为边表中存放的就是边的信息。顶点表用于存放图中每个顶点的信息以及指向该顶点边表的头指针。顶点表通常采用顺序结构存储,但要注意的是,事实上,所有顶点之间是平行关系,不存在顺序关系,如图 7.15 所示。

vexdata	head

顶点结构

adjvex	next

图的边结构

adjvex	weight	next

网的边结构

图 7.14 邻接表组成

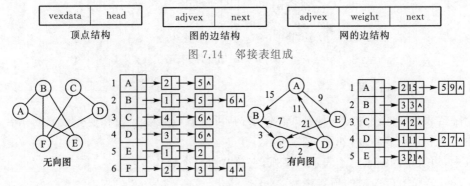

图 7.15 无向图和有向图的邻接

邻接表的数据类型描述为:

```
# define MAXVEX 20
typedef struct ArcNode
{
    int adjvex;
```

```
    int weight;
    struct ArcNode * next;
} ArcNode;
typedef struct VertexNode
{
    char vexdata;
    ArcNode * head;
}VertexNode;
typedef struct
{
    VertexNode vertex [MAXVEX];
    int vexnum;                          //顶点数
    int arcnum;                          //弧数
}AdjList;
```

采用邻接表存储图,具有以下特点:

(1)存储空间:对于有 n 个顶点 e 条边的无向图,采用邻接表存储,需要 n 个表头结点和 $2e$ 个表结点。显然,在稀疏图中,用邻接表比邻接矩阵的存储空间要节省。

(2)运算:对于无向图,TD(v_i)=第 i 个单链表上结点的个数;对于有向图(网),OD(v_i)=第 i 个单链表上结点的个数,但是要求第 i 个结点的入度 ID 必须遍历整个邻接表,统计该结点出现的次数。显然,这种操作耗费时间较大,为了方便这类操作,可以为图建立一个逆邻接表,如图 7.16 所示。逆邻接表的结构与邻接表完全相同,只是边表中每个结点存放的是该顶点通过入度弧所邻接的所有顶点。

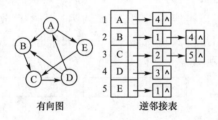

有向图　　　　　　　　　逆邻接表

图 7.16　有向图的逆邻接表

7.2.3　十字链表

十字链表是有向图的另一种链式存储结构,可以看成是邻接表和逆邻接表的结合。它仍然由边表和顶点表组成,如图 7.17 所示。

其中,边表中的结点用于表示一条弧,它总共由 5 个域构成:

headvex:弧头(终点)的顶点序号;

tailvex:弧尾(起点)的顶点序号;

hnextarc:指向具有同一弧头顶点的下一条弧;

tnextarc:指向具有同一弧尾顶点的下一条弧;

info:表示弧权值等信息。

顶点表有 3 个域构成:

vexdata:顶点的相关数据信息；

head:以该顶点为弧头的边表头指针；

tail:以该顶点为弧尾的边表头指针。

tailvex	headvex	hnextarc	tnextarc	info

边表结点结构

vexdata	head	tail

顶点表结点结构

图 7.17 十字链表结点结构

图 7.18 为有向图对应的十字链表,图中的每条弧存在于两个链表中,弧头相同的弧被链在同一链表上,弧尾相同的弧也被链在同一链表上,两个链表在该弧处交叉形成十字,因此称为十字链表。在十字链表中,从顶点 V_i 的 head 出发,由 tailvex 域连接起来的链表,正好是原来的邻接表结构,统计这个链表中的结点个数,可以得到顶点 V_i 的出度;由 headvex 域连接起来的链表,正好是原来的逆邻接表结构,统计这个链表中的结点个数,可以得到顶点 V_i 的入度。

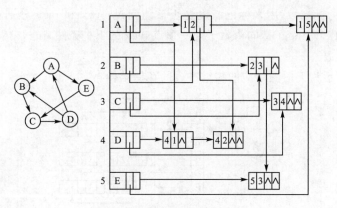

图 7.18 十字链表存储结构

数据类型描述为：

```
#define MAXVEX 20
typedef struct ArcNode
{
    int tailvex, headvex;
    int weight;
    struct ArcNode * hnextarc, * tnextarc;
} ArcNode ;
typedef struct VertexNode
{
    char vexdata;
    ArcNode * head, * tail;
} VertexNode;
typedef struct
{
    VertexNode vertex [MAXVEX] ;
    int vexnum;                    //顶点数
    int arcnum;                    //弧数
}OrthList;
```

7.2.4　邻接多重表

多重链表是适用于无向图的链式存储结构,它是邻接表的改进形式,主要解决了在邻接表中对边表操作不方便的问题。在邻接表的存储方式下,每一条边在邻接表中对应着两个结点,它们分别在第 i 个边链表和第 j 个边链表中,对于图的有些操作,例如检测某条边是否被访问过等问题来说不是很方便。而在多重链表中边表中存放的是真正的边,依附于相同顶点的边被链在同一链表上,即边的两个顶点存放于边表的一个结点中,每条边依附于两个顶点,所以每个边结点同时被链接在两个链表中,链表的头结点就是顶点结点,同时还在边结点中增加了一个访问标志,如图 7.19 所示。

mark	ivex	inext	jvex	jnext	weight

边表结点结构

vexdata	head

顶点表结点结构

图 7.19　多重链表存储结构

其中,mark 为标志域,用来标记该边是否被访问过;ivex 和 jvex 分别存放边的两个顶点在顶点表中的序号;inext 指向依附于同一顶点 ivex 的下一条边;jnext 指向依附于同一顶点 jvex 的下一条边。

如图 7.20 所示为无向图对应的多重链表的存储结构。

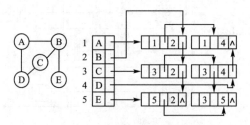

图 7.20　多重链表存储结构

数据类型描述为:

```
#define MAXVEX 20
typedef struct ArcNode
{
    int mark, ivex, jvex;
    int weight;
    struct ArcNode * inext, * jnext;
}ArcNode;
typedef struct VertexNode
{
    char vexdata;
    ArcNode * head;
} VertexNode ;
typedef struct
{
    VertexNode vertex [MAXVEX] ;
    int vexnum;                    //顶点数
    int arcnum;                    //弧数
}AdjMultipleList;
```

7.3　图的遍历

与树的遍历类似,图的遍历也是图各种操作的基础。例如,求图的连通分量、最小生成树和拓扑排序等。图的遍历是指从图中某个顶点出发,访遍图中其余顶点,并且使图中的每个顶点仅被访问一次的过程。

由于图中每个顶点都可能和其他顶点相邻接,当某一个顶点被访问后,还可能经过其他路径又回到这个顶点。因而,图的遍历要比树的遍历复杂一些,为了避免重复访问同一个顶点,在图的遍历过程中应该记下顶点是否已经被访问,若遇到已访问的顶点则不再访问。为此,在图的遍历算法中,设置一个访问数组 vsited[n],用于标记图中每个顶点是否被访问过,它的初值为 0,一旦被访问过就置为 1,以表示该顶点已被访问。

图的遍历方法主要有两种:深度优先搜索遍历(Depth-First Search,DFS)和广度优先搜索遍历(Breadth-First Search,BFS),这两种遍历算法对无向图和有向图均适用。

7.3.1　深度优先搜索遍历

深度优先搜索遍历是类似于树的先序遍历,尽可能先对纵深方向进行搜索。基本思想为从图中某个顶点 V_0 出发,访问此顶点,然后依次从 V_0 的各个未被访问的邻接点出发深度优先搜索遍历图,直至图中所有和 V_0 有路径相通的顶点都被访问到,若图是连通图,则遍历过程结束;否则,图中还有顶点未被访问,则另选图中一个未被访问的顶点作为新的出发点,重复上述过程,直至图中所有顶点都被访问到。

【例 7.1】　对图 7.21 从顶点 A 开始进行深度优先搜索遍历的过程为:

首先访问出发点 A,然后访问顶点 A 其中的一个邻接点 B(顶点 C、D 也可以),再访问顶点 B 其中的一个邻接点 D(顶点 E 也可以,但顶点 A 已被访问过,不能再选),接下来访问顶点 D 其中的一个邻接点 F(G 也可以),再访问顶点 F 其中的一个邻接点 C(顶点 G 也可以,但顶点 D 已被访问过,不能再选)。此时顶点 C 的邻接点都已访问,回退到顶点 F,顶点 F 还有没被访问的邻接点 G,所以访问顶点 G,再访问顶点 G 其中的一个邻接点 E(顶点 D 已被访问过,不能再选)。此时,顶点 E 的邻接点已全部访问,回退到顶点 G,顶点 G 的邻接点已全部访问,回退到顶点 F,顶点 F 的邻接点也已全部访问,回退到顶点 D,依次,回退到顶点 B、顶点 A,即回到了出发点,但这时,图中还有未被访问的顶点,所以重新选择一个出发点顶点 H,再访问顶点 I,同上,最后回到顶点 H。至此,图中所有顶点全部被访问。

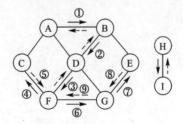

图 7.21　图的深度优先搜索遍历

深度优先搜索遍历的结果为 ABDFCGEHI。

根据以上遍历过程可以得到:

(1)图中顶点没有首尾之分,因此必须指定访问的出发顶点;

(2)在遍历过程中,必须设置顶点是否被访问的标志,保证每个顶点都只被访问一次;

(3)一个顶点可能有多个邻接点,而这些邻接点的访问次序是任意的,因此图的顶点遍历序列不唯一。

(算法 7.2 递归深度优先搜索遍历连通子图)

```
int visited[MAXVEX]={0};                      //访问标志数组
//从 v0 出发递归地深度优先搜索遍历连通子图
void DFS(Graph g,int v0)
{
  visit(v0);
  visited[v0]=1;
  w=FirstAdjVex(g, v0);                       //图 g 中顶点 v0 的第一个邻接点
  while(w! =-1)
    {
    if(! visited[w])  DFS(g,w);
    w=NextAdjVex(g,v0,w);                      //图 g 中顶点 v0 的下一个邻接点
    }
  }
```

(算法 7.3 深度优先搜索遍历图 g)

```
void TraverseG(Graph g)
{
  for(v=0;v<g.vexnum;v++)
    visited[v]=0;
  for(v=0; v<g.vexnum;v++)
    if(! visited[v])  DFS(g,v);
}
```

显然,DFS 的递归算法可以借助栈转化为非递归形式,算法 7.4 为深度优先搜索遍历图的非递归实现代码。

(算法 7.4 非递归地深度优先搜索遍历连通子图)

```
//以 v0 出发非递归地深度优先搜索遍历连通子图
void DFS(Graph g,int v0)
{
  InitStack(S);
  int visited[MAXVEX]={0};                      //访向标志数组
  Push(S,v0);
  whilel(! Empty(S))
  {
    v=Pop(S);
    if(! visited[v])
    {
      visit(v);
```

```
            visited[v]=1;
        }
        w=FirstAdjVertex(g,v);              //图 g 中顶点 V 的第一个邻接点
        while(w! =-1)
        {
          if(! visit[w])  Push(S,w) ;
          w=NextAdjVertex(g,v,w);            //图 g 中顶点 v 的下一个邻接点
        }
      }
    }
```

　　图的遍历实际就是搜索图中每个顶点的过程,时间主要耗费在从该顶点出发搜索它的所有邻接点上。分析上述算法,对于具有 n 个顶点和 e 条边的无向图或有向图,深度优先搜索图中每个顶点至多调用一次 DFS() 函数。用邻接矩阵存储,共需检查 n^2 个矩阵元素,即时间复杂度为 $O(n^2)$;用邻接表存储,找邻接点需将邻接表中所有边结点检查一遍,故需要时间为 $O(e)$,对应的深度优先搜索遍历算法的时间复杂度为 $O(n+e)$。

7.3.2 广度优先搜索遍历

　　图的广度优先搜索遍历类似于树的按层次遍历。基本思想为从图中的某个顶点 V_0 出发,在访问此顶点之后依次访问 V_0 的所有未被访问的邻接点,之后按这些邻接点被访问的先后次序依次访问它们的邻接点,直至图中所有和 V_0 有路径相通的顶点都被访问到。若此时图中尚有顶点未被访问,则另选图中一个未被访问的顶点作为新的出发点,重复上述过程,直至图中所有顶点都被访问到。

　　【例 7.2】 对图 7.22 从顶点 A 作为出发点进行广度优先搜索遍历。

　　首先从出发点 A 开始,访问顶点 A 的所有未被访问的邻接点 B、C、D,然后分别访问这三个顶点的所有未被访问的邻接点,先访问顶点 B 的所有未被访问的邻接点 E(A、D 均访问过),然后访问顶点 C 的所有未被访问的邻接点 F(A 已访问),最后访问顶点 D 的所有未被访问的邻接点 G(A、F 均访问过),这时,A 所在的连通子图已访问完成,但图中还有未被访问的顶点,所以重新选择一个出发点顶点 H,再访问顶点 I。至此,图中所有顶点全部被访问。

　　广度优先搜索遍历的结果为 ABCDEFGHI。

　　由于广度优先搜索遍历类似于树的按层次遍历,因此,可以借助队列保存已访问过的顶点,利用队列 FIFO 的特点,使得先访问顶点的邻接点在下一轮被优先访问到。在搜索过程中,每访问到一个顶点都将其入队,当队头元素出队时将其未被访问的邻接点入队,每个顶点入队一次。

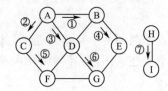

图 7.22　图的广度优先搜索遍历

(算法 7.5 广度优先搜索遍历连通子图)

//从 v0 出发广度优先搜索遍历连通子图

```
void BFS(Graph g,int v0)
{
  visit(v0);
  visited[v0]=1;
  InitQueue(&Q);
  EnterQueue(&Q, v0);              //入队
  while(! Empty(Q))
  {
    DeleteQueue(&Q, &v);           //出队
    w=FirstAdj(g,v);               //图 g 中顶点 v 的第一个邻接点
    while(w! =-1)
    {
      if(! visited(w))
      {
        visit(w);
        visited[w]=1;
        EnterQueue(&Q,w);
      }
      w=NextAdj(g, v, w);          //图 g 中顶点 v 的下一个邻接点
    }
  }
}
```

(算法 7.6 广度优先搜索遍历图 g)

```
void TraverseG(Graph g)
{
  for(v=0;v<g.vexnum;v++)
    visited[v]=0;
  for(v=0;v<g.vexnum;v++)
    if(! visited[v])  BFS(g,v) ;
}
```

广度优先搜索遍历实质上与深度优先搜索遍历只是访问顺序不同而已,二者的时间复杂度相同。

在对图进行遍历时,对于连通图,无论是深度优先搜索遍历还是广度优先搜索遍历,仅需要调用一次搜索过程,即从任一个顶点出发就可以遍历访问到图中的所有顶点。但是,对于非连通图,则需要多次调用搜索过程,而每次调用得到的顶点序列恰好就是各连通分量中的顶点。

因此,可以利用图的遍历过程来判断一个图是否连通,如果在遍历的过程中,不止一次调用搜索过程,则说明该图是一个非连通图,并且调用几次遍历过程,说明该图有几个连通分量。

7.4　图的应用

7.4.1　最小生成树

对于城市交通,有一个要解决的问题就是如何使 n 个城市之间在最节省经费的情况下建立交通线路,即在保证连通 n 个城市的情况下,在所有的线路中如何选择 n−1 条代价最小的。最小生成树就可以解决这一类问题。

图 G 的生成树是指该图的极小连通子图,含有图中的全部 n 个顶点,但只有构成一棵树的 $n-1$ 条边,显然,生成树不唯一,可能有多棵。

在一个连通网的所有生成树中,选中的 $n-1$ 条边权值(代价)之和最小的生成树被称为该连通网的最小代价生成树(Minimum-cost Spanning Tree,MST)。

MST 性质:设图 G=<V,R>是一个带权的连通图,即连通网,集合 U 是顶点集 V 的一个非空子集。构建生成树时需要一条边连通顶点集合 U 和 V−U。如果 $(u,v) \in R$,其中,$u \in U$,$v \in V-U$,且边 (u,v) 是具有最小权值的一条边,那么一定存在一棵包含边 (u, v) 的最小生成树。

该性质可用反证法予以证明。

假设图 G 中不存在这样一棵包含边 (u,v) 的最小生成树,显然当把边 (u,v) 加入 G 中的一棵最小生成树 T 时,由生成树的定义将产生一个含有边 (u,v) 的回路,且回路中必存在另一条边 (u',v') 的权值大于等于边 (u,v) 的权值。删除 (u',v') 则得到一棵代价小于等于 T 的生成树 T',且 T' 为一棵包含边 (u,v) 的最小生成树。这与假设矛盾,故该性质得证。

因此,最小生成树要解决的两个问题如下:

(1)尽可能选取权值小的边,但不能构成回路。

(2)选取 $n-1$ 条恰当的边以连接网中的 n 个顶点。

构造最小生成树有多种算法,本节将介绍 Prim(普里姆)和 Kruskal(克鲁斯卡尔)两种算法,这两种算法都属于贪心算法,利用的就是上述 MST 性质。

1.Prim 算法

基本思想:从连通网络 $N=\{v, E\}$ 中的某一顶点 u_0 出发,选择与它关联的具有最小权值的边 (u_0,v),将其顶点加入生成树的顶点集合 U 中。以后每一步从一个顶点在 U 中而另一个顶点不在 U 中的各条边中选择权值最小的边 (u,v),把它的顶点加入集点 V 中,这意味着 (u,v) 也加入生成树的边集合中。如此继续下去,直到网络中的所有顶点都加入生成树顶点集合 U 中为止。

因此,Prim 算法也称为加点法。

具体地:记 N 是连通网的顶点集,U 是求得生成树的顶点集,TE 是求得生成树的边集。

(1)开始时,U={ u_0 },TE=Φ;

(2)修正 U 到其余顶点 N−U 的最小极值,将具有最小极值的边纳入 TE,对应的顶点纳入 U;

（3）重复（2）直到 N＝N。

经过上述步骤，TE 中包含了 G 中的 $n-1$ 条边，此时选取到的所有顶点及边恰好就构成了 G 的一棵最小生成树。

【例 7.3】 对于图 7.23，从顶点 J 开始构造最小生成树。其中，图 7.24 中的小角标说明加入顶点的先后顺序。

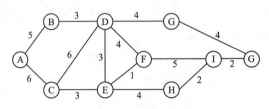

图 7.23 例 7.3 图一

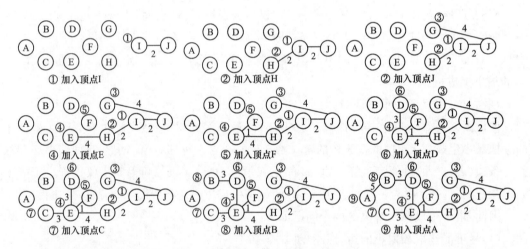

图 7.24 例 7.3 图二

可以看出，从不同的顶点出发进行遍历，可以得到不同的生成树；其次，在每次选择最小权值的边时可能有多条权值相同的边可选，此时任选其一。但是，在出发点固定，存储结构及算法确定的情况下最小生成树是唯一确定的。

为了实现这一算法，连通网用带权的邻接矩阵表示，并设置一个辅助数组 closedge[]，数组元素下标对应当前 V−U 集合中的顶点序号，元素值则记录该顶点和 U 集合中相连的代价最小（最近）边的顶点序号 adjvex 和权值 lowcost。即对 $v \in V-U$ 的每个顶点，closedge[v]记录所有与 v 邻接的、从 U 到 V−U 的那组边中的最小权值信息。

$$\text{closedge}[v].\text{lowcost} = \begin{cases} \min \{\text{cost}(u,v) \mid u \in u, v \in v-u\} \\ 0 \qquad\qquad\qquad\qquad v \in u \end{cases}$$

辅助数组表示为 closedge[v].adjvex 存放 U 中与 v 最近的顶点序号。

对于图 7.23，表 7.1 给出了 closedge[]数组的变化过程。

表 7.1　　　　　　　　　　Prim 算法生成最小生成树过程

[V] closedge	A	B	C	D	E	F	G	H	I	J	(u,v)
adjvex	J	J	J	J	J	J	J	J	J		(J,I)
lowcost	∞	∞	∞	∞	∞	∞	4	∞	2√	0	
adjvex	J	J	J	J	J	I	J	I			(I,H)
lowcost	∞	∞	∞	∞	∞	5	4	2√	0	0	
adjvex	J	J	J	J	H	I	J				(J,G)
lowcost	∞	∞	∞	∞	4	5	4√	0	0	0	
adjvex	J	J	J	G	H	I					(H,E)
lowcost	∞	∞	∞	4	4√	5	0	0	0	0	
adjvex	J	J	E	E		E					(E,F)
lowcost	∞	∞	3	3	0	1√	0	0	0	0	
adjvex	J	J	E	E							(E,D)
lowcost	∞	∞	3	3√	0	0	0	0	0	0	
adjvex	J	D	E								(E,C)
lowcost	∞	3	3√	0	0	0	0	0	0	0	
adjvex	C	D									(D,B)
lowcost	6	3√	0	0	0	0	0	0	0	0	
adjvex	B										(B,A)
lowcost	5√	0	0	0	0	0	0	0	0	0	
adjvex											
lowcost	0	0	0	0	0	0	0	0	0	0	

（算法 7.7 Prim 算法求得最小生成树）

```
void Prim(AdjMatrix * G, int start)
{
    struct
    {
        int adjvex;
        int lowcost;
    } closedge[MAXVEX] ;
    int i,e, k, m, min;
    closedge[start].lowcost=0;              //标志顶点 u 已加入 U—生成树集合
    //对除了出发点以外的所有顶点初始化对应的 closedge 数组
    for(i=1;i<=G->vexnum; i++)
        if(i! =start)
        {
```

```
        closedge[i].adjvex=start;

        closedge[i].lowcost=G->arcs[start][i];

      }
   for(e=1;e<=G->vexnum-1;e++)          //控制选中的n-1条符合条件的边
{                                       //选择最小权值的边

   min=INFINITY;

   for(k=1;k<=G->vexnum;k++)

   {

      if(closedge[k].lowcost！=0&&closedge[k].lowcost<min)

      { m=k;

        min=closedge[k].lowcost;

      }

   }

   closedge[m].lowcost=0;                 //标志顶点v0加入U-生成树集合

   //当V0加入后,更新closedge数组信息

   for(i=1;i<=G->vexnum;i++)

     if(i！=m&&G->arcs[m][i]<closedge[i].lowcost)

     //一旦发现有更小的权值边出现,则替换原有信息

     {

        closedge[i].lowcost=G->arcs[m][i];

        closedge[i].adjvex=m;

     }

   }

}
```

可以看出,Prim 算法中的距离值不需要累积,直接采用离集合最近的边距。所以,整个算法通过比较 closedge 数组元素确定代价最小的边,因而所需时间为 $O(n^2)$。取出最小的顶点后,修改该数组总共需要时间 $O(e)$,因此该算法时间复杂度为 $O(n^2)$。由此得出,Prim 算法的时间代价取决于顶点个数,因而它更适合稠密图(顶点少且边多)。

2.Kruskal 算法

Kruskal 算法使用的贪心准则是从其余的边中选择不会产生环路且具有最小权值的边加入生成树的边集中。

基本思想:先构造一个只含 n 个顶点的子图 SG,然后从权值最小的边开始,若它的添加不使 SG 中产生回路,则在 SG 上加入该边,依次按照权值递增的次序,选择合适的边进行添加,如此重复,直至加完 $n-1$ 条边为止。因此,Kruskal 算法也称为加边法。

在实现 Kruskal 算法时,对于连通网 G,首先将 e 条边按照从小到大的顺序进行排序(利用后面讲到的堆排序算法),并且将 n 个顶点看成是 n 个独立集合,然后按权值由小到大选择边,所选边应满足两个顶点不在同一个顶点集合内,将该边放到生成树边的集合中。同时将该边的两个顶点所在的顶点集合合并。重复此过程,直到所有的顶点都在同一个顶点集合内,即选择出 $n-1$ 条边。

【例 7.4】 对于图 7.23,利用 Kruskal 方法构造最小生成树的过程为:

按照权值大小排序的边依次为

权值　1　　2　　2　　3　　3　　3　　4　　4　　4　　4　　5　　5　　6　　6
顶点　(E,F) (H,I) (I,J) (B,D) (C,E) (D,E) (D,F) (D,G) (E,H) (G,J) (A,B) (F,I) (A,C) (C,D)
顶点集合为{A},{B},{C},{D},{E},{F},{G},{H},{I},{J}
边集合为空集

　　　1　　2　　2　　3　　3　　3　　4　　4　　4　　4　　5　　5　　6　　6
① (E,F) (H,I) (I,J) (B,D) (C,E) (D,E) (D,F) (D,G) (E,H) (G,J) (A,B) (F,I) (A,C) (C,D)
顶点集合为{A},{B},{C},{D},{E,F},{G},{H},{I},{J}
边集合为{(E,F)}

　　　1　　2　　2　　3　　3　　3　　4　　4　　4　　4　　5　　5　　6　　6
② (E,F) (H,I) (I,J) (B,D) (C,E) (D,E) (D,F) (D,G) (E,H) (G,J) (A,B) (F,I) (A,C) (C,D)
顶点集合为{A},{B},{C},{D},{E,F},{G},{H,I},{J}
边集合为{(E,F),(H,I)}

　　　1✓　2✓　2　　3　　3　　3　　4　　4　　4　　4　　5　　5　　6　　6
③ (E,F) (H,I) (I,J) (B,D) (C,E) (D,E) (D,F) (D,G) (E,H) (G,J) (A,B) (F,I) (A,C) (C,D)
顶点集合为{A},{B},{C},{D},{E,F},{G},{H,I,J}
边集合为{(E,F),(H,I),(I,J)}

　　　1✓　2✓　2✓　3　　3　　3　　4　　4　　4　　4　　5　　5　　6　　6
④ (E,F) (H,I) (I,J) (B,D) (C,E) (D,E) (D,F) (D,G) (E,H) (G,J) (A,B) (F,I) (A,C) (C,D)
顶点集合为{A},{B,D},{C},{E,F},{G},{H,I,J}
边集合为{(E,F),(H,I)(I,J),(B,D)}

　　　1✓　2✓　2✓　3✓　3　　3　　4　　4　　4　　4　　5　　5　　6　　6
⑤ (E,F) (H,I) (I,J) (B,D) (C,E) (D,E) (D,F) (D,G) (E,H) (G,J) (A,B) (F,I) (A,C) (C,D)
顶点集合为{A},{B,D},{C,E,F},{G},{H,I,J}
边集合为{(E,F),(H,I)(I,J),(B,D),(C,E)}

　　　1✓　2✓　2✓　3✓　3✓　3　　4　　4　　4　　4　　5　　5　　6　　6
⑥ (E,F) (H,I) (I,J) (B,D) (C,E) (D,E) (D,F) (D,G) (E,H) (G,J) (A,B) (F,I) (A,C) (C,D)
顶点集合为{A},{B,D,C,E,F},{G},{H,I,J}
边集合为{(E,F),(H,I),(I,J),(B,D),(C,E)}

　　　1✓　2✓　2✓　3✓　3✓　3✓　4✗　4　　4　　4　　5　　5　　6　　6
⑦ (E,F) (H,I) (I,J) (B,D) (C,E) (D,E) (D,F) (D,G) (E,H) (G,J) (A,B) (F,I) (A,C) (C,D)
由于顶点 D 和 F 已经落在同一个集合中,即将该边加入会形成回路,因而不能加人,舍去。

　　　1✓　2✓　2✓　3✓　3✓　3✓　4✗　4✓　4　　4　　5　　5　　6　　6
⑧ (E,F) (H,I) (I,J) (B,D) (C,E) (D,E) (D,F) (D,G) (E,H) (G,J) (A,B) (F,I) (A,C) (C,D)
顶点集合为{A},{B,D,C,E,F,G,H,I,J}
边集合为{(E,F),(H,I)(I,J),(B,D),(C,E),(D,E),(D,G)}

　　　1✓　2✓　2✓　3✓　3✓　3✓　4✗　4✓　4✓　4　　5　　5　　6　　6
⑨ (E,F) (H,I) (I,J) (B,D) (C,E) (D,E) (D,F) (D,G) (E,H) (G,J) (A,B) (F,I) (A,C) (C,D)
顶点集合为{A},{B,D,C,E,F,G,H,I,J}
边集合为{(E,F),(H,I)(I,J),(B,D),(C,E),(D,E),(D,G),(E,H)}

　　　1✓　2✓　2✓　3✓　3✓　3✓　4✗　4✓　4✗　4　　5　　5　　6　　6
⑩ (E,F) (H,I) (I,J) (B,D) (C,E) (D,E) (D,F) (D,G) (E,H) (G,J) (A,B) (F,I) (A,C) (C,D)
由于顶点 E 和 H 已经落在同一个集合中,即将该边加入会形成回路,因而不能加入,舍去。

　　　1✓　2✓　2✓　3✓　3✓　3✓　4✗　4✓　4✗　4✓　5　　5　　6　　6
⑪ (E,F) (H,I) (I,J) (B,D) (C,E) (D,E) (D,F) (D,G) (E,H) (G,J) (A,B) (F,I) (A,C) (C,D)

顶点集合为{A,B,D,C,E,F,G,H,I,J}

边集合为{(E,F),(H,I)(I,J),(B,D),(C,E),(D,E),(D,G),(E,H),(A,B)}

至此,所有的顶点都落到同一个集合中,$n-1$ 条边也已选完。

如图 7.25 所示,小角标说明加入边的先后顺序。

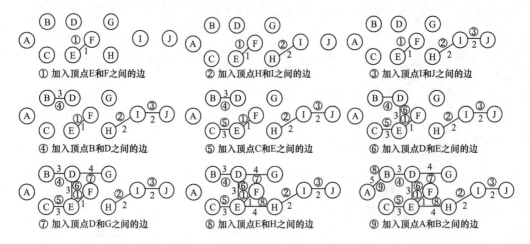

图 7.25 加入边的先后顺序

Kruskal 算法的实现主要由边的排序、判断以及合并连通分量三部分完成。判断、合并连通分量可采用第 6 章介绍的等价类划分的方法来实现,其时间代价低于边的排序。边的排序可采用第 9 章介绍的时间性能较好地堆排序,即达到 $O(e\log_2 e)$ 的时间复杂度。可见,Prim 算法的时间代价主要依赖边数 e,所以适合稀疏图。

7.4.2 拓扑排序

有向图的弧可以看成是顶点之间制约关系的一种描述。在实际生活中,有很多问题都受到一定条件的约束。例如,汽车装配工程可分解为以下任务:将底盘放上装配线,装轴,将座位装在底盘上,上漆,装刹车,装门等。显然,各项任务之间具有一定的先后关系,例如在装轴之前必须先将底板放上装配线。另外,像教学计划的设置问题,必须确定哪些课程作为基础课程先修,据此保证另外一些课程再开始,当然有一些课程可以独立于其他课程。

假设以有向图表示一个工程的施工图或程序的数据流图,每个顶点代表一个活动,弧 $<v_i, v_j>$ 表示活动 i 必须先于活动 j 进行。我们将顶点表示活动,弧表示活动间优先关系的有向无环图,称为顶点表示活动的网,简称为 AOV-网(Activity On Vertex Network),图中不允许出现回路,如图 7.26 所示。

对于一个 AOV-网,若存在满足以下性质的一个线性序列,则这个线性序列称为拓扑序列。

(1)网中的所有顶点都在该序列中。

(2)若顶点 V_i 到顶点 V_j 存在一条路径,则在线性序列中,V_i 一定排在 V_j 之前。

构造拓扑序列的操作称为拓扑排序。

实际上,拓扑排序就是离散数学中由某个集合上的一个偏序得到该集合上的一个全序的操作。

若 AOV-网表示一个工程计划,顶点表示子工程,则对 AOV-网的拓扑排序就是检验该工程计划能否顺利实现的一种手段。若拓扑排序失败,则说明网中存在回路,意味着某个子工程要以自身任务的完成作为先决条件,显然矛盾。若拓扑排序成功,则说明依照该计划工程可以顺利完成。同样,安排工程的各项活动时,必须遵循拓扑序列中的次序,工程才可以进行。

例如:

图 7.26 可以得到拓扑序列:ABCD 或 ACBD,其中,B、C 之间没有先后顺序。

图 7.27 不能得到拓扑序列:由于 A、B、D 之间构成了回路,即存在互为前驱的情况。

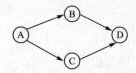 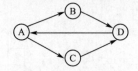

图 7.26 可以得到拓扑序列　　　　图 7.27 不能得到拓扑序列

那么,对于一个 AOV-网来说,如何求得拓扑序列呢?

(1)从有向图中选取一个没有前驱的顶点并输出。

(2)从有向图中删去该顶点以及所有以它为尾的弧。

重复上述两步,直至图空(不存在回路),或者图不空但找不到无前驱的顶点为止(存在回路)。可见,拓扑排序可以检查有向图中是否存在回路。

【例 7.5】 如图 7.28 所示的有向图,拓扑序列的产生过程如图 7.29 所示。

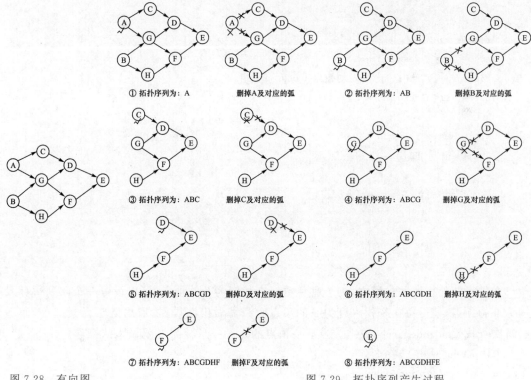

图 7.28 有向图　　　　　　　　　　图 7.29 拓扑序列产生过程

可以看出,由于可能同时存在多个没有前驱的顶点,因而拓扑序列是不唯一的,但是一旦存储结构及算法确定,拓扑序列就是唯一确定的。

拓扑排序具体实现时,采用邻接表作为存储结构,将寻找没有前驱的顶点转化为寻找入度为 0 的顶点,删除以该顶点为弧尾的顶点转化为将该顶点的入度减 1。由此,可看出整个算法的关键始终与顶点的入度值相关联。因而,必须时刻记录每个顶点当前的入度值,为此,设置一个辅助数组 indegree[]用来记录每个顶点的入度值。该数组元素初值都为 0,通过扫描邻接表的各条链,遇到顶点 V_i,便将对应的 indegree[i]值加 1,最终获得该图中每个顶点的入度值,如图 7.30 所示。

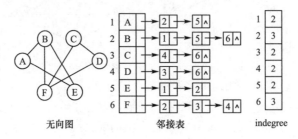

图 7.30　拓扑排序实现过程

(算法 7.8 获取图中每个顶点入度值)

```
void FindID(Adjlist G, int indegree [MAXVEX])
//求各个顶点的入度值
{
    int i;
    ArcNode * p;
    for(i=0;i<G.vexnum;i++)
        indegree [i]=0;          //初始化 indegree 数组
    for(i=0;i<G.vexnum;i++)
    {
        p=G.vertex[i].head;
        while(p! =NULL)
        {
            indegree[p->adjvex]++;
            p=p->next;
        }
    }
}
```

在进行拓扑排序的过程中,为了避免重复查找度为 0 的顶点,可以设置一个队列暂存入度为 0 的顶点,使得每次查找入度为 0 的顶点时只需做出队操作,取出队头元素即可,而不必每次查找整个 indegree[]数组。当某个顶点的入度一旦减为 0 就做入队操作。

(算法 7.9 拓扑排序)

```
int TopoSort(AdjList G)
{
    Queue Q;                /* 队列 */
```

```
    int indegree [MAXVEX];
    int i, count, k;
    ArcNode * p;
    FindID(G, indegree);
    InitQueue(&Q);
    for(i=0;i<G.vexnum;i++)
       if(indegree[i]==0)
       EnterQueue(&Q,i);
    count=0;
    while(! IsEmpty(Q))
    {
       DeleteQueue(&Q,&i);
       printf(" % c",G.vertex[i].data);
       count++;
       p=G.vertex[i].head;
       whilel(p! =NULL)
       {
          k=p->adjvex;
          indegree[k]--;
          if(indegree[k]==0) EnterQueue(&Q,k);
          p=p->next;
       }
    }
    if(count<G.vexnum) return 0;
    else return 1;
}
```

还可以将 indegree 数组简化,将邻接表的顶点结构中加入一个域 indegree,记录每个顶点的入度,将入度为 0 的顶点形成一个静态链表来处理。

对于有 n 个顶点和 e 条边的图来说,若其存储结构用邻接表来表示,建立入度为 0 的顶点队列需要检查所有顶点一次,所需的时间为 O(n),排序中每个顶点输出一次,更新顶点的入度需要检查每条边共计 e 次,因此执行时间的总复杂度为 O($n+e$)。

7.4.3　关键路径

我们已经介绍了 AOV-网可以表示一个工程的子工程之间的优先关系,即哪些子工程必须先完成才能保证下一个子工程开始。但一个工程仅仅知道这些还不够,还需要知道完成整个工程所需的最短时间或者哪些活动会影响整个工程的工期。

在带权有向图,即有向网中,如果用顶点表示事件,用有向边表示活动,边上的权值表示活动持续的时间,则称这样的有向网为弧表示活动的网(Acticity On Edge, AOE-网)。通常,AOE-网可用来估算工程的完成时间。

它具有如下性质:

(1)只有在某顶点所代表的事件发生后,从该顶点发出的所有有向边所代表的活动才能开始；

（2）只有在进入某顶点的各有向边所代表的活动均已完成,该顶点所代表的事件才能发生。

对一个只有开始点和一个完成点的工程,可用 AOE-网来表示。网中仅有一个入度为 0 的顶点称为源点,表示工程的开始;同时,也仅有一个出度为 0 的顶点称为汇点,表示工程的结束。

如图 7.31 所示的 AOE-网中,其中有 12 项活动,$a_1,a_2,\cdots,a_{12}$,7 个事件,$V_1,V_2,\cdots,V_7$,V_1 表示整个活动的开始(源点),V_7 表示整个活动的结束(汇点),V_4 表示 a_3 和 a_5 已经完成,a_9 可以开始。每个活动所对应的权值表示该活动完成所需要的时间。例如 a_3 活动需要 2 天,a_7 需要 5 天等。

显然,在 AOE-网中,从源点到汇点之间可能有多条路径,这些路径中具有路径长度最长的路径被称为关键路径。关键路径上的活动称为关键活动。这些活动中的任意项活动未能按期完成,则整个工程的完成时间就要推迟。相反,如果能够加快关键活动的进度,则整个工程可以提前完成。关键活动持续时间的总和(关键路径的长度)就是完成整个工程的最短工期。

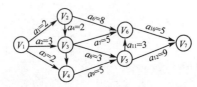

图 7.31　AOE-网

对于源点 V_1,从 V_1 到 V_i 的最长路径长度称为 V_i 的最早发生时间。这个时间决定了所有以 V_i 为尾的弧所表示的活动的最早开始时间。用 $e(a_i)$ 表示活动 a_i 的最早开始时间,$l(a_i)$ 表示活动 a_i 的最晚开始时间,即在不推迟整个工程完成的前提下,活动 a_i 最晚必须开始进行的时间。两者之差 $l(a_i)-e(a_i)$ 代表了完成活动 a_i 的时间余量,当 $l(a_i)=e(a_i)$ 时,活动 a_i 被称为关键活动。显然,关键路径上的所有活动都是关键活动,因此,提前完成非关键活动并不能加快工程的进度,进而,分析关键路径的目的就是确认哪些活动是关键活动,以便争取提高关键活动的工效,从而缩短整个工期。

综上所述,确认关键活动就是找到 $l(a_i)=e(a_i)$ 的活动。为了找到活动 a_i 的 $l(a_i)$ 和 $e(a_i)$,首先应该得到事件的最早发生时间 $ve(j)$ 和最晚发生时间 $vl(j)$。

$ve(j)$——事件(顶点)的最早发生时间:从源点到顶点 j 的最长路径长度。

求 $ve(j)$ 的值可从源点开始,按拓扑顺序向汇点递推。

$$\begin{cases} ve(1)=0, \\ ve(j)=max\{ve(*)+a(*,j)\} \end{cases}$$ 其中 * 为任意前驱事件

$vl(i)$——事件(顶点)的最迟发生时间:从顶点 i 到汇点的最短路径长度。

在保证汇点按其最早发生时间发生这一前提下,求事件的最晚发生时间是在求出 $ve(i)$ 的基础上,从汇点开始,按逆拓扑顺序向源点递推。

$$\begin{cases} vl(n)=ve(n), \\ vl(i)=min\{vl(*)-a(i,*)\} \end{cases}$$ 其中 * 为任意后继事件

假设活动 a_i(第 i 条弧)为 $<j,k>$,有以下结论。

$e(a_i)$——活动(弧)的最早开始时间:$e(a_i)=e(j-k)=ve(j)$。

$l(a_i)$——活动(弧)的最晚开始时间:$l(a_i)=l(j-k)=vl(k)-d(<j,k>)$。

结论:工程总用时 $ve(n)$,关键活动是 $e(a_i)=l(a_i)$ 的活动。

关键路径的求解步骤可总结如下:

(1)对顶点进行拓扑排序,求出每个事件的最早发生时间;

(2)按照顶点的逆拓扑序列,求出每个事件的最迟发生时间;

(3)计算每个活动的最早开始时间和最晚发生时间;

(4)找出关键活动,即 $e(a_i)=l(a_i)$ 的活动。

注意:

(1)若只求工程的总用时只要进行步骤(1)～(2)即可求得。

(2)如何理解计算 $ve(j)$ 和 $vl(i)$ 的公式:

事件 j 在所有前驱活动都完成后发生,所以其最早发生时间 $ve(j)=\max\{ve(*)+a(*,j)\}$,即取决于最慢的前驱活动。另一方面,事件 i 发生后所有后继活动都可以开始了,所以其最晚发生时间 $vl(i)=\min\{vl(*)-a(i,*)\}$,即不耽误最慢的后继活动。

【例 7.6】　对于图 7.31,求得关键路径的过程为:

(1)按拓扑有序排列顶点得到一组拓扑序列为 $V1,V2,V3,V4,V5,V6,V7$;

(2)计算 $ve(j)$:

$ve(V_1)=0$

$ve(V_2)=ve(V_1)+2=2$

$ve(V_3)=\max\{ve(V_2)+2,ve(V_1)+3\}=\max\{2+2,0+3\}=4$

$ve(V_4)=\max\{ve(V_3)+1,ve(V_1)+2\}=\max\{4+1,0+2\}=5$

$ve(V_5)=\max\{ve(V_3)+3,ve(V_4)+5\}=\max\{4+3,5+5\}=10$

$ve(V_6)=\max\{ve(V_2)+8,ve(V_3)+5,ve(V_5)+3\}=\max\{2+8,4+5,10+3\}=13$

$ve(V_7)=\max\{ve(V_5)+9,ve(V_6)+5\}=\max\{10+9,13+5\}=19$

(3)计算 $vl(i)$:

$vl(V_7)=ve(V_7)=19$

$vl(V_6)=vl(V_7)-5=19-5=14$

$vl(V_5)=\min\{vl(V_7)-9,vl(V_6)-3\}=\min\{19-9,14-3\}=10$

$vl(V_4)=vl(V_5)-5=10-5=5$

$vl(V_3)=\min\{vl(V_6)-5,vl(V_5)-3,vl(V_4)-1\}=\min\{14-5,10-3,5-1\}=4$

$vl(V_2)=\min\{vl(V_6)-8,vl(V_3)-2\}=\min\{14-8,4-2\}=2$

$vl(V_1)=\min\{vl(V_4)-2,vl(V_3)-3,vl(V_2)-2\}=\min\{5-2,4-3,2-2\}=0$

(4)计算 $e(a_i)$ 和 $l(a_i)$:

$e(a_1)=e(V_1-V_2)=ve(V_1)=0\ l(a_1)=l(V_1-V_2)=vl(V_2)-2=2-2=0$

$e(a_2)=e(V_1-V_3)=ve(V_1)=0\ l(a_2)=l(V_1-V_3)=vl(V_3)-3=4-3=1$

$e(a_3)=e(V_1-V_4)=ve(V_1)=0\ l(a_3)=l(V_1-V_4)=vl(V_4)-2=5-2=3$

$e(a_4)=e(V_2-V_3)=ve(V_2)=2\ l(a_4)=l(V_2-V_3)=vl(V_3)-2=4-2=2$

$e(a_6)=e(V_2-V_6)=ve(V_2)=2\ l(a_6)=l(V_2-V_6)=vl(V_6)-8=14-8=6$

$e(a_5)=e(V_3-V_4)=ve(V_3)=4\ l(a_5)=l(V_3-V_4)=vl(V_4)-1=5-1=4$

$e(a_8)=e(V_3-V_5)=ve(V_3)=4 l(a_8)=l(V_3-V_5)=vl(V_5)-3=10-3=7$

$e(a_7)=e(V_3-V_6)=ve(V_3)=4 l(a_7)=l(V_3-V_6)=vl(V_6)-5=14-5=9$

$e(a_9)=e(V_4-V_5)=ve(V_4)=5 l(a_9)=l(V_4-V_5)=vI(V_5)-5=10-5=5$

$e(a_{11})=e(V_5-V_6)=ve(V_5)=10 l(a_{11})=l(V_5-V_6)=vl(V_6)-3=14-3=11$

$e(a_{12})=e(V_5-V_7)=ve(V_5)=10 l(a_{12})=l(V_5-V_7)=vl(V_7)-9=19-9-10$

$e(a_{10})=e(V_6-V_7)=ve(V_6)=13 l(a_{10})=l(V_6-V_7)=vl(V_7)-5=19-5=14$

（5）工程总用时 $ve(n)=19$，关键活动是 $e(a_i)=l(a_i)$ 的活动 a_i，

即 $(V_1,V_2)(V_2,V_3)(V_3,V_4)(V_4,V_5)(V_5,V_7)$。

算法实现时，根据前面讲到的首先对顶点进行拓扑排序，求出每个事件的最早发生时间，那么我们可以在拓扑排序算法的基础上加入求每个事件的最早发生时间部分。

（算法 7.10 关键路径）

```
int TopoSort _Ve(AdjList G)
{
  Queue Q;                /* 队列 */
  int indegree [MAXVEX] ,ve [MAXVEX];
  int i, count, k;
  ArcNode * p;
  FindID(G, indegree) ;
  InitQueue(&Q) ;
  for(i=0;i<G.vexnum;i++)
    if(indegree[i]==0)
      EnterQueue(&Q,i) ;
  count=0;
  for(i=0;i<G.vexnum;it++)
    ve[i]=0;
  while(! IsEmpty(Q))
  {
    DeleteQueue(&Q, &i) ;
    printf(" %c",G.vertex[i].data);
    count++;
    p=G.vertex[i].head;
    while(p! =NULL)
    {
      k=p->adjvex;
      indegree[k]--;
      if(indegree[k]==0) EnterQueue(&Q, k);
      if(ve[j]+p->weight>ve[k])
        ve[k]=ve[j]+p->weight;
      p=p->next;
    }
```

```
    }
    if(count<G.vexnum) return 0;
    else return 1;
    }
int CriticalPath(AdjList G)
{
    ArcNode *p;
    int i,j,k,a, ei,li, flag=0;
    int vl [MAXVEX] ;
    Stack S;
    if(! TopoSort_ Ve(G))
       return 0 ;
    for(i=0; i<G.vexnum;i++)
       vl[i] =ve[G.vexnum-1];
    while(! IsEmpty(S))
    {
       pop(S,&j);
       p=G.vertex[j].head;
       while(p)
       {
          k=p->adjvex;
          a=p->weight;
          if(vl[k])-a<vl[j])
             vl[j]=vl[k]-a;
          p=p->next ;
       }
    }
for(i=0; i <vexnum;i++)
{
    p=G.vextex[i].head;
    while(p)
    {
       k=p->adjvex;
       a=p->weight;
       ei=ve[j] ;
       li=vl[k]-a;
       if(ei==li)      flag=1;
       p=p->next;
       }
    }
}
```

7.4.4 最短路径

在城市交通实例中,如果想找到城市 A 与城市 B 之间一条中转次数最少的路线,即找到一条从顶点 A 到 B 所含边的数目最少的路径,只需要从顶点 A 出发对该图进行广度优先搜索遍历,一旦遇到顶点 B 就停止,这是最简单的图的最短路径问题。但在很多情况下,还需要解决的问题有找到城市之间的最短线路,或者城市之间最节省的交通费用等问题。此时,路径长度的度量就不再是路径上边的数目,而是路径上的权值,即所代表的相关信息,例如,两个城市之间的距离,或者途径所需的时间,再或者交通费用等。这类问题涉及的都是最短路径问题。

最短路径问题一般分为两种情况:单源最短路径问题(即从图中某个顶点到其余顶点的最短路径问题)和每对顶点之间的最短路径问题。下面将介绍两种常用的解决这两种问题的算法 Dijkstra 算法和 Floyd 算法。

1.单源最短路径

解决单源最短路径的一个常用算法是 Dijkstra 算法,它是由 E.W.Dijkstra 提出的一种按照路径长度递增的次序分别产生到各顶点最短路径的贪心算法。

算法把带权图中的所有顶点分成两个集合 S 和 V-S。集合 S 中存放已找到最短路径的顶点,V-S 中存放当前还未找到最短路径的顶点。算法将按照最短路径长度递增的顺序逐个将 V-S 集合中的元素加入 S 集合中,直至所有顶点都进入到 S 集合为止。

其实,这里用到一个很重要的定理:下一条最短路径或者是弧(v_0,v_i),或者是中间经过 S 集合中的某个顶点,而后到达 v_i 的路径。

这条定理可以用反证法证明。假设下一条最短路径上有一个顶点 v_j 不在 S 集合中,即此路径为$(v_0,\cdots,v_j,\cdots,v_i)$。显然,$(v_0,\cdots,v_j)$ 的长度小于$(v_0,\cdots,v_j,\cdots,v_i)$ 的长度,故下一条最短路径应为$(v_0,\cdots,v_j)$,这与题设的下一条最短路径$(v_0,\cdots,v_j,\cdots,v_i)$相矛盾。所以,下一条最短路径上不可能有不在 S 中的顶点 v_j。

其中第一条最短路径是从源点 v_0 到各点路径长度集合中长度最短者,在这条路径上,必定只含一条弧,并且这条弧的权值最小(设为 $v_0 \rightarrow v_k$);

下一条路径长度次短的最短路径只可能有两种情况:或者是直接从源点到该点 v_i(只含一条弧);或者是从源点经过已求得最短路径的顶点 v_k,再到达 v_i(由两条弧组成)。

再下一条路径长度次短的最短路径也可能有两种情况:或者是直接从源点到该点(只含一条弧),或者是从源点经过顶点 v_k、v_i 再到达该顶点(由多条弧组成)。

其余最短路径或者是直接从源点到该点(只含一条弧),或者是从源点经过已求得最短路径的顶点,再到达该顶点。

具体的算法思想如下:

(1)初始时,集合 S 中仅包含源点 v_0,集合 V-S 中包含除源点 v_0 以外的所有顶点,v_0 到 V-S 中各顶点的路径长度或者为某个权值(如果它们之间有弧相连),或者为∞(没有弧相连)。

(2)按照最短路径长度递增的次序,从集合 V-S 中选出到顶点 v_0 路径长度最短的顶点 v_k 加入 S 集合中。

(3)加入 v_k 之后,为了寻找下一个最短路径,必须修改从 v_0 到集合 V-S 中剩余所有顶

点 v_i 的最短路径。若在路径上加入 v_k 之后,使得 v_0 到 v_i 的路径长度比原来没有加入 v_k 时的路径长度短,则修正 v_0 到 v_i 的路径长度为其中较短的。

(4)重复以上步骤,直至集合 V-S 中的顶点全部被加入集合 S 中为止。

【例 7.7】　对于图 7.31,利用 Dijkstra 算法求得最短路径的过程见表 7.2。

表 7.2　　　　　　　　　　　　Dijkstra 算法求得最短路径的过程

顶点 V_1 到其余各顶点的距离						选中顶点	路径	最短距离	S 集合	V-S 集合
V_2	V_3	V_4	V_5	V_6	V_7					
2	3	2	∞	∞	∞	V_2	(1,2)	2	$\{V_1,V_2\}$	$\{V_3,V_4,V_5,V_6,V_7\}$
////	3	2	∞	10	∞	V_4	(1,4)	2	$\{V_1,V_2,V_4\}$	$\{V_3,V_5,V_6,V_7\}$
////	3	////	7	10	∞	V_3	(1,3)	3	$\{V_1,V_2,V_3,V_4\}$	$\{V_5,V_6,V_7\}$
////	////	////	6	8	∞	V_5	(1,3,5)	6	$\{V_1,V_2,V_3,V_4,V_5\}$	$\{V_6,V_7\}$
////	////	////	////	8	15	V_6	(1,3,6)	8	$\{V_1,V_2,V_3,V_4,V_5,V_6\}$	$\{V_7\}$
////	////	////	////	////	13	V_7	(1,3,6,7)	7	$\{V_1,V_2,V_3,V_4,V_5,V_6,V_7\}$	

Dijkstra 算法实现时,用带权的邻接矩阵存储该带权有向图,借助一个辅助的一维数组 dist[]记录从源点到其余各顶点的最短距离值,二维数组 path[][]记录某顶点是否加入集合 S 中,如果 path[i][0]=1,则表示顶点 v_i 加入集合 S 中,并且 path[i]所在的行最终记录了从源点到 v_i 的最短路径上的各个顶点,否则,path[i][0]=0,则表示顶点 v_i 还在集合 V-S 中。

若 $v_i \in S$,dist[i]表示源点到 v_i 的最短路径长度;

若 $v_i \in V\text{-}S$,dist[i]表示源点到 v_i 的只包括 S 中的顶点为中间顶点的最短路径。

初始:$S=\{v_0\}$,v_0 为源点,dist[i]=g.arcs[0][i].adj;($v_i \in V\text{-}S$)

第一条最短路径:dist[k]=min$\{$dist[i]$|$ $v_i \in V\text{-}S\}$;

最短路径为 (v_0,v_k),$S=S\cup\{v_k\}$

修改 V-S 中顶点的 dist 值　$i \in V\text{-}S$

dist[i]=min$\{$dist[i], dist[k]+g.arcs[k][i].adj$\}$

下一条最短路径:dist[j]=min$\{$dist[i]$|$ $v_i \in V\text{-}S\}$,v_j 并入集合 S;

重复上述过程 $n-1$ 次,直到 v_0 出发可以到达的所有顶点都包含在 S 中。

(算法 7.11 采用 Dijkstra 算法求得从源点到其余各顶点的最短路径)

```
void Dijkstra(AdjMatrix * G, int start,int end,int dist[], int path[] [MAXVEX])
{
  //dist 数组记录各条最短路径长度,path 数组记录对应路径上的各顶点
  int mindist,i,j,k,t=1;
  for(i=1;i<=G->vexnum;i++)                              //初始化
  {
    dist[i]=G->arcs[start][i];
    if(G->arcs[start] [i]! =INFINITY)
      path[i][1]=start;
  }
  path[start][0]=1;
```

```
for(i=2;i<=G->vexnum; i++)                        //寻找各条最短路径
{
  mindist=INFINITY;
  for(j=1;j<=G->vexnum;j++)                       //选择最小权值的路径
    if(! path[j][0]&&dist[j]<mindist)
    {
      k=j;
      mindist=dist[j];
    }
    if(mindist== INFINITY) return;
    path[k][0]=1;
    for(j=1;j<=G->vexnum;j++)                      //修改路径
    {
      if(! path[j][0]&&G->arcs[k][j]<INFINITY&&dist[k]+ G->arcs[k][j]<dist[j])
      {
        dist[j]=dist[k] +G->arcs[k][j];
        t=1;
        while(path[k][t]! =0)                      //记录最新的最短路径
        {
          path[j][t]=path[k][t];
          t++;
        }
        path[j][t]=k;
        path[j][t+1]=0;
      }
    }
}
```

对于有 n 个顶点和 e 条边的图,图中的任何一条边都可能在最短路径中出现,因此,单源最短路径算法对每条边至少都要检查一次。在选择最小边时,如果采用堆排序,则每次改变最短路径长度时需要对堆进行一次重排,此时的时间复杂度为 $O((n+e)\log e)$,适合稀疏图。如果选择最小边,通过直接比较每个数组元素,那么确定最小边的时间代价就为 $O(n^2)$,再取出最短路径长度最小的顶点后,修改最短路径长度共需时间 $O(e)$,因此,总共需要的时间花费为 $O(n^2)$,这种方法则适合稠密图。

2.每对顶点之间的最短路径

前面介绍的 Dijkstra 算法也可以解决每对顶点之间的最短路径问题,只需要每次以一个顶点作为源点,重复调用 Dijkstra 算法 n 次即可。显然,这样执行下来时间复杂度将达到 $O(n^3)$。解决这个问题还有一个比较直接的算法——Floyd 算法。这个算法属于典型的动态规划算法,先自下向上分别求解子问题的解,然后由这些子问题的解得到原问题的解。虽然这个算法的时间复杂度为也达到了 $O(n^3)$,但是形式相对简单一些。

具体地:

首先设置一个矩阵 F,用于记录路径长度。初始时,顶点 v_i 到 v_j 的最短路径长度 $F[i]$

$[j] = \text{weight}[i][j]$，即弧$<V_i, V_j>$上的权值。若不存在弧$<V_i, V_j>$，则 $F[i][j] = \infty$。此时，把矩阵记作 F_0。F_0 考虑了有弧相连的顶点间直接到达的路径，显然这个路径的长度不可能都是最短路径长度。为了求得最短路径长度，需要进行 n 次试探。

（1）让路径经过顶点 V_0（第 1 个顶点），并比较路径$<V_i, V_j>$与路径$<V_i, V_0, V_j>$的长度，取其中较短者作为最短路径长度。其中，路径$<V_i, V_0, V_j>$的长度等于路径(V_i, V_0)与路径(V_0, V_j)长度之和，即 $F_1[i][j] = F_0[i][0] + F_0[0][j]$。把此时得到的矩阵 F 记作 F_1，F_1 是考虑了各顶点间除了直接到达的路径（弧）之外，还存在经过顶点 V_0 到达的路径，只有取它们较短者才是当前最短路径长度，并称 F_1 为路径上的顶点序号不大于 1 的最短路径长度。

（2）在 F_1 的基础上让路径经过顶点 V_1（第 2 个顶点），并依据步骤（1）的方法求得最短路径长度，得到 F_2，并称 F_2 为路径上的顶点序号不大于 2 的最短路径长度。

……

以此类推，让路径经过顶点 V_k，并比较 $F_{k-1}[i][j]$ 与 $F_{k-1}[i][k] + F_{k-1}[k][j]$ 的值，取其中较短者，得到 F_k，并称 F_k 为路径上的顶点序号不大于 k 的最短路径长度。

经过 n 次试探后，就把 n 个顶点都考虑在路径中了，此时求得的 F_n 就是各顶点之间的最短路径长度。

总之，Floyd 算法是通过下面这个递推公式产生矩阵序列 $F_0, F_1, \cdots, F_k, \cdots, F_n$，求得每对顶点之间的最短路径长度。

$$\begin{cases} F_0[i][j] = \text{weight}[i][j] \\ F_k[i][j] = \min\{F_{k-1}[i][j], F_{k-1}[i][k] + F_{k-1}[k][j]\} & 0 \leqslant i, j, k \leqslant n-1 \end{cases}$$

实际上，F_0 就是邻接矩阵，对于计算 F_k，第 k 行、第 k 列、对角线的元素保持不变，对其余元素，考查 $F[i][j]$ 与 $F[i][k] + F[k][j]$，如果后者更小则替换 $F[i][j]$，同时修改路径。

图 7.32 有向图

【例 7.8】 如图 7.32 所示的有向图，根据 Floyd 算法求 F 矩阵和 Path 矩阵。

$$F_0 = \begin{array}{c} \\ A \\ B \\ C \\ D \end{array}\begin{array}{cccc} A & B & C & D \\ \end{array}\begin{bmatrix} 0 & 1 & \infty & 3 \\ \infty & 0 & 1 & \infty \\ 5 & \infty & 0 & 2 \\ \infty & 4 & \infty & 0 \end{bmatrix} \quad \text{Path}_0 = \begin{bmatrix} \infty & AB & \infty & AD \\ \infty & \infty & BC & \infty \\ CA & \infty & \infty & CD \\ \infty & DB & \infty & \infty \end{bmatrix}$$

①初始状态

$$F_1 = \begin{array}{c} \\ A \\ B \\ C \\ D \end{array}\begin{array}{cccc} A & B & C & D \\ \end{array}\begin{bmatrix} 0 & 1 & \infty & 3 \\ \infty & 0 & 1 & \infty \\ 5 & 6 & 0 & 2 \\ \infty & 4 & \infty & 0 \end{bmatrix} \quad \text{Path}_1 = \begin{bmatrix} \infty & AB & \infty & AD \\ \infty & \infty & BC & \infty \\ CA & CAB & \infty & CD \\ \infty & DB & \infty & \infty \end{bmatrix}$$

②加入顶点 A

$$F_2 = \begin{array}{c} \\ A \\ B \\ C \\ D \end{array}\begin{array}{cccc} A & B & C & D \\ \end{array}\begin{bmatrix} 0 & 1 & 2 & 3 \\ \infty & 0 & 1 & \infty \\ 5 & 6 & 0 & 2 \\ \infty & 4 & 5 & 0 \end{bmatrix} \quad \text{Path}_2 = \begin{bmatrix} \infty & AB & ABC & AD \\ \infty & \infty & BC & \infty \\ CA & CAB & \infty & CD \\ \infty & DB & DBC & \infty \end{bmatrix}$$

③加入顶点 B

$$F_3 = \begin{array}{c} \\ A \\ B \\ C \\ D \end{array}\begin{array}{cccc} A & B & C & D \\ \end{array}\begin{bmatrix} 0 & 1 & 2 & 3 \\ 6 & 0 & 1 & 3 \\ 5 & 6 & 0 & 2 \\ 10 & 4 & 5 & 0 \end{bmatrix} \quad \text{Path}_3 = \begin{bmatrix} \infty & AB & ABC & AD \\ BCA & \infty & BC & BCD \\ CA & CAB & \infty & CD \\ DCBA & DB & DBC & \infty \end{bmatrix}$$

④加入顶点 C

$$F_4 = \begin{array}{c} \\ A \\ B \\ C \\ D \end{array} \begin{array}{cccc} A & B & C & D \\ \left[\begin{array}{cccc} 0 & 1 & 2 & 3 \\ 6 & 0 & 1 & 3 \\ 5 & 6 & 0 & 2 \\ 10 & 4 & 5 & 0 \end{array}\right] \end{array} \quad Path_4 = \left[\begin{array}{cccc} \infty & AB & ABC & AD \\ BCA & \infty & BC & BCD \\ CA & CAB & \infty & CD \\ DBCA & DB & DBC & \infty \end{array}\right]$$

⑤加入顶点 D

（算法 7.12 Floyd 算法求得任意两顶点之间的最短路径）

```
void Floyd(AdjMatrix g, int F[][MAXVEX])
{
    int Path[MAXVEX][MAXVEX];
    int i,j,k;
    for(i=0;i<g->vexnum;i++)
      for(j=0;j<g->vexnum;j++)
      {
        F[i][j]=g->arcs[i][j];
        Path[i][j]= INFINITY;
      }
    for(i=0;i<g->vexnum;i++)
      for(j=0;j<g->vexnum;j++)
        for(k=0;k<g->vexnum;k++)
          if(F[i][j]>F[i][k]+F[k][j])
          {
            F[i][j]=F[i][k]+F[k][j];
            Path=k;
          }
}
```

7.5 本章小结

　　图是一种复杂的非线性结构。本章主要介绍了图的有关概念和术语，图的两种存储结构：邻接矩阵和邻接表，同时对图的两种遍历方法、构造最小生成树的两个常用算法、最短路径的两类求解问题、拓扑排序及关键路径等问题做了详细的讨论，并给出了相应的求解算法。

　　图的遍历是图的一种重要运算，图的遍历方法有两种：深度优先遍历和广度优先遍历。两种遍历方法的具体实现依赖于图的存储结构。这两种遍历方法的基本思想非常重要，利用它们可以解决一些其他问题。

　　图有着广泛的应用背景。本章还着重介绍了几种实际应用：最小生成树、最短路径和拓扑排序及关键路径等。从这些例子可以看出，图的应用方式是非常灵活的。

　　相对而言，本章内容较难，建议读者迎难而上，理解本章介绍的各种算法，能够运用本章的有关内容来解决一些实际应用问题。

　　1.本章的复习要点

　　（1）熟悉图的有关术语和概念。

（2）熟练掌握图的两种存储结构：邻接矩阵和邻接表，并能够根据问题的要求选择合适的存储结构。

（3）熟练掌握图的两种遍历算法：深度优先搜索和广度优先搜索。

（4）掌握最小生成树的两种构造算法：Prim 算法和 Kruskal 算法。

（5）理解两类最短路径问题：单源最短路径和所有顶点对之间的最短路径问题。

（6）掌握拓扑排序和关键路径的求解方法，并了解拓扑排序算法的实现程序。

（7）运用本章的有关内容去解决具体的实际应用的问题。

2.本章的重点和难点

本章的重点是：图的定义和特点，图的两种存储结构，图的两种遍历方法，构造最小生成树的两种方法，最短路径、拓扑排序和关键路径问题的求解方法。

本章的难点是：求解最小生成树、最短路径，拓扑排序及关键路径的实现算法，要求能理解这些算法。

习题7

一、单项选择题

❶ 在一个具有 n 个顶点的有向图中，若所有顶点的出度数之和为 s，则所有顶点的入度数之和为（　　）。

A.s　　　　　　　B.$s-1$　　　　　　C.$s+1$　　　　　　D.n

❷ 在一个具有 n 个顶点的有向图中，若所有顶点的出度数之和为 s，则所有顶点的度数之和为（　　）。

A.s　　　　　　　B.$s-1$　　　　　　C.$s+1$　　　　　　D.$2s$

❸ 在一个具有 n 个顶点的无向图中，若具有 e 条边，则所有顶点的度数之和为（　　）。

A.n　　　　　　　B.e　　　　　　　C.$n+e$　　　　　　D.$2e$

❹ 在一个具有 n 个顶点的无向完全图中，所含的边数为（　　）。

A.n　　　　　　　B.$n(n-1)$　　　　C.$n(n-1)/2$　　　D.$n(n+1)/2$

❺ 在一个具有 n 个顶点的有向完全图中，所含的边数为（　　）。

A.n　　　　　　　B.$n(n-1)$　　　　C.$n(n-1)/2$　　　D.$n(n+1)/2$

❻ 在一个无向图中，若两顶点之间的路径长度为 k，则该路径上的顶点数为（　　）。

A.k　　　　　　　B.$k+1$　　　　　　C.$k+2$　　　　　　D.$2k$

❼ 对于一个具有 n 个顶点的无向连通图，它包含的连通分量的个数为（　　）。

A.0　　　　　　　　B.1　　　　　　　　C.n　　　　　　　D.$n+1$

❽ 若一个图中包含有 k 个连通分量，若要按照深度优先搜索的方法访问所有顶点，则必须调用（　　）次深度优先搜索遍历的算法。

A.k　　　　　　　B.1　　　　　　　　C.$k-1$　　　　　　D.$k+1$

❾ 若要把 n 个顶点连接为一个连通图，则至少需要（　　）条边。

A.n　　　　　　　B.$n+1$　　　　　　C.$n-1$　　　　　　D.$2n$

❿ 在一个具有 n 个顶点和 e 条边的无向图的邻接矩阵中，表示边存在的元素（又称为有效元素）的个数为（　　）。

A.n B.$n \times e$ C.e D.$2 \times e$

⑪ 在一个具有 n 个顶点和 e 条边的有向图的邻接矩阵中,表示边存在的元素个数为(   )。

A.n B.$n \times e$ C.e D.$2 \times e$

⑫ 在一个具有 n 个顶点和 e 条边的无向图的邻接表中,边结点的个数为(   )。

A.n B.$n \times e$ C.e D.$2 \times e$

⑬ 在一个具有 n 个顶点和 e 条边的有向图的邻接表中,保存顶点单链表的表头指针向量的大小至少为(   )。

A.n B.$2n$ C.e D.$2e$

⑭ 在一个无权图的邻接表表示中,每个边结点至少包含(   )域。

A.1   B.2   C.3   D.4

⑮ 对于一个有向图,若一个顶点的度为 $k1$,出度为 $k2$,则对应邻接表中该顶点单链表中的边结点数为(   )。

A.$k1$ B.$k2$ C.$k1-k2$ D.$k1+k2$

⑯ 对于一个有向图,若一个顶点的度为 $k1$,出度为 $k2$,则对应逆邻接表中该顶点单链表中的边结点数为(   )。

A.$k1$ B.$k2$ C.$k1-k2$ D.$k1+k2$

⑰ 对于一个无向图,下面(   )种说法是正确的。

A.每个顶点的入度等于出度   B.每个顶点的度等于其入度与出度之和

C.每个顶点的入度为 0   D.每个顶点的出度为 0

⑱ 在一个有向图的邻接表中,每个顶点单链表中结点的个数等于该顶点的(   )。

A.出边数   B.入边数   C.度数   D.度数减 1

⑲ 若一个图的边集为{(A,B),(A,C),(B,D),(C,F),(D,E),(D,F)},则从顶点 A 开始对该图进行深度优先搜索,得到的顶点序列可能为(   )。

A.A,B,C,F,D,E B.A,C,F,D,E,B

C.A,B,D,C,F,E D.A,B,D,F,E,C

⑳ 若一个图的边集为{(A,B),(A,C),(B,D),(C,F),(D,E),(D,F)},则从顶点 A 开始对该图进行广度优先搜索,得到的顶点序列可能为(   )。

A.A,B,C,D,E,F B.A,B,C,F,D,E

C.A,B,D,C,E,F D.A,C,B,F,D,E

㉑ 若一个图的边集为{$<1,2>$,$<1,4>$,$<2,5>$,$<3,1>$,$<3,5>$,$<4,3>$},则从顶点 1 开始对该图进行深度优先搜索,得到的顶点序列可能为(   )。

A.$1,2,5,4,3$ B.$1,2,3,4,5$

C.$1,2,5,3,4$ D.$1,4,3,2,5$

㉒ 若一个图的边集为{$<1,2>$,$<1,4>$,$<2,5>$,$<3,1>$,$<3,5>$,$<4,3>$},则从顶点 1 开始对该图进行广度优先搜索,得到的顶点序列可能为(   )。

A.$1,2,3,4,5$ B.$1,2,4,3,5$

C.$1,2,4,5,3$ D.$1,4,2,5,3$

㉓ 由一个具有 n 个顶点的连通图生成的最小生成树中,具有(   )条边。

A.n　　　　　　B.$n-1$　　　　　　C.$n+1$　　　　　　D.$2\times n$

❷❹ 已知一个有向图的边集为$\{<a,b>,<a,c>,<a,d>,<b,d>,<b,e>,<d,e>\}$,则由该图产生的一种可能的拓扑序列为(　　　)。

A.a,b,c,d,e　　B.a,b,d,e,b　　C.a,c,b,e,d　　　　D.a,c,d,b,e

二、填空题

❶ 在一个图中,所有顶点的度数之和等于所有边数的_____倍。

❷ 在一个具有 n 个顶点的无向完全图中,包含有_____条边,在一个具有 n 个顶点的有向完全图中,包含有_____条边。

❸ 假定一个有向图的顶点集为$\{a,b,c,d,e,f\}$,边集为$\{<a,c>,<a,e>,<c,f>,<d,c>,<e,b>,<e,d>\}$,则出度为 0 的顶点个数为_____,入度为 1 的顶点个数为_____。

❹ 在一个具有 n 个顶点的无向图中,要连通所有顶点则至少需要_____条边。

❺ 表示图的两种存储结构为_____和_____。

❻ 在一个连通图中存在着_____个连通分量。

❼ 图中的一条路径长度为 k,该路径所含的顶点数为_____。

❽ 若一个图的顶点集为$\{a,b,c,d,e,f\}$,边集为$\{(a,b),(a,c),(b,c),(d,e)\}$,则该图含有_____个连通分量。

❾ 对于一个具有 n 个顶点的图,若采用邻接矩阵表示,则矩阵大小至少为_____×_____。

❿ 对于具有 n 个顶点和 e 条边的有向图和无向图,在它们对应的邻接表中,所含边结点的个数分别为_____和_____。

⓫ 在有向图的邻接表和逆邻接表表示中,每个顶点邻接表分别链接着该顶点的所有_____和_____结点。

⓬ 对于一个具有 n 个顶点和 e 条边的无向图,当分别采用邻接矩阵和邻接表表示时,求任一顶点度数的时间复杂度分别为_____和_____。

⓭ 假定一个图具有 n 个顶点和 e 条边,则采用邻接矩阵和邻接表表示时,其相应的空间复杂度分别为_____和_____。

⓮ 一个图的边集为$\{(a,c),(a,e),(b,e),(c,d),(d,e)\}$,从顶点 a 出发进行深度优先搜索遍历得到的顶点序列为_____,从顶点 a 出发进行广度优先搜索遍历得到的顶点序列为_____。

⓯ 一个图的边集为$\{<a,c>,<a,e>,<c,f>,<d,c>,<e,b>,<e,d>\}$,从顶点 a 出发进行深度优先搜索遍历得到的顶点序列为_____,从顶点 a 出发进行广度优先搜索遍历得到的顶点序列为_____。

⓰ 图的_____优先搜索遍历算法是一种递归算法,图的_____优先搜索遍历算法需要使用队列。

⓱ 对于一个具有 n 个顶点和 e 条边的连通图,其生成树中的顶点数和边数分别为_____和_____。

⓲ 若一个连通图中每个边上的权值均不同,则得到的最小生成树是_____(唯一/不唯一)的。

⑲ 根据图的存储结构进行某种次序的遍历,得到的顶点序列是_____(唯一/不唯一)的。

⑳ 假定一个有向图的边集为$\{<a,c>,<a,e>,<c,f>,<d,c>,<e,b>,<e,d>\}$,对该图进行拓扑排序得到的顶点序列为_____。

三、应用题

❶ 对于一个无向图 7.33(a),假定采用邻接矩阵表示,试分别写出从顶点 0 出发按深度优先搜索遍历得到的顶点序列和按广度优先搜索遍历得到的顶点序列。

注:每一种序列都是唯一的,因为都是在存储结构上得到的。

❷ 对于一个有向图 7.33(b),假定采用邻接表表示,并且假定每个顶点单链表中的边结点是按出边邻接点序号从大到小的次序链接的,试分别写出从顶点 0 出发按深度优先搜索遍历得到的顶点序列和按广度优先搜索遍历得到的顶点序列。

注:每一种序列都是唯一的,因为都是在存储结构上得到的。

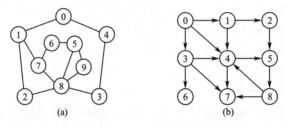

图 7.33　无向图和有向图

❸ 已知一个无向图的邻接矩阵如图 7.34(a)所示,试写出从顶点 0 出发分别进行深度优先和广度优先搜索遍历得到的顶点序列。

❹ 已知一个无向图的邻接表如图 7.34(b)所示,试写出从顶点 0 出发分别进行深度优先和广度优先搜索遍历得到的顶点序列。

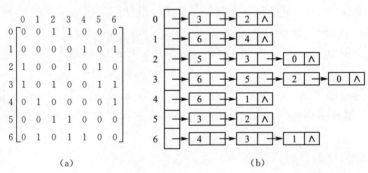

图 7.34　无向图的邻接矩阵及邻接表

❺ 已知如图 7.35 所示的一个网,按照 Prim 方法,从顶点 1 出发,求该网的最小生成树的产生过程。

❻ 已知如图 7.35 所示的一个网,按照 Kruskal 方法,求该网的最小生成树的产生过程。

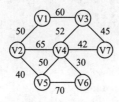

图 7.35　网

❼ 如图 7.36 所示为一个有向网图及其带权邻接矩阵,要求对有向图采用 Dijkstra 算法,求从 V0 到其余各顶点的最短路径。

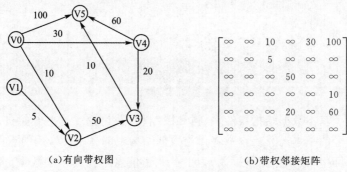

（a）有向带权图　　　　　　　　　　（b）带权邻接矩阵

图 7.36　有向带权图及其邻接矩阵

❽ 如图 7.37 所示给出了一个具有 15 个活动、11 个事件的工程的 AOE 网,求关键路径。

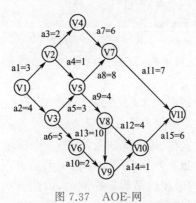

图 7.37　AOE-网

四、算法设计题

❶ 编写一个算法,求出邻接矩阵表示的无向图中序号为 numb 的顶点的度数。

　　int degree1(Graph & ga, int numb)

❷ 编写一个算法,求出邻接矩阵表示的有向图中序号为 numb 的顶点的度数。

　　int degree2(Graph & ga, int numb)

❸ 编写一个算法,求出邻接表表示的无向图中序号为 numb 的顶点的度数。

　　int degree3(GraphL & gl, int numb)

❹ 编写一个算法,求出邻接表表示的有向图中序号为 numb 的顶点的度数。

　　int degree4(GraphL & gl, int numb)

第8章

查找

前几章介绍了基本数据结构线性表、树和图结构,并讨论了这些结构的存储方式,以及定义在这些结构上的基本运算。本章将讨论数据结构中的另一种常用的重要技术——查找表。在非数值运算中,数据存储量很大,为了在大量信息中找到某些数据,需要用到查找技术。在数据处理过程中,查找的效率直接影响到算法的优劣,因而查找是数据处理中重要的基本运算之一。

8.1 查找的基本概念

查找表是一种以集合为逻辑结构,以查找运算为基本操作的数据结构。下面给出有关查找的基本概念。

● 集合:具有相同类型的数据元素(或记录)构成的整体,被称为集合。同集合中的各个数据元素互不相同,并且集合中的数据元素即结点之间不存在任何逻辑关系,但结点之间有可能存在非逻辑关系(数值大小、排列次序等)。

● 查找表:由同一类型的数据元素(或记录)构成的集合,可以利用任意存储结构表示。由于"集合"中的数据元素之间的逻辑结构是松散的,因此查找表是一种非常灵活的数据结构。在日常生活中,人们几乎每天都要进行"查找"工作。例如,在电话号码簿中查阅某人的电话号码;在字典中查阅某个词的读音和词义,等等。其中,"电话号码簿"和"字典"都可视作是一张查找表。

● 关键字:数据元素中某个数据项的值,用它可以标识列表中的一个或一组数据元素。如果一个关键字可以唯一标识列表中的一个数据元素,则称其为主关键字,否则为次关键字。当数据元素仅有一个数据项时,关键字就是数据元素的值。

● 查找:根据给定的关键字值,在查找表中确定一个其关键字与给定值相同的数据元素或记录,并返回该数据元素在查找表中的位置。若查找表中存在相应的数据元素,则查找成功,此时查找的结果返回整条数据元素的信息,或该数据元素在查找表中的位置;否则查找失败,此时返回失败信息或空值。

对查找表经常进行的操作有：

①查找某个"特定的"数据元素是否在查找表中；

②检索某个"特定的"数据元素的各种属性；

③在查找表中插入一个数据元素；

④从查找表中删除某个数据元素。

若对查找表只进行前两种"查找"操作，则称此类查找表为静态查找表（Static Search Table）；若在查找过程中同时插入查找表中不存在的数据元素，或者从查找表中删除已存在的某个数据元素，则称此类查找表为动态查找表（Dynamic Search Table）。

1.抽象数据类型静态查找表的定义

数据对象 D：D 是具有相同特性的数据元素（或记录）的集合。各个数据元素均含有类型相同、可唯一标识数据元素的关键字。

数据关系 R：数据元素（或记录）同属一个集合。

基本操作：

Create(ST，n)：构造一个含有 n 个数据元素的静态查找表。

Destroy(ST)：当静态查找表 ST 存在时，销毁表 ST。

Search(ST，key)：静态查找表 ST 存在，key 为和关键字类型相同的给定值，若 ST 中存在其关键字等于 key 的数据元素，则函数值为该数据元素的值或在表中的位置，否则为"空"。

2.抽象数据类型动态查找表的定义

数据对象 D：D 是具有相同特性的数据元素（或记录）的集合。各个数据元素均含有类型相同、可唯一标识数据元素的关键字。

数据关系 R：数据元素（或记录）同属一个集合。

基本操作：

InitDSTable(DT)：构造一个空的动态查找表。

DestroyDSTable(DT)：当动态查找表 DT 存在时，销毁表 DT。

SearchDSTable(DT，key)：动态查找表 DT 存在，key 为和关键字类型相同的给定值，若 DT 中存在其关键字等于 key 的数据元素，则函数值为该数据元素的值或在表中的位置，否则为"空"。

InsertDSTable(DT，e)：动态查找表 DT 存在，e 为待插入的数据元素，若 DT 中不存在其关键字等于 e.key 的数据元素，则插入 e 到 DT。

DeleteDSTable(DT，key)：动态查找表 DT 存在，key 为和关键字类型相同的给定值，若 DT 中存在其关键字等于 key 的数据元素，则删除。

无论是静态查找表还是动态查找表都可以有各自不同的表示方法，在不同的表示方法中，其查找操作的实现方法也不同。

3.平均查找长度

为确定数据元素在查找表中的位置，需与给定值进行比较的关键字个数的期望值，称为查找算法在查找成功时的平均查找长度（Average Search Length），简称 ASL。对于长度为 n 的查找表，查找成功时的平均查找长度为：

$$ASL = P_1C_1 + P_2C_2 + \cdots + P_nC_n = \sum_{i=1}^{n} P_iC_i$$

其中 P_i 为查找表中第 i 个数据元素的概率,且 $\sum_{i=1}^{n} P_i = 1$;C_i 为找到表中第 i 个数据元素时已经进行过的关键字比较次数。由于查找算法的基本运算是关键字之间的比较操作,所以可用平均查找长度来衡量查找算法的性能。

在计算机中进行查找的方法,随数据结构的不同而不同。如上所述,本章讨论的查找表是一种非常灵活的数据结构,但正是由于表中数据元素之间仅存在着"同属一个集合"的松散关系,给查找带来不便。为此,需在数据元素之间人为地赋予一些关系,以便按某种规则进行查找。也就是说用另一种数据结构来表示查找表。本章将分别就线性表的查找、树表的查找和散列表的查找讨论其表示和操作实现的方法。

8.2 线性表查找

基于线性表的查找方法可分为顺序查找法、折半查找法(或折半查找)以及分块查找法。

8.2.1 顺序查找

顺序查找法的查找特点是,用所给关键字与线性表中各元素的关键字逐个比较,直到成功或失败结束。存储结构通常为顺序结构,也可为链式结构。下面给出顺序结构有关数据类型的定义:

```
#define maxsize 100              /* 查找表的最大容量 */
typedef struct
{
  KeyType key;                   /* 关键字 */
  ElemType data;                 /* 其他数据 */
}rec ;
typedef struct
{
  rec item[maxsize-1];
  int lengh;                     /* 最后一个数据元素的下标 */
}SqTable;
```

顺序查找的实现过程:从表中最后一个记录开始,从后向前逐个进行记录的关键字与给定值的比较,若某个记录的关键字和给定值比较相等,则查找成功,找到所查记录;反之,若直至第一个记录,其关键字和给定值比较都不等,则表明表中没有所查记录,查找不成功。该查找过程的算法(算法 8.1)描述如下:

算法 8.1
```
int SeqSearch(SqTable L,keytype k)
{
  L.item[0].key=k; i=L.length;
  while(L.item[i].key! =k) i--;
  return (i);
}
```

这里使用"监视哨",即 L.item[0].key=k 以便控制循环最多执行到数组中下标为 0 的元素位置,可以起到防止越界的作用,从而提高查找效率。

下面用平均查找长度来分析一下顺序查找算法的性能。假设查找表长度为 n,那么查找第 i 个数据元素时需进行 $n-i+1$ 次比较,即 $C_i=n-i+1$。又假设查找每个数据元素的概率相等,即 $P_i=1/n$,则顺序查找算法的平均查找长度为:

$$ASL = \sum_{i=1}^{n} P_i C_i = \frac{1}{n} \sum_{i=1}^{n} C_i = \frac{1}{n} \sum_{i=1}^{n} (n-i+1) = \frac{1}{2}(n+1)$$

8.2.2 折半查找

这种方法要求待查找的查找表必须是按关键字大小有序排列的顺序表。查找的基本过程是:将表中间位置记录的关键字与查找关键字比较,如果两者相等,则查找成功;否则利用中间位置记录将表分成前、后两个子表,如果中间位置记录的关键字大于查找关键字,进一步查找前子表,否则进一步查找后子表。重复以上过程,直到找到满足条件的记录,使查找成功;或直到子表不存在为止,此时查找不成功。这种查找方法,是利用先确定待查记录所在的范围,再逐步缩小范围,从而确定待查记录是否在查找表中存在。

例如,在以下 11 个数据元素的有序表中:

(6,12,15,18,22,25,28,35,46,58,60)

查找关键字(关键字即为数据元素的值)为 12、50 的数据元素。假设 low 和 high 分别指示查找区间的下界和上界,指针 mid 指示区间的中间位置,即 mid=⌊(low+high)/2⌋。

首先给出利用折半查找法查找 k=12 的具体过程。在本例中,low 和 high 的初值分别为 1 和 11,即待查找的范围是[1,11],mid=⌊(1+11)/2⌋=6。

```
6    12    15    18    22    25    28    35    46    58    60
↑                            ↑                          ↑
low=1                        mid=6                      high=11
```

令查找范围中同位置的数据元素的关键字 L.item[mid].key 与给定值 k 相比较,因为 L.item[mid].key>k,说明待查元素若存在,必在区间[low,mid−1]范围内,则令指针 high 指向第 mid−1=5 个元素,重新求得 mid=⌊(1+5)/2⌋=3。

```
6    12    15    18    22    25    28    35    46    58    60
↑          ↑          ↑
low=1      mid=3      high=5
```

继续用 L.item[mid].key 与 k 相比,因为 L.item[mid].key>k,说明待查元素若存在,必在区间[low,mid−1]范围内,则令指针 high 指向第 mid−1=2 个元素,重新求得 mid=⌊(1+2)/2⌋=1。

```
6    12    15    18    22    25    28    35    46    58    60
↑    ↑
low=1 high=2
↑
mid=1
```

继续用 L.item[mid].key 与 k 相比,因为 L.item[mid].key<k,说明待查元素若存在,必在区间[mid+1,high]范围内,则令指针 low 指向第 mid+1=2 个元素,求得 mid=⌊(2+2)/2⌋=2。比较 L.item[mid].key 和 k 的值相等,则查找成功,所查元素在表中序号等于指针 mid 的值。

```
6      12      15      18      22      25      28      35      46      58      60
        ↑
     high=2
        ↑
     mid=2
        ↑
     low=2
```

再看 k=50 的查找过程。

```
6      12      15      18      22      25      28      35      46      58      60
↑                                       ↑                               ↑
low=1                                mid=6                          high=11
```

因为 L.item[mid].key<k,所以令 low=mid+1=7,mid=9。

```
6      12      15      18      22      25      28      35      46      58      60
                                        ↑               ↑               ↑
                                     low=7           mid=9          high=11
```

因为 L.item[mid].key<k,所以令 low=mid+1=10,mid=10。

```
6      12      15      18      22      25      28      35      46      58      60
                                                                ↑       ↑
                                                            low=10  high=11
                                                                ↑
                                                             mid=10
```

因为 L.item[mid].key>k,所以令 high=mid-1=9。

```
6      12      15      18      22      25      28      35      46      58      60
                                                        ↑       ↑
                                                    high=9  low=10
```

此时因为 low> high,下界超出了上界,表示不存在这样的查找区间,说明表中没有关键字等于 k 的元素,查找不成功。

上述折半查找过程的算法(算法 8.2)描述如下:

算法 8.2

```
int BinSearch(SqList L, KeyType k)
{ low=1;high=L.lengh;                        /＊设置区间初值＊/
   while(low≤high)
   { mid =(low+high)/2;
     if(k==L.item[mid].key)  return (mid);    /＊找到待查元素＊/
     else if(k<L.item[mid].key) high=mid-1;    /＊改变查找区间＊/
                   else low=mid+1;
```

```
    }
    return (0);
}
```

下面用平均查找长度来分析折半查找算法的性能。折半查找过程可用一个称为判定树的二叉树描述,判定树中每一结点对应表中一个记录,但结点值不是记录的关键字,而是记录在表中的位置序号。根结点对应当前区间的中间记录,左子树对应前一子表,右子树对应后一子表。显然,查找有序表中任一记录的过程,在对应判定树中恰好走了一条从根结点到与该记录相对应的结点路径,而该记录的关键字与给定值进行比较的次数恰为该结点在判定树上的层次数。因此,折半查找成功时,关键字比较次数最多不超过判定树的深度。由于判定树的叶子结点所在层次之差最多为1,故 n 个结点的判定树的深度与 n 个结点的完全二叉树的深度相等,均为 $\lfloor \log_2 n \rfloor + 1$。这样,折半查找成功时,关键字比较次数最多不超过 $\lfloor \log_2 n \rfloor + 1$。 相应地,折半查找失败时的过程是对应判定树中从根结点到某个含空指针的结点的路径,因此,折半查找成功时,关键字比较次数最多不超过判定树的深度。为便于讨论,假定表的长度 $n = 2^h - 1$,则相应判定树必为深度是 h 的满二叉树,$h = \log_2 (n+1)$。又假设每个记录的查找概率相等,则折半查找成功时的平均查找长度为:

$$ASL = \sum_{i=1}^{n} P_i C_i = \frac{1}{n} \sum_{i=1}^{n} j \times 2^{j-1} = \frac{n+1}{n} \log_2 (n+1) - 1$$

提示:折半查找方法的优点是比较次数少,查找速度快,平均性能好;其缺点是要求待查表必须为有序表,且插入删除困难。因此,折半查找方法适用于不经常变动而查找频繁的有序表。

8.2.3　分块查找

分块查找又叫索引顺序查找,它是顺序查找的一种改进方法。在这种方法中,首先将线性查找表分成若干个子块 B_1, B_2, $\cdots$, B_i, $\cdots$, B_n,并要求当 $i < j$ 时,B_i 中的记录关键字都小于 B_j 中记录的关键字,记录的这种排列方式称为记录的分块有序,但应注意:每一子块内部的记录关键字并不一定是有序的。然后,再建立一个索引表,索引表由索引项组成,索引项的个数与子块个数相同,即每个索引项表示一个子块情况。索引项中包括两个字段,一个字段存放子块中记录关键字的最大值,另一个字段存放子块的第一个记录在线性表中的位置,即存放子块的起始地址。索引项在索引表中按子块的先后位置有序排列。查找表与其索引表的结构如图 8.1 所示。

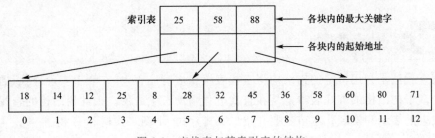

图 8.1　查找表与其索引表的结构

根据分块查找的数据组织方式,实现查找要经过两个步骤:第一步,确定关键字所在的子块;第二步,在块内查找给定的关键字。

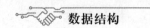

提示:由于索引表是有序的,所以确定关键字所在的子块时,既可用顺序查找,也可用折半查找,而子块内记录关键字的排列是任意的,在子块内查找只能用顺序查找。

确定子块的过程是用给定的值 K 与索引项的最大关键字相比较,找出第一个大于等于 K 的索引项。若线性表中存在关键字为 K 的记录,则它一定位于该索引项所指的块内。在图 8.1 中,若 $K=45$,因 $25<K<58$,所以应在第 2 块内查找 45。若找不出这样的索引项,线性表中一定不存在关键字为 K 的记录,如当 $K=128$ 时,不存在大于 128 的索引项,所以线性表中必定没有关键字为 128 的记录,查找失败。查出索引项之后,需要确定对应子块的起始地址和结束地址,块的起始地址为该索引项的块起始地址。而确定子块的结束地址时,首先考虑该索引项是不是索引表中的最后一项,如果是,则块的结束地址为线性表的记录数,即整个线性表的结束地址;如果不是,则该子块的结束地址为下一块的起始地址减 1。例如图 8.1 中,第 2 块的起始地址为 5,其结束地址为第 3 块的起始地址减 1,即 $10-1=9$,而第 3 块(最后块)的结束地址为 12。子块起始地址和结束地址确定后,即可在子块内进行查找,若找到相应的记录,则查找成功;否则,查找失败。

分块查找的算法由两部分组成,第一:在索引表中利用顺序查找,或折半查找确定关键字所在的子块;第二:利用顺序查找在子块内确定关键字是否存在。算法实现由读者自行设计。

一般来说,分块查找的性能优于顺序查找,但不如折半查找。

分块查找的平均查找长度是由两部分组成的,即查找索引表确定关键字所在块的平均查找长度(用 L_b 表示)与在子块中查找记录关键字的平均查找长度(用 L_s 表示)之和,记作:

$$ASL_{bs}=L_b+L_s$$

一般情况下,为了进行分块查找,可将长为 n 的线性表均匀地分成 b 块,每块含有 s 个记录,即 $b=\lfloor n/s \rfloor$。假设每个记录的查找概率相等,则每块的查找概率为 $1/b$,块内记录的查找概率为 $1/s$,若利用顺序查找确定块,则分块查找的平均查找长度为:

$$ASL_{bs}=L_b+L_s=\frac{1}{b}\sum_{j=1}^{b}j+\frac{1}{s}\sum_{i=1}^{s}i=\frac{b+1}{2}+\frac{s+1}{2}=\frac{1}{2}(b+s)+1=\frac{1}{2}\left(\frac{n}{s}+s\right)+1$$

可见分块查找的平均查找长度不仅与表长 n 有关,还与分块时确定的每块中的记录个数 s 有关。在 n 给定的情况下,s 是可以选择的。当 s 取 $\sqrt{n}$ 时,ASL_{bs} 取最小值 $\sqrt{n}+1$。

若利用折半查找确定子块,则平均查找长度更优,即:

$$ASL'_{bs}\approx\log_2\left(\frac{n}{s}+1\right)+\frac{s}{2}$$

8.3 树表查找

树表查找法是利用特定的树结构将查找表组织成有序表,并在表上实现查找、插入和删除运算。基于树结构的查找表本身是在查找过程中动态生成的。因此树结构的查找可用于动态查找表的表示和实现。本节主要介绍二叉排序树、平衡二叉树和 B-树。

8.3.1 二叉排序树

二叉排序树又称为二叉查找树,它是一种递归结构的二叉树。

二叉排序树或者是一棵空树,或者是具有如下性质的二叉树:

- 若它的左子树非空,则左子树上所有结点的值均小于根结点的值;
- 若它的右子树非空,则右子树上所有结点的值均大于根结点的值;
- 它的左、右子树也分别为二叉排序树。如图 8.2 所示为两棵二叉排序树。

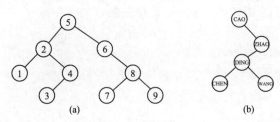

图 8.2 二叉排序树示例

1.二叉排序树的查找

根据二叉排序树的结构特点,二叉排序树可看作一个有序表,所以在二叉排序树上进行查找与折半查找类似。当二叉排序树非空时,首先将给定关键字 K 与根结点关键字 key 进行比较,若 K=key,则查找成功,返回根结点的地址;若 K<key,则进一步查找左子树;若 K>key,则进一步查找右子树。通常采用二叉链表作为二叉排序树的存储结构,二叉排序树查找的递归算法(算法 8.3)描述如下:

算法 8.3

BSTreeSearchBST(BSTree * T, KeyType K)

/ * 在根指针 T 所指的二叉排序树中,递归查找某关键字等于 K 的元素,若查找成功,则返回指向该元素的指针,否则返回空指针 * /

```
{ if(! T) return (NULL);
  else if(K==T->key) return (T);                        / * 查找成功 * /
  else
  {
      if(K<T->key) return SearchBST(T->lchild,K);        / * 在左子树中查找 * /
      if(k>T->key) return SearchBST(T->rchild,K);        / * 在右子树中查找 * /
  }
}
```

例如在图 8.2(a)所示的二叉排序树中,查找关键字等于 7 的记录(树中结点内的数均为记录的关键字)。首先以 K=7 与根结点的关键字做比较,因为 K>5,则查找以结点 5 为根的右子树,此时右子树不空,且 K>6,则继续查找以结点 6 为根的右子树,此时右子树不空,且 K<8,则继续查找以结点 8 为根的左子树,由于 K 和以结点 8 为根的左子树根的关键字 7 相等,则查找成功,返回指向结点 7 的指针值。又例如在图 8.2(a)中查找关键字等于 10 的记录,和上述过程类似,在给定值 K=10 与关键字 5、6 及 8 相继比较之后,继续查找以结点 9 为根的右子树,此时右子树为空,则说明该树中没有待查记录,故查找不成功,返回指针值为 NULL。

2.二叉排序树的插入和生成

二叉排序树是一种动态查找表。插入的原则是:若二叉排序树为空,则插入结点应为新的根结点;否则依据二叉排序树定义,在其左子树或右子树上查找自己的位置,当插入结点的值与树中某结点值相等时,则返回;否则若插入结点的值小于树中某结点值时,则继续在其左子树查找自己的位置,若插入结点的值大于树中某结点值时,则继续在其右子树查找自己的位置,直至某个结点的左子树或右子树为空树,表明给定值的结点在该二叉排序树中不存在,则新插入的结点应作为一个新添加的叶子结点并成为查找不成功的路径上最后一个结点的左孩子或右孩子。因此,向一个二叉排序树 T 中插入一个结点的函数(算法 8.4)如下:

```
void InsertBST(BSTree * T, KeyType K)
/* 若在二叉排序树中不存在关键字等于 K 的结点,插入该结点 */
{
  BSTree * s;
  if(T==NULL)
  {
    s=(BSTree*)malloc(sizeof(BSTNODE));
    s->key=K;
    s->lchild=NULL;
    s->rchild =NULL;
    T=s;
  }
  else if(K<T->key)
    InsertBST(T->lchild,K);
  else if(K>T->key)
    InsertBSt(T->rchild,K);
}
```

提示:可以看出,二叉排序树的插入,是反复构造叶子结点。将输入结点插入到二叉排序树的合适位置上,以保证二叉排序树性质不变。注意:插入时不需要移动元素。

假若给定一个元素序列,我们可以利用上述算法创建一棵二叉排序树,首先,将二叉排序树初始化为一棵空树,然后逐个插入元素。每读入一个元素,就建立一个新的结点并插入到当前已生成的二叉排序树中,即调用上述二叉排序树的插入算法将新结点插入。生成二叉排序树的算法(算法 8.5)如下:

```
void CreateBST(BSTree * T)
/* 从键盘输入数据元素的值,创建相应的二叉排序树,且用 999 表示输入结束 */
{ KeyType K;
  T = NULL;
  scanf(" %d", &K);
  while(K! =999)
  { InsertBST(T, &K);
    scanf(" %d", &K);
  }
}
```

例如,设关键字的输入顺序为:45,24,53,12,28,90,按上述算法生成二叉排序树的过程如图 8.3 所示。

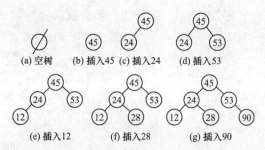

图 8.3 二叉排序树的生成过程

由二叉排序树的定义及生成过程可以发现,中序遍历一棵二叉排序树时可以得到一个递增的有序序列。按如图 8.3(g)所示的中序遍历序列为 12,24,28,45,53,90。因此当给定一个无序序列时,可以通过构造相应的二叉排序树而得到一个有序序列,即构造二叉排序树的过程就是一个对无序序列的排序过程。另外,由二叉排序树的生成过程可见,由于采用了二叉链表作为排序树的存储结构,所以在二叉排序树上插入一个新结点时,只需修改结点指针,而不需要移动数据元素,这就相当于在有序表中插入元素,而不需要移动数据元素。它既具有折半查找的特性,又具有链式存储的优势,是一种较优的动态查找表示。

提示:对于一些相同的数据元素值,如果输入顺序不同,所创建的二叉排序树形态也不同。

如果上面例子中关键字的输入顺序为 24,53,90,12,28,45,则生成的二叉排序树如图 8.4 所示。

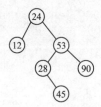

图 8.4 二叉排序树

3.二叉排序树的删除

作为一个动态查找表,既可以进行结点的插入操作,又可以进行结点的删除操作。对于一个二叉排序树,删除树上的一个结点,相当于删除有序表中的一个记录,同时删除树中某个结点后,要求保证原二叉排序树的结构不被破坏,即原数据序列仍然有序。

删除操作首先要在二叉排序树中查找被删除的结点是否存在,若不存在,则不做任何操作,否则,删除该结点。根据被删除结点在二叉排序树中的位置不同,其删除算法的实现也不同。假设二叉排序树上要删除的结点为 * p(指向结点的指针 p),结点 p 的双亲结点为 * f(指向结点的指针 f),并设 p 是结点 f 的左孩子(右孩子的情况类似)。

下面分三种情况讨论。

● 若结点 p 为叶子结点,则可直接将其删除,不会破坏整棵树的结构,只需修改其双亲结点的指针即可;若结点 P 为其双亲的左孩子结点时,应实现 f->lchild=NULL;free(p);当结点 P 为其双亲的右孩子结点时,应实现 f->rchild=NULL;free(p);如图 8.5 所示。

● 若结点 p 只有左子树,或只有右子树,当结点 p 为其双亲的左子树时,可将 p 的左子树或右子树直接改为其双亲结点的左子树,即 f->lchild=p->lchild 或 f->lchild=p-

＞rchild；free(p)；当结点 p 为其双亲的右子树时,可将 p 的左子树或右子树直接改为其双亲结点的右子树,即 f－＞rchild＝p－＞lchild 或 f－＞rchild＝p－＞rchild；free(p)；如图 8.6 所示。

● 若 p 既有左子树,又有右子树,此时有两种处理方法:

方法 1:首先找到结点 p 在中序遍历序列中的直接前驱 s,然后将 p 的左子树作为结点 f 的左子树,而将 p 的右子树作为结点 s 的右子树,即:f－＞lchild＝p－＞lchild；s－＞rchild＝p－＞rchild；free(p)。

方法 2:首先找到结点 p 在中序遍历序列中的直接前驱 s,如图 8.7(a)所示,然后用结点 s 的值替代结点 p 的值,再将结点 s 删除,原结点 s 的左子树作为 s 的双亲结点 q 的右子树,即 p－＞data＝s－＞data；q－＞rchild＝s－＞lchild；free(s)；结果如图 8.7(b)所示。

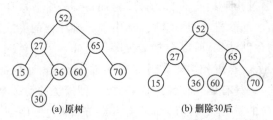

图 8.5　被删除结点是叶子结点的二叉排序树

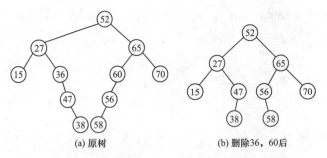

图 8.6　被删除结点只有一棵子树的二叉排序树

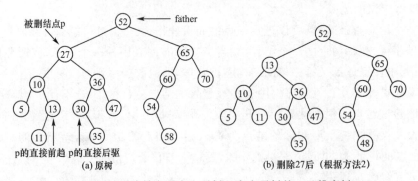

图 8.7　被删除结点既有左子树又有右子树的二叉排序树

综上所述,可以得到采用方法 1 实现在二叉排序树中删去一个结点的算法。

首先给出实现删除操作的算法(算法 8.6)如下:

```
void Delete(BiTree t, KeyType K)
/* 从二叉排序树 t 中删除关键字等于 K 且以 f 为双亲结点的结点,并重接它的左子树或右子树 */
{ BiTree * p, * f;
```

```
/* p,f 为 BiTree 类型的全局变量,p 为被删除结点,f 为 p 的双亲结点 */
  BiTree * s;                          /* s 指示被删除结点的直接前驱 */
  DeleteBST(t,K);
/* 在以 t 为根结点的二叉树中查找关键字等于 K 的结点,假设树中存在该结点 */
  if(p! =NULL)                         /* 若被删除结点在树中 */
    if(f==NULL)                        /* 被删除结点是根结点 */
      if(p->lchild==NULL)              /* 被删除结点无左子树 */
        t=p->rchild;
      else                             /* 被删除结点无右子树 */
        if(p->rchild==NULL)
          t=p->lchild;
        else                           /* 被删除结点既有左子树,又有右子树 */
        {
        s=p->lchild;
        while(s->rchild! =NULL)
          s=s->rchild;                 /* s 指向 p 的中序直接前驱 */
        s->rchild = p->rchild;
        t=p->lchild;
        }
    else                               /* 被删除结点不是根结点 */
      if(p->lchild == NULL)            /* 被删除结点无左子树 */
        if(p==f->lchild)               /* p 为 f 的左孩子 */
        f->lchild=p->rchild;
      else
        f->rchild==p->rchild;
      else
      {
      s=p->lchild;
      while(s->rchild! =NULL)
        s=s->rchild;                   /* s 指向 p 的中序直接前驱 */
      s->rchild=p->rchild;
       if(p==f->lchild)                /* p 为 f 的左孩子 */
        f->lchild==p->lchild;
      else
        f->rchild==p->lchild;
      }
  free(p);
}
```

然后给出查找算法(算法 8.7)如下:

```
void DeleteBST(BiTree t, KeyType K)
/* 在以 t 为根结点的二叉排序树中查找关键字等于 K 的数据元素 */
{
  int flag;
```

```
f=NULL;p=t;flag=False;    /* p,f 为全局变量,p 为被删除结点,f 为 p 的双亲结点 */
while((p! =NULL) &&(flag==False))
  if(K==p->key) flag=True;
  else
  {
    f=p;
    if(K<p->key)
      p=p->lchild;
    else p=p->rchild;
  }
}
```

4.二叉排序树的查找性能

在二叉排序树上进行查找时,若查找成功,则显然是从根结点出发走了一条从根结点到待查结点的路径。若查找不成功,则是从根结点出发走了一条从根结点到某个叶子结点的路径。因此二叉排序树的查找与折半查找过程类似,在二叉排序树中查找一个记录时,其比较次数不超过树的深度。但是,对长度为 n 的表而言,无论其排列顺序如何,折半查找的平均查找长度是一定的,而含有 n 个结点的二叉排序树却是不唯一的,所以对于含有同样关键字序列的一组结点,结点插入的先后次序不同,所构成的二叉排序树的形态和深度不同。而二叉排序树的平均查找长度 ASL 与二叉排序树的形态有关,二叉排序树的各分支越均衡,树的深度越浅,其平均查找长度 ASL 越小。例如,图 8.8 为两棵二叉排序树,它们对应同一个元素集合,但排列顺序不同,分别是:{45,24,53,12,37,93}和{12,24,37,45,53,93}。假设每个元素的查找概率相等,则它们的平均查找长度分别是:

$$ASL(a)=(1+2+2+3+3+3)/6=14/6$$
$$ASL(b)=(1+2+3+4+5+6)/6=21/6$$

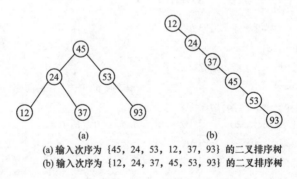

(a) 输入次序为 {45, 24, 53, 12, 37, 93} 的二叉排序树
(b) 输入次序为 {12, 24, 37, 45, 53, 93} 的二叉排序树

图 8.8　同一集合的两棵二叉排序树

注意:在二叉排序树上进行查找时的平均查找长度和二叉排序树的形态有关。在最坏情况下,二叉排序树是通过把一个有序表的 n 个结点依次插入生成的,由此得到的二叉排序树蜕变为一棵深度为 n 的单支树,它的平均查找长度和单链表上的顺序查找相同,也是 $(n+1)/2$。在最好情况下,二叉排序树在生成过程中,树的形态比较均匀,最终得到的是一棵形态与折半查找的判定树相似的二叉排序树,此时它的平均查找长度大约是 log_2n。

若考虑把 n 个结点按各种可能的次序插入到二叉排序树中,则有 $n!$ 棵二叉排序树(其中有的形态相同),可以证明,对这些二叉排序树的查找长度进行平均,在随机情况下得到的

平均查找长度与 $\log_2 n$ 是等数量级的。

8.3.2　平衡二叉树

平衡二叉树又称为 AVL 树,它是一棵"平衡化"的二叉排序树。一棵平衡二叉树或者是空树,或者是具有下列性质的二叉排序树:①左子树与右子树的高度之差的绝对值小于等于 1;②左子树和右子树也是平衡二叉排序树。引入平衡二叉排序树的目的是为了克服二叉排序树中左、右子树深度不平衡的状态,从而提高查找效率,保持其平均查找长度为 $\log_2 n$。在下面的描述中,需要用到结点的平衡因子(bf)这一概念,其定义为结点的左子树深度与右子树深度之差。

注意:对一棵平衡二叉树而言,其所有结点的平衡因子只能是 -1、0 或 1;否则,不是平衡二叉树,如图 8.9 所示。

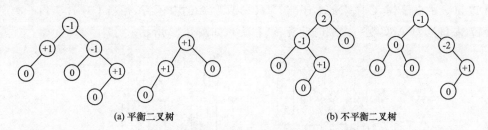

(a) 平衡二叉树　　　　　　　　　　　　　(b) 不平衡二叉树

图 8.9　平衡二叉树和不平衡二叉树

由于平衡二叉树是一种动态查找表,因此在一棵平衡二叉排序树上插入一个结点时,常常导致某棵子树的根结点失衡,即出现该结点平衡因子的绝对值大于 1,如等于 2 或 -2,如图 8.10 所示给出了一棵平衡二叉排序树和一棵失去平衡的二叉排序树。

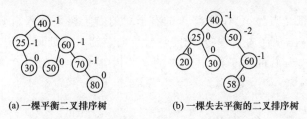

(a) 一棵平衡二叉排序树　　　　　(b) 一棵失去平衡的二叉排序树

图 8.10　平衡与不平衡的二叉排序树

1.失衡二叉树的调整

在平衡二叉树的实际操作中,既要保证其二叉排序树的特性不变,又要平衡,则必须对失去平衡的二叉排序树进行调整,使其仍为平衡二叉树。因为在平衡二叉树上插入新的结点,使得距离插入结点最近的祖先结点的平衡因子绝对值超过 1,从而失去平衡。根据引起失衡的结点的插入位置的不同,可将调整方法归纳为以下四种情况:

● LL 型

假设某子树的根结点为 A,在结点 A 的左子树的左子树上插入新结点后,导致 A 的平衡因子由 1 增至 2,从而失去平衡,则需进行单向右旋平衡处理,即进行一次向右的顺时针旋转操作,将 A 改为 B 的右子树,B 原来的右子树 $B_R(b_2)$ 改为 A 的左子树,实现单向右旋操作,如图 8.11 所示。

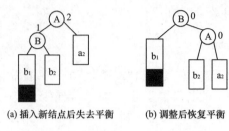

(a) 插入新结点后失去平衡　　　　(b) 调整后恢复平衡

图 8.11　二叉排序树 LL 型平衡旋转

● LR 型

假设某子树的根结点为 A，在结点 A 的左子树的右子树的左子树上插入新结点后，导致 A 的平衡因子由 1 增至 2，从而失去平衡，则需进行双向旋转平衡处理，即进行先左旋后右旋的操作。首先将 B 改为 C 的左子树，而 C 原来的左子树 $C_L(C_2)$ 改为 B 的右子树；然后将 A 改为 C 的右子树，C 原来的右子树 $C_R(C_1)$ 改为 A 的左子树，相当于对 B 实现一次逆时针旋转（左旋），对 A 实现一次顺时针旋转（右旋），如图 8.12 所示。

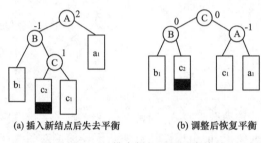

(a) 插入新结点后失去平衡　　　　(b) 调整后恢复平衡

图 8.12　二叉排序树 LR 型平衡旋转

● RR 型

假设某子树的根结点为 A，在结点 A 的右子树的右子树上插入新结点后，导致 A 的平衡因子由 -1 减至 -2，从而失去平衡，则需进行单向左旋平衡处理，即进行一次向左的逆时针旋转操作，将 A 改为 B 的左子树，B 原来的左子树 $B_L(b_1)$ 改为 A 的右子树，实现单向左旋操作，如图 8.13 所示。

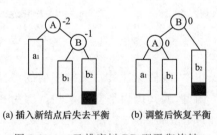

(a) 插入新结点后失去平衡　　　　(b) 调整后恢复平衡

图 8.13　二叉排序树 RR 型平衡旋转

● RL 型

假设某子树的根结点为 A，在结点 A 的右子树的左子树的左子树上插入新结点后，导致 A 的平因子由 -1 减至 -2，从而失去平衡，则需进行双向旋转平衡处理，即进行先右旋后左旋的操作。首先将 B 改为 C 的右子树，而 C 原来的右子树 $C_R(C_1)$ 改为 B 的左子树；然后将 A 改为 C 的左子树，C 原来的左子树 $C_L(C_2)$ 改为 A 的右子树，相当于对 B 实现做了一次顺时针旋转（右旋），对 A 实现一次逆时针旋转（左旋），如图 8.14 所示。

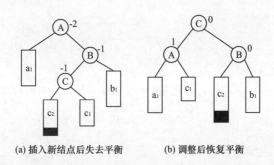

(a) 插入新结点后失去平衡　　　　(b) 调整后恢复平衡

图 8.14　二叉排序树 RL 型平衡旋转

上述四种情况中,利用旋转的方法将处于失衡状态的二叉排序树调整至平衡状态,能够保持二叉排序树的有序特性,这一点可以利用中序遍历所得的关键字序列的有序性加以证明。因此当平衡二叉树因插入结点而失去平衡时(无论哪一种情况),仅需对最小不平衡子树进行平衡旋转处理,经过旋转处理恢复平衡的子树深度与插入之前的深度相等,不会影响插入路径上所有祖先结点的平衡度。平衡二叉排序树的类型定义为:

```
typedef struct AVLTNode
{
  ElemType data;
  int bf;
  struct AVLTNode * lchild, * rchild;
}AVLTNode, * AVLTree;
```

2.平衡二叉排序树的插入

综上所述,在一个平衡二叉排序树上插入一个新结点时,主要包括以下三步操作:

(1)查找应插位置,并记录离插入位置最近的可能失衡结点(该点的平衡因子不等于0);

(2)插入新结点,并修改插入路径上各结点的平衡因子;

(3)根据各个结点的平衡因子,判断是否失衡以及失衡类型,并做相应处理。

下面给出调整失衡的二叉树恢复平衡的算法,其中 AVLTree 为平衡二叉排序树类型,AVLTNode 为平衡二叉排序树结点类型。调整方法为:①当出现 LL 型和 LR 型失衡类型时,采用左平衡 LeftBalance 的算法,其中 LL 型失衡类型,仅执行一次右旋转(R_Rotate);而 LR 型失衡类型需先执行一次左旋转(L_Rotate),再执行一次右旋转(R_ Rotate),以达到平衡。②当出现 RR 型和 RL 型失衡类型时,采用右平衡 RightBalance 的算法,其中 RR 型失衡类型,仅执行一次左旋转(L_Rotate);而 RL 型失衡类型需先执行一次右旋转(R_Rotate),再执行一次左旋转(L_ Rotate),以达到平衡。

下面给出具体的算法描述:

算法 8.8

```
void R_ Rotate(BSTree &p)
{/ * 对以 * p 为根结点的二叉排序树做右旋处理,处理之后 p 指向新的树根结点,即旋转处理之前的
左子树的根结点 * /
    lc=p->lchild;
    p->lchild=lc->rchild;
```

```
    lc->rchild=p;p=lc;
}
```

算法 8.9

```
void L_Rotate(BSTree &p)
```

{/*对以*p为根结点的二叉排序树做左旋处理,处理之后p指向新的树根结点,即旋转处理之前的右子树的根结点*/

```
    rc=p->rchild;
    p->rchild=rc->lchild;
    rc->lchild=p;p=rc;
}
```

算法 8.10

```
#define LH +1                        /*左高*/
#define EH 0                         /*等高*/
#define RH -1                        /*右高*/
status InsertAVL(BSTree &T, Elemtype e;Boolean &taller)
```

{/*若在平衡的二叉排序树T中不存在和e有相同关键字的结点,则插入一个关键字为e的结点,并返回1,否则返回0。若因插入而使二叉树失去平衡,则做平衡旋转处理,逻辑变量taller反映树T是否长高*/

```
    if(! T)                          /*插入新结点,树"长高",置taller为TRUE*/
    {
        T=(BSTree)malloc(sizeof(BSTNode));T->data=e;
        T->lchild= T->rchild=NULL; T->bf=0; taller=TRUE;
    }
    else
    {
        if(e.key = T->data.key)         /*树中存在与e相同的关键字结点*/
        {
            taller = FALSE; return 0;    /*不插入*/
        }
        if(e.key<T->data.key)           /*在其左子树中查找*/
        {
            if(! InsertAVL(T->lchild; e; taller)) return 0;
            if(taller)                   /*在左子树中插入*/
                swith(T->bf)
                {
                    case LH:             /*原左子树比右子树高,需做左平衡处理*/
                        LeftBalance(T); taller=FLASE; break;
                    case EH:             /*原左子树与右子树等高,无须调整*/
                        T->bf=LH; taller=TRUE; break;
                    case RH:             /*原右子树比左子树高,无须调整*/
                        T->bf=EH; taller = FLASE; break;
                }
            else
```

```
{
    if(! InsertAVL(T->rchild; e; taller)) return 0;
    if(taller)                    /* 在右子树中插入 */
      swith(T->bf)
      {
         case LH:                 /* 原左子树比右子树高,无须调整 */
           T->bf= EH; taller = FLASE; break;
         case EH:                 /* 原左子树与右子树等高,无须调整 */
           T->bf=RH; taller = TRUE; break;
         case RH:                 /* 原右子树比左子树高,需做右平衡处理 */
           RightBalance(T); taller = FLASE; break;
      }
    }
  }return 1;
}
```

算法 8.11

```
void LeftBalance(AVLTree T)
/* 对 T 所指的结点为根的二叉排序树做左平衡处理,调整完成时,T 指向新的根结点 */
{
  lc = T->lchild;                /* lc 指向 T 的左子树的根结点 */
  switch(lc->bf)                 /* 检查 T 的左子树的平衡因子,并做相应调整 */
  {
    case LH:
      T->bf=lc->bf=EH;
      R_Rotae(T);break;
    case RH:
      rd=lc->rchild;
      switch(rd->bf)             /* 修改其平衡因子 */
      {
        case LH: T->bf=RH; lc->bf = EH;
        case EH: T->bf =lc->bf=EH;
        case RH: T->bf =EH;lc->bf=LH;
      }
      rd->bf =EH;
      L_Rotate(T->lchild) ;
      R_Rotate(T) ;
  }
}
```

关于右平衡 RightBalance 的算法,请读者参照左平衡 LeftBalance 的算法 8.11 自行设计。下面通过几个实例,直观说明失衡情况以及相应的调整方法。

①已知一棵平衡二叉排序树如图 8.15(a)所示。在 A 的左子树的左子树的左子树上插入 15 后,导致失衡(LL 型),如图 8.15(b)所示。为恢复平衡并保持二叉排序树的特性,可

将 A 改为 B 的右子树,B 原来的右子树改为 A 的左子树,如图 8.15(c)所示。这相当于以 B 为轴,对 A 做了一次顺时针旋转。

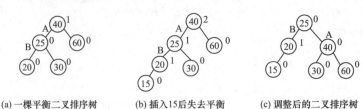

(a) 一棵平衡二叉排序树　　　(b) 插入15后失去平衡　　　(c) 调整后的二叉排序树

图 8.15　LL 型不平衡二叉树的调整

②已知一棵平衡二叉排序树如图 8.16(a)所示。在 A 的右子树 B 的右子树上插入 70 后,导致失衡(RR 型),如图 8.16(b)所示。为恢复平衡并保持二叉排序树的特性,可将 A 改为 B 的左子树,B 原来的左子树改为 A 的右子树,如图 8.16(c)所示。这相当于以 B 为轴,对 A 做了一次逆时针旋转。

(a) 一棵平衡二叉排序树　　　(b) 插入70后失去平衡　　　(c) 调整后的二叉排序树

图 8.16　RR 型不平衡二叉树的调整

③已知一棵平衡二叉排序树如图 8.17(a)所示。在 A 的左子树 B 的右子树 C 的左子树上插入 45 后,导致失衡(LR 型),如图 8.17(b)所示。为恢复平衡并保持二叉排序树的特性,可首先将 B 改为 C 的左子树,而 C 原来的左子树改为 B 的右子树;然后将 A 改为 C 的右子树,C 原来的右子树改为 A 的左子树,如图 8.17(c)所示。这相当于对 B 做了一次逆时针旋转,对 A 做了一次顺时针旋转。

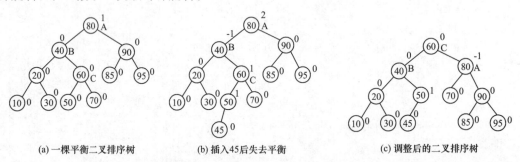

(a) 一棵平衡二叉排序树　　　(b) 插入45后失去平衡　　　(c) 调整后的二叉排序树

图 8.17　LR 型不平衡二叉树的调整

④已知一棵平衡二叉排序树如图 8.18(a)所示。在 A 的右子树 B 的左子树 C 的左子树上插入 55 后,导致失衡(RL 型),如图 8.18(b)所示。为恢复平衡并保持二叉排序树的特性,可首先将 B 改为 C 的右子树,而 C 原来的右子树改为 B 的左子树;然后将 A 改为 C 的左子树,C 原来的左子树改为 A 的右子树,如图 8.18(c)所示。这相当于对 B 做了一次顺时针旋转,对 A 做了一次逆时针旋转。

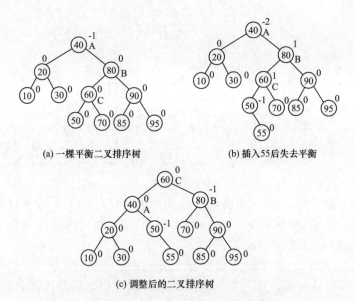

(a) 一棵平衡二叉排序树　　　　　　(b) 插入55后失去平衡

(c) 调整后的二叉排序树

图 8.18　RL 型不平衡二叉树的调整

平衡二叉树是为降低排序树的高度而设计的,因此在保证排序树的有序特征的前提下,使得各结点的平衡因子绝对值不大于 1。平衡二叉树的主要优点是当插入、删除结点,导致失衡时,可以进行动态调整使其恢复为平衡二叉排序树。因此,总会使得一棵排序树的树高保持较低,从而提高查找效率。在平衡二叉排序树上进行查找的最大比较次数为 $1.5\log_2 n$,即在平衡二叉排序树上进行查找的时间复杂度为 $O(\log_2 n)$。

8.3.3　B-树

B-树是一种平衡的多路查找树,可将 B-树定义为"m 叉排序树",通常称为 m 路查找树。除了 B-树,还有 B+树,关于 B+树我们将在 10.4.2 节中介绍。

1.B-树及其查找

一棵 m 阶 B-树,或者是一棵空树或者是满足如下性质的 m 排序树。

● 树中每个结点至多有 m 棵子树,$m-1$ 个关键字,其结构如下:

parent	N	P₀	K₁	P₁	K₂	P₂	...	Kₙ	Pₙ

其中 parent 为指向双亲结点的指针,n 为每个结点中关键字个数,$K_i(1 \leqslant i \leqslant n)$ 为关键字,且 $K_i < K_{i+1}(i=1,2,\cdots,n-1)$;$P_i(i=0,1,2,\cdots,n)$ 为指向子树根结点的指针,且指针 P_{i-1} 所指子树中所有的结点关键字均小于 $K_i(i=1,2,\cdots,n)$,P_n 所指子树中所有的结点关键字均大于 K_n,$n(\lfloor m/2 \rfloor - 1 \leqslant n \leqslant m-1)$ 为关键字的个数(或 $n+1$ 为子树个数)。

● 若根结点不是叶子结点,则至少有两棵子树;

● 除根之外的所有非终端至少有 $\lfloor m/2 \rfloor$ 棵子树;

● 所有叶子结点都出现在同一层上,并且不带信息(可以看作外部结点或查找失败的结点,实际上这些结点不存在,指向这些结点的指针为空,引入这些结点的目的是为了便于分析 B-树的查找性能)。

如图 8.19 所示是一个 4 阶 B-树,深度为 4。

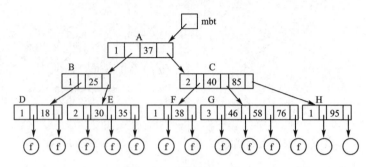

图 8.19   一棵 4 阶 B-树

B-树的查找与排序树类似,下面以图 8.19 为例说明查找关键字 58 的过程:

首先,由根指针 mbt 找到根结点 A,因为 58>37,所以找到结点 C,因为 40<58<85,所以找到结点 G,最后在结点 G 中找到 58。

再如查找关键字为 32 时,首先由根指针 mbt 到根结点 A,因为 32<37,所以找到结点 B,因为 32>25,所以找到结点 E,又因为 30<32 <35,所以最后指针指向叶子结点 f,表示 32 不存在,查找失败。

由此可见,B-树上的查找过程,是一个按指针查找结点和在结点上查找关键字交替进行的过程。

2.B-树的插入

首先通过实例说明 B-树的插入方法,然后给出插入算法。图 8.20 给出一个 B-树的插入实例。

提示:按照 B-树的定义,3 阶 B-树上所有非终端结点至多可有两个关键字,至少有一个关键字,子树的个数为 2 或 3,称为 2—3 树。

已知一棵 3 阶 B-树,如图 8.20(a)所示,要求插入 52、20、49。

(1)插入 52:首先查找应插位置,即结点 f 中 50 的后面,插入后如图 8.20(b)所示。

(2)插入 20:直接插入后如图 8.20(c)所示。由于结点 c 的分支数变为 4,超出了 3 阶 B树的最大分支数 3,需将结点 c 分裂为两个较小的结点。以中间关键字 14 为界,将 c 中关键字分为左、右两部分,左边部分仍在原结点 c 中,右边部分放到新结点 c′中,中间关键字 14 插到其父结点的合适位置,并令其右指针指向新结点 c′,如图 8.20(d)所示。

(3)插入 49:直接插入后如图 8.20(e)所示。f 结点应分裂,分裂后的结果如图 8.20(f)所示。50 插到其父结点 e 的 key[1]处,新结点 f′的地址插到 e 的 ptr[1]处,e 中 ptr[0]不变,仍指向原结点 f。此时,e 仍需要分裂,继续分裂后的结果如图 8.20(g)所示。53 存到其父结点 a 的 key[2]处。ptr[2]指向新结点 e′,ptr[1]仍指向原结点 e。

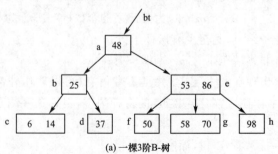

(a)一棵3阶B-树

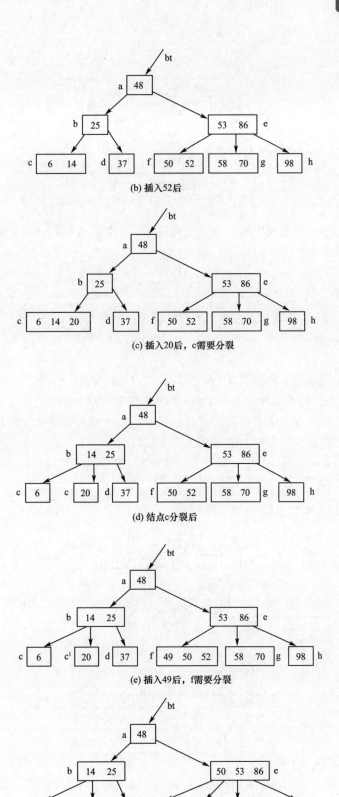

(b) 插入52后

(c) 插入20后，c需要分裂

(d) 结点c分裂后

(e) 插入49后，f需要分裂

(f) 结点f分裂后，结点e仍需要分裂

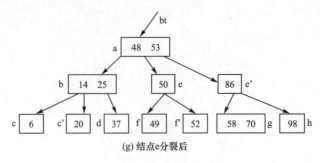

(g) 结点e分裂后

图 8.20　B-树的插入实例

一般情况下,结点可实现"分裂"如下。假设 *p 结点中已有 m−1 个关键字,当插入一个关键字后,结点为:

$$m, P_0, (K_1, P_1), \cdots, (K_m, P_m)$$

要求 $K_i < K_{i+1} (1 \leq i < m)$

此时可将 *p 结点分裂为 *p 和 *p′ 两个结点,其中结点 *p 为:

$$\lfloor m/2 \rfloor - 1, P_0, (K_1, P_1), \cdots, (K_{\lfloor m/2 \rfloor -1}, P_{\lfloor m/2 \rfloor -1})$$

其中结点 *p′ 为:

$$m - \lfloor m/2 \rfloor, P_{\lfloor m/2 \rfloor}, (K_{\lfloor m/2 \rfloor +1}, P_{\lfloor m/2 \rfloor}), \cdots, (K_m, P_m)$$

而关键字 $K_{\lfloor m/2 \rfloor}$ 和指针 *p′ 一起插入到 *p 的双亲结点中。

【例 8.1】 已知关键字集为(37,70,12,145,90,3,24,61),要求从空树开始,逐个插入关键字,创建一棵 3 阶 B 树。创建过程如图 8.21 所示。

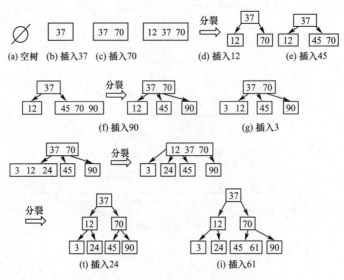

图 8.21　从空树开始,构造一棵 3 阶 B-树

3.在 B-树中删除一个关键字

在 B-树中删除一个关键字时,首先应找到该关键字所在的结点,然后,考虑该结点是否为树中的最下层非终端结点,若是,且其中的关键字数目不少于$\lfloor m/2 \rfloor$,则从该结点中删除此关键字,否则其中的关键字数目少于$\lfloor m/2 \rfloor$,需要进行"合并"操作;若该结点不是最下层非终端结点,且要删除的关键字是结点中的 K_i;则可用指针 A_i 所指子树中最小关键字 Y 代

替 K_i，再从相应的结点中删除 Y。如图 8.22 所示，在 B-树上删除 43，可用 47 代替 43，再删除 47。

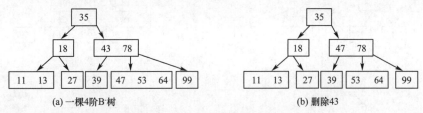

(a) 一棵4阶B树　　　　　　　　　　(b) 删除43

图 8.22　从 4 阶 B⁻ 树上删除 43

下面讨论删除最下层非终端结点中的关键字的三种情况：

● 被删除关键字所在结点的关键字数目不小于 $\lfloor m/2 \rfloor$，则从该结点中删除此关键字 K_i 和相应的指针 A_i，树的其他部分不变。如图 8.23(a) 是一棵 4 阶 B-树（$m=4$），从中删除 11 后得到图 8.23(b) 所示，删除 53 后得到图 8.23(c) 所示。

● 被删除关键字所在结点的关键字数目等于 $\lfloor m/2 \rfloor - 1$，而与该结点相邻的有兄弟（或左兄弟）结点中的关键字数目大 $\lfloor m/2 \rfloor - 1$，为了保持 B-树的各分支等长（平衡），且有序，则需将其兄弟结点中的最小（或最大）的关键字上移至双亲结点中，而将双亲结点中小于（或大于）且紧靠该上移关键字的关键字下移至被删除关键字所在结点中。例如从图 8.23(c) 所示的 4 阶 B-树中删除 39，需将其右兄弟中的 47 上移，而将其双亲中的 43 下移作为 47 的左孩子，得到如图 8.23(d) 所示的 B-树。

● 被删除关键字所在结点和其相邻的兄弟结点中的关键字数目均等于 $\lfloor m/2 \rfloor - 1$。假设该结点有右兄弟，且其右兄弟结点地址由双亲结点中的指针 A_i 所指，则在删除关键字之后，它所在结点中剩余的关键字和指针，加上双亲结点中的关键字 K_i 一起，合并到 A_i 所指兄弟结点中（若没有右兄弟，则合并至左兄弟结点中）。这种合并有可能使双亲结点中的关键字数目小于 $\lfloor m/2 \rfloor - 1$，则继续合并，当合并到根时，各分支深度同时减 1。

例如图 8.23(d) 所示的 4 阶 B-树中删除 64，为保持各分支等长（平衡），将删除 64 后的剩余信息（在此为空指针）及 78 合并入右兄弟，如图 8.23(e) 所示。也可将删除 64 后的剩余信息及 47 与左兄弟合并。又从图 8.23(e) 所示的 4 阶 B-树中删除 27 时，首先将剩余信息（在此为空指针）与双亲结点中的 18 并入左兄弟，并释放空结点，结果如图 8.23(f) 所示。此时双亲结点也需要合并，将双亲结点中的剩余信息（指针 p1）与祖父结点中的 35 并入 47 左端，释放空结点后的结果如图 8.23(g) 所示。至此，祖父结点仍需要合并，但由于待合并结点的双亲指针为 null，故停止合并，直接将根指针 bt 置为指针 p2 的值，释放空站点后的结果如图 8.23(h) 所示。

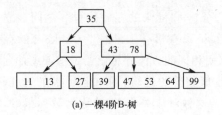

(a) 一棵4阶B-树

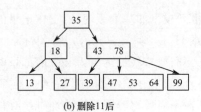

(b) 删除11后

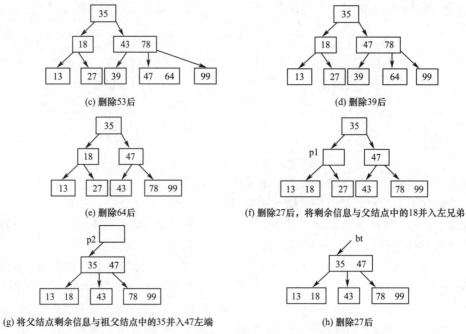

(c) 删除53后

(d) 删除39后

(e) 删除64后

(f) 删除27后，将剩余信息与父结点中的18并入左兄弟

(g) 将父结点剩余信息与祖父结点中的35并入47左端

(h) 删除27后

图8.23　在一棵4阶B-树的最下层删除结点

注意：一般情况下，删除非最下层结点中的关键字，可转化为删除最下层结点中的关键字。

8.4　散列表查找

在前面几节介绍的查找方法中，无论是线性表查找还是树表，记录在存储结构中的位置是随机的，即存储位置与记录关键字之间没有确定的关系，其查找操作是通过给定值与记录关键字之间的比较进行的。

散列技术既是一种存储方法，又是一种查找方法。它是通过某种方法的计算，在记录关键字与其存储位置之间建立确定的对应关系，这种关系一旦确定，每条记录都存储在固定的存储单元中，查找时只需根据这种对应关系，找到给定值对应的存储位置，从而达到按关键字直接存取记录的目的。

8.4.1　散列表

散列技术的基本原理是：①在记录的关键字 key 和记录的存储位置 p 之间建立一个对应关系 H，得到 p=H(key)，将关键字为 key 的记录直接存入地址为 H(key)的存储单元中；②当需要查找给定值为 key 的记录时，再利用相同的方法计算出给定值 key 的对应关系 H(key)，如果存储结构中存在着关键字与给定值相等的记录，则一定存储在 H(key)位置上，从而不需要比较即可按地址直接存取记录。这种对应关系 H 被称为散列函数，或哈希函数，利用这种方法建立的表称为散列表或哈希表。

当关键字集合很大时，关键字值不同的记录通过散列函数的计算，可能会映象到散列表的同一地址上,即 K1≠K2,但 H(K1)=H(K2),这种现象称为冲突,此时称 K1 与 K2 为同义词。实际中,冲突是不可避免的,只能通过改进散列的数的性能来减少冲突。

综上所述,构造散列表主要包括以下两方面的内容:

- 如何构造哈希函数;
- 如何处理冲突。

8.4.2 构造散列函数的方法

构造散列函数(哈希函数)有很多方法,其构造的原则是使集合中的任意一个记录关键字通过散列函数映象找到它的存储地址,其存储地址的分布是均匀的,即对任意一个关键字 key,H(key)对应不同地址的概率是相等的,目的是为了尽可能减少冲突。

下面介绍构造哈希函数常用的五种方法。

1.数字分析法

如果事先知道关键字集合,并且每个关键字的位数比散列表的地址位数多时,可以从关键字中选出分布较均匀的若干位,构成散列地址。例如,有 80 个记录,关键字为 8 位十进制整数 $d_1d_2d_3d_4d_5d_6d_7d_8$,如果散列表长取 100_{10},则散列表的地址空间为:00~99。需要构造一个散列函数,从每个 8 位十进制数中取出任意两位数,作为该记录的存储地址,注意,通过该函数产生的地址码应尽量减少冲突。假设经过数字分析,各关键字中 d_4 和 d_7 的取值比较均匀,重复数值较少,则定义散列函数为::H(key)=H($d_1d_2d_3d_4d_5d_6d_7d_8$)= d_4d_7

例如:······

60130138

60260749

60154368

60176185

60190128

······

H(60130138)=33,H(60260749)=64,H(60154368)=56 等,这样取值产生的地址码冲突较少;相反,若不考虑取值分布是否均匀,随意构造散列函数为:H(key)=H($d_1d_2d_3d_4d_5d_6d_7d_8$)= d_2d_3,则所有关键字的地址码都是 01,显然冲突过多,不可取。

2.平方取中法

当无法确定关键字中哪几位分布较均匀时,可以先求出关键字的平方值,然后按需要取平方值的中间几位作为散列地址。这是因为平方后中间几位数值与原关键字值中每一位数都有关,故利用求关键字的平方值,扩大原有数值分布较集中的关键字的间距,使其数值分布相对分散,再取中间几位作为散列地址,可以尽可能减少冲突。取值的位数由表长决定。

例如,将英文字母在字母表中的位置序号作为该英文字母的内部编码。K 的内部编码为 11,E 的内部编码为 05,Y 的内部编码为 25,A 的内部编码为 01,B 的内部编码为 02。由此组成关键字"KEYA"的内部代码为 11052501,同理我们可以得到关键字"KYAB""AKEY""BKEY"的内部编码。然后对关键字进行平方运算,取出第 7 位到第 9 位作为该关键字散列地址,见表 8.1。

表 8.1 平方取中法求得的散列地址

关键字	内部编码	内部编码的平方值	H(key)关键字的散列地址
KEYA	11052501	122157778355001	778
KEYB	11250102	126564795010404	795
AKEY	1110525	001233265775625	265
BKEY	2110525	004454315775625	315

3.分段叠加法

这种方法是按散列表地址位数将关键字分成位数相等的几部分(最后一部分可以较短),然后将这几部分相加,舍弃最高进位后的结果,即是该关键字的散列地址。具体方法有折叠法与移位法。移位法是将分割后的每部分低位对齐相加,折叠法是从一端向另一端沿分割界来回折叠(奇数段为正序,偶数段为倒序),然后将各段相加。例如:key=12360324711202065,散列表长度为1000,则应把关键字分成3位一段,在此舍去最低的两位65,分别进行移位叠加和折叠叠加,求得散列地址为105和907,如图8.24所示。

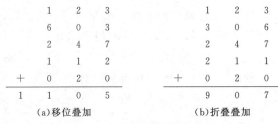

(a)移位叠加　　　　　　　　(b)折叠叠加

图 8.24　由叠加法计算散列地址

4.除留余数法

取关键字被某个不大于表长 m 的素数 p 除后,所得余数为散列地址。其散列函数为:

$$H(key)=key \ MOD \ p \ (p{\leqslant}m)$$

其中 MOD 为模,p 取余运算。这是一种最简单也是最常见的构造散列函数的方法,又可以对关键字直接取模,也可以在平方取中和分段叠加后取模。

5.伪随机数法

采用一个伪随机函数作散列函数,即 $H(key)=random(key)$。

在实际应用中,应根据具体情况,采用不同的方法。在构造散列函数时,通常应考虑以下五个因素:

- 计算散列函数所需的时间;
- 关键字的长度;
- 散列表的大小;
- 关键字的分布情况;
- 查找记录的频率。

8.4.3　解决冲突的方法

通过构造性能良好的散列函数,可以减少冲突,但一般情况下不可能完全避免冲突,因此解决冲突是散列技术的另一个关键问题。创建散列表和查找散列表都会遇到冲突,两种情况下解决冲突的方法应该一致。发生"冲突"是指关键字通过散列函数得到的散列地址处已经存有记录,"解决冲突"就是设法给该记录找到下一个存放地址。下面以创建散列表为例,说明解决冲突的方法。常用的解决冲突方法有以下四种。

1.开放地址法

这种方法也称再散列法,其基本思想是:当关键字 key 的散列地址 $p=H(key)$ 出现冲突时,以 p 为基础,产生另一个散列地址 P_1,如果 P_1 仍然冲突,再以 P_1 为基础,产生另一个散列地址 P_2,……,直到找出一个不冲突的散列地址 p_i,将相应记录存入其中。这种方法有一个通用的再散列函数形式:

$$H(key)=(H(key)+d_i)\ MOD\ m,i=1,2,3,\cdots,n(n\leqslant m-1)$$

其中 $H(key)$ 为散列函数,m 为表长,d_i 称为增量序列。增量序列的取值方式不同,相应的再散列方式也不同。可以有以下三种增量序列的取值方法:

● 线性探测再散列

$$d_i=1,2,3,\cdots,m-1$$

这种方法的特点是:冲突发生时,顺序查看表中下一单元,直到找出一个空单元。

● 二次探测再散列

$$d_i=1^2,-1^2,2^2,-2^2,\cdots,k^2,-k^2 \quad (k\leqslant m/2)$$

这种方法的特点是:冲突发生时,在表中发生冲突的地址 p 的左右进行跳跃式探测,比较灵活。

● 伪随机探测再散列

$$d_i=伪随机数序列$$

具体实现时,应建立一个伪随机数发生器,(如 $i=(i+p)\ MOD\ m$),并给定一个随机数做序列的起始点。

【例8.2】 已知记录关键字为(47,26,60,69),散列表长度 $m=11$,散列函数为:$H(key)=key\ MOD\ 11$,则 $H(47)=3$,将 47 存入 3 号单元,$H(26)=4$,将 26 存入 4 号单元,$H(60)=5$,将 60 存入 5 号单元,$H(69)=3$,与 47 冲突。如果用线性探测再散列处理冲突,下一个哈希地址为 $H_1(69)=(3+1)\ MOD\ 11=4$,仍然冲突,再找下一个散列地址 $H_2(69)=(3+2)\ MOD\ 11=5$,还冲突,继续找下一个散列地址 $H_3(69)=(3+3)MOD\ 11=6$,此时不再冲突,将 69 填入 6 号单元,如图 8.25(a)所示。如果用二次探测再散列处理冲突,下一个散列地址为 $H_1(69)=(3+1^2)\ MOD\ 11=4$,仍然冲突,$H_2(69)=(3-1^2)MOD\ 11=2$,此时不再冲突,将 69 填入 2 号单元,如图 8.25(b)所示。如果用伪随机探测再散列处理冲突,令随机数序列为 $2,5,9,\cdots$,则下一个哈希地址为 $H_1(69)=(3+2)MOD\ 11=5$,仍然冲突,再找下一个散列地址为 $H_2(69)=(3+5)MOD\ 11=8$,此时不再冲突,将 69 填入 8 号单元,如图 8.25(c)所示。

图 8.25 开放定址法处理冲突

通过上述示例可以看出,当表中 $i,i+1,i+2$ 三个位置上已被记录占满时,下一个散列地址为 i,或 $i+1$,或 $i+2$,或 $i+3$ 的元素,都将填入 $i+3$ 这同一个单元,而这四个关键字并不是同义词,有可能发生冲突。

提示:线性探测再散列容易产生"二次聚集",即在处理同义词的冲突时又导致非同义词的冲突。线性探测再散列的优点是:只要散列表不满,就一定能找到一个不冲突的散列地址,而二次探测再散列和伪随机探测再散列则不一定。

2.再散列法

这种方法是同时构造多个不同的散列函数:

$$H_i = RH_i(key), i = 1, 2, \cdots, k$$

当散列地址 $H_1 = RH_1(key)$ 发生冲突时,再计算 $H_2 = RH_2(key)$,…… 直到没有冲突发生。这种方法不易产生聚集,但增加了计算时间。

3.链地址法

这种方法的基本思想是将所有关键字为同义词的记录分别链成一个线性链表(单链表),称为同义词链。设散列表表长为 m,构造一个地址区间为 $[0\cdots m-1]$ 的指针型向量 $HASH[m]$,先将各个分量的初始状态设为空指针,再将散列地址同为 i 的关键字链入以第 i 个存储位置为头指针的同一个单链表 $HASH[i]$ 中,同义词插入链表时,保证同义词在同一链表中的存放按关键字有序,因而查找、插入和删除等操作主要在同义词链中进行。链地址法适用于经常进行插入和删除的查找表。

【例8.3】已知一组关键字(32,40,36,53,16,46,71,27,42,24,49,64),散列表长度为13,散列函数为:H(key)=key MOD 13,则用链地址法处理冲突,如图8.26所示。

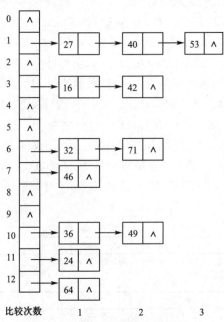

图8.26 链地址法处理冲突的散列表

4.建立公共溢出区

这种方法的基本思想是将散列表分为基本表和溢出表两部分,凡是与基本表发生冲突的元素一律填入溢出表。

8.4.4 散列表上的查找

散列表的查找过程与散列表的构造过程是一致的。当查找关键字为 key 的记录时,首先计算 $P_0 = hash(key)$。如果存储单元 P_0 为空,则待查找记录不存在;如果存储单元 P_0 中记录的关键字为 key,则找到待查找记录;如果存储单元 P_0 中元素的关键字不等于 key,则重复执行下列解决冲突的过程:按处理冲突的方法,找出下一个散列地址 P_1,如果存储单元 p_1 为空,则所查找记录不存在;如果存储单元 p_1 中元素的关键字为 key,则找到待查找记录,否则继续查找 P_2,……直至找到关键字为 key 的记录,或直至找遍整个表,没有找到,则待查找记录不存在。

下面以线性探测再散列为例,给出散列表的查找算法(算法 8.12)。

```
#define m          /* 散列表的长度 */
typedef int KeyType;
typedef struct
{
  KeyType key;
  ...
}RecordType;
typedef RecordType HashTable [m];
int HashSearch(HashTable HT, KeyType key)
{
  P0=hash(key);
  if(HT[P0].key==NULL)  return (-1);
  else                        /* 用线性探测再散列解决冲突 */
    {
      for(i=1; i<= m-1; i++)
        {
          pi=(p0+i) MOD m;
          if(HT[pi] == NULL) return (-1);
          else if(HT[pi]==key) return (pi);
        }
      return (-1);
    }
}
```

8.4.5 散列技术性能分析

由于冲突的存在,利用散列技术进行查找仍然需要进行关键字的比较。因此仍需要利用平均查找长度来衡量散列技术的查找性能。评价查找性能的"优劣"时,首先要考虑其产生冲突的频率是多少。散列技术中影响关键字比较次数的因素有三个:散列函数的构造方法、处理冲突的方法以及散列表的装填因子。散列表的装填因子 α 的定义如下:

$$\alpha = \frac{散列表中关键字个数}{散列表的长度}$$

α 可描述散列表的装满程度。显然,α 越小,发生冲突的可能性越小,而 α 越大,发生冲突的可能性也越大。假定散列函数是均匀的,即该散列函数对同一组中的各个关键字产生冲突的可能性是相同的,则影响平均查找长度的因素只剩下两个:处理冲突的方法以及 α。

以下按处理冲突的不同方法分别列出相应的平均查找长度。

1.线性探测再散列

查找成功时:$S_{nl} = \dfrac{1}{2}(1 + \dfrac{1}{1-\alpha})$

查找失败时:$U_{nl} = \dfrac{1}{2}(1 + \dfrac{1}{(1-\alpha)^2})$

2.伪随机探测再散列、二次探测再散列以及再哈希法

查找成功时:$S_{nr} = -\dfrac{1}{\alpha}\ln(1-\alpha)$

查找失败时:$U_{nr} = \dfrac{1}{1-\alpha}$

3.链址法

查找成功时:$S_{nc} = 1 + \dfrac{\alpha}{2}$

查找失败时:$U_{nc} = \alpha + e^{-\alpha}$

从以上讨论可知:散列表的平均查找长度是装填因子 α 的函数,而与待散列的关键字个数 n 无关,因此,无论 n 有多大,都能通过调整,使散列表的平均查找长度较小。

另外,在假设记录的查找概率相等的前提下,可以通过计算的方法得出用散列查找的平均查找长度。等概率情况下计算查找成功的平均查找长度公式为:

$$ASL_{succ} = \frac{1}{\text{表中存入关键字个数 } n} \sum_{i=1}^{n} C_i$$

其中 C_i 为查找每个关键字时所需的比较次数。

等概率情况下计算查找不成功的平均查找长度公式为:

$$ASL_{unsucc} = \frac{1}{\text{散列函数取值个数 } r} \sum_{i=1}^{r} C_i$$

其中 C_i 为函数取值为 i 时确定查找不成功时的比较次数。

【例8.4】 已知一组关键字序列 $(19,14,23,01,68,20,84,27,55,11,10,79)$,表长 $m = 16$,按哈希函数 $H(key) = key \; MOD \; 13$ 和线性探测处理冲突构造所得散列表 HT$[0\cdots15]$,如图 8.27 所示。

冲突计算次数

（缺少部分为1次）

图 8.27　散列表 HT$[0\cdots15]$

根据线性探测再散列的查找算法,查找关键字 19,14,23,68,20,11 均需要 1 次比较即查找成功;查找关键字 01 需要 2 次比较即查找成功;查找关键字 84,55,10 需要 3 次比较即查找成功;查找关键字 27 需要 4 次比较即查找成功;而查找关键字 79 需要 9 次比较才查找成功。在等概率情况下查找成功时平均查找长度为：

$$ASL_{succ} = \frac{1}{12}(1 \times 6 + 2 \times 3 + 3 \times 3 + 4 + 9) = 2.5$$

在等概率查找的情况下其查找不成功的平均查找长度为：

$$ASL_{unsucc} = \frac{1}{13}(1 + 13 + 12 + 11 + 10 + 9 + 8 + 7 + 6 + 5 + 4 + 3 + 2) = 6$$

同理根据此公式，对采用链地址法处理冲突的散列表例 8.3（图 8.26），计算出在等概率情况下其查找成功的平均查找长度为：

$$ASL_{succ} = \frac{1}{12}(1 \times 7 + 2 \times 4 + 3 \times 1) = 1.5$$

在等概率情况下其查找不成功的平均查找长度为：

$$ASL_{unsucc} = \frac{1}{13}(1 \times 6 + 2 \times 3 + 3 \times 3 + 4) \approx 1.9$$

8.5　本章小结

查找是数据处理中经常使用的一种重要的运算。它同人们的日常工作和生活有着密切的联系。如何高效率地实现查找运算是本章的重点内容。

本章首先介绍了线性表的三种查找方法：顺序查找、折半查找和分块查找，并详细介绍了这三种查找方法的查找过程、算法实现及查找效率的分析。若线性表为有序表，则折半查找是一种高效率的查找方法。

本章还重点介绍了树表的查找方法，详细介绍了二叉排序树、平衡二叉树和 B-树的存储特点、建树方法、查找过程、查找效率分析及平均查找长度的计算方法，着重介绍了二叉排序树的建立、查找、插入和删除运算的算法实现。

本章最后介绍了散列表的查找方法。散列表是直接计算出结点存储地址的方法，它与其他结构的表有着本质的区别。这里主要介绍了散列表的有关概念，散列函数的构造方法、处理冲突的方法，重点介绍了采用不同方法处理冲突时，散列表对应的存储结构、查找、插入、删除等基本运算的算法实现及平均查找长度的计算方法。除余法是常用的散列函数，开放定址法和链地址法是常用的处理冲突的方法。

各种查找方法都有一定的局限性，学会根据实际问题的要求，选取合适的查找方法及相应的存储结构来解决问题是很有必要的。

1.本章的复习要求

（1）熟练掌握线性表的三种查找方法：顺序查找、折半查找和分块查找并能灵活应用。

（2）熟练掌握二叉排序树的特性、构造方法以及查找、插入和建树运算的算法实现。

（3）理解二叉排序树的删除运算以及算法的实现。

（4）理解平衡二叉树的有关概念以及建树的方法。

（5）了解 B-树的特点以及 B-树建立的过程。

（6）理解散列表的有关概念，散列函数的构造方法、处理冲突的方法。

（7）熟练掌握各种查找方法在等概率情况下平均查找长度的计算方法和查找性能的分

析方法。

(8)熟悉各种查找方法,学会根据实际问题的要求,选取合适的查找方法及相应的存储结构来解决具体问题,能够完成主要查找方法的编程任务(顺序查找、折半查找、二叉排序树的建立和查找、散列表的建立和查找等)。

2.本章的重点和难点

本章的重点是:各种查找方法所需要的存储结构及各种查找方法的优缺点,各种查找方法在等概率情况下,其平均查找长度的计算方法,二叉排序树的建立、查找、插入和删除运算的算法实现,平衡二叉树的概念和建树方法,B-树的概念和特点,B-树的建立、查找及插入和删除操作的理解,采用不同的方法处理冲突时,散列表对应的存储结构的要求、散列表的建立、查找、插入运算的算法实现,在散列表上查找成功和查找失败时,其平均查找长度的计算。

本章的难点是:二叉排序树上删除结点的运算,开放定址法解决冲突构造散列表及在散列表上查找成功或查找失败时平均查找长度的计算,B-树的特点及其插入和删除运算。

习题8

一、单项选择题

❶ 若查找每个元素的概率相等,则在长度为 n 的顺序表上查找任一元素的平均查找长度为(   )。

A.n B.$n+1$ C.$(n-1)/2$ D.$(n+1)/2$

❷ 对于长度为 9 的顺序存储的有序表,若采用折半查找,在等概率情况下的平均查找长度为(   )的九分之一。

A.20   B.18   C.25   D.22

❸ 对于长度为 18 的顺序存储的有序表,若采用折半查找,则查找第 15 个元素的比较次数为(   )。

A.3   B.4   C.5   D.6

❹ 对于顺序存储的有序表(5,12,20,26,37,42,46,50,64),若采用折半查找,则查找元素 26 的比较次数为(   )。

A.2   B.3   C.4   D.5

❺ 对具有 n 个元素的有序表采用折半查找,则算法的时间复杂度为(   )。

A.$O(n)$ B.$O(n^2)$ C.$O(1)$ D.$O(log_2 n)$

❻ 在索引查找中,若用于保存数据元素的主表的长度为 n,它被均分为 k 个子表,每个子表的长度均为 n/k,则索引查找的平均查找长度为(   )。

A.$n+k$ B.$k+n/k$

C.$(k+n/k)/2$ D.$(k+n/k)/2+1$

❼ 在索引查找中,若用于保存数据元素的主表的长度为 144,它被均分为 12 子表,每个子表的长度均为 12,则索引查找的平均查找长度为(   )。

A.13   B.24   C.12   D.79

❽ 从具有 n 个结点的二叉排序树中查找一个元素时,在平均情况下的时间复杂度大致

为（　　）。

A.O(n)   B.O(1)   C.O($\log_2 n$)   D.O(n^2)

❾ 从具有 n 个结点的二叉排序树中查找一个元素时,在最坏情况下的时间复杂度为（　　）。

A.O(n)   B.O(1)   C.O($\log_2 n$)   D.O(n^2)

❿ 在一棵平衡二叉排序树中,每个结点的平衡因子的取值范围是（　　）。

A.$-1 \sim 1$ B.$-2 \sim 2$ C.$1 \sim 2$ D.$0 \sim 1$

⓫ 若根据查找表(23,44,36,48,52,73,64,58)建立哈希表,采用 $h(K) = K \% 13$ 计算哈希地址,则元素 64 的哈希地址为（　　）。

A.4   B.8   C.12   D.13

⓬ 若根据查找表(23,44,36,48,52,73,64,58)建立哈希表,采用 $h(K) = K \% 7$ 计算哈希地址,则哈希地址等于 3 的元素个数（　　）。

A.1   B.2   C.3   D.4

⓭ 若根据查找表建立长度为 m 的哈希表,采用线性探测法处理冲突,假定对一个元素第一次计算的哈希地址为 d,则下一次的哈希地址为（　　）。

A.d B.$d+1$ C.$(d+1)/m$ D.$(d+1) \% m$

二、填空题

❶ 以顺序查找方法从长度为 n 的顺序表或单链表中查找一个元素时,平均查找长度为_____,时间复杂度为_____。

❷ 对长度为 n 的查找表进行查找时,假定查找第 i 个元素的概率为 p_i,查找长度(即在查找过程中依次同有关元素比较的总次数)为 c_i,则在查找成功情况下的平均查找长度的计算公式为_____。

❸ 假定一个顺序表的长度为 40,并假定查找每个元素的概率都相同,则在查找成功情况下的平均查找长度_____,在查找不成功情况下的平均查找长度_____。

❹ 以折半查找方法从长度为 n 的有序表中查找一个元素时,平均查找长度约等于_____的向上取整减 1,时间复杂度为_____。

❺ 以折半查找方法在一个查找表上进行查找时,该查找表必须组织成_____存储的_____表。

❻ 从有序表(12,18,30,43,56,78,82,95)中分别折半查找 43 和 56 元素时,其比较次数分别为_____和_____。

❼ 假定对长度 $n = 50$ 的有序表进行折半查找,则对应的判定树高度为_____,最后一层的结点数为_____。

❽ 假定在索引查找中,查找表长度为 n,每个子表的长度相等,设为 s,则进行成功查找的平均查找长度为_____。

❾ 在索引查找中,假定查找表(即主表)的长度为 96,被等分为 8 个子表,则进行索引查找的平均查找长度为_____。

❿ 在一棵二叉排序树中,每个分支结点的左子树上所有结点的值一定_____该结点的值,右子树上所有结点的值一定_____该结点的值。

⓫ 对一棵二叉排序树进行中序遍历时,得到的结点序列是一个_____。

⑫ 从一棵二叉排序树中查找一个元素时,若元素的值等于根结点的值,则表明_____,若元素的值小于根结点的值,则继续向_____查找,若元素的值大于根结点的值,则继续向_____查找。

⑬ 向一棵二叉排序树中插入一个元素时,若元素的值小于根结点的值,则接着向根结点的_____插入,若元素的值大于根结点的值,则接着向根结点的_____插入。

⑭ 根据 n 个元素建立一棵二叉排序树的时间复杂度大致为_____。

⑮ 在一棵平衡二叉排序树中,每个结点的左子树高度与右子树高度之差的绝对值不超过_____。

⑯ 假定对线性表 $(38,25,74,52,48)$ 进行哈希存储,采用 $H(K)=K\%7$ 作为哈希函数,采用线性探测法处理冲突,则在建立哈希表的过程中,将会碰到_____次存储冲突。

⑰ 假定对线性表 $(38,25,74,52,48)$ 进行哈希存储,采用 $H(K)=K\%7$ 作为哈希函数,采用线性探测法处理冲突,则平均查找长度为_____。

⑱ 在线性表的哈希存储中,装填因子 α 又称为装填系数,若用 m 表示哈希表的长度,n 表示线性表中的元素的个数,则 α 等于_____。

⑲ 对线性表 $(18,25,63,50,42,32,90)$ 进行哈希存储时,若选用 $H(K)=K\%9$ 作为哈希函数,则哈希地址为 0 的元素有_____个,哈希地址为 5 的元素有_____个。

三、应用题

① 已知一个顺序存储的有序表为 $(15,26,34,39,45,56,58,63,74,76)$,试画出对应的折半查找判定树,求出其平均查找长度。

② 假定一个线性表为 $(38,52,25,74,68,16,30,54,90,72)$,画出按线性表中元素的次序生成的一棵二叉排序树,求出其平均查找长度。

③ 假定一个待哈希存储的线性表为 $(32,75,29,63,48,94,25,46,18,70)$,哈希地址空间为 $HT[13]$,若采用除留余数法构造哈希函数和线性探测法处理冲突,试求出每一元素在哈希表中的初始哈希地址和最终哈希地址,画出最后得到的哈希表,求出平均查找长度。

元素	32	75	29	63	48	94	25	46	18	70
初始哈希地址										
最终哈希地址										

	0	1	2	3	4	5	6	7	8	9	10	11	12
哈希表													

④ 假定一个待哈希存储的线性表为 $(32,75,29,63,48,94,25,36,18,70,49,80)$,哈希地址空间为 $HT[12]$,若采用除留余数法构造哈希函数和拉链法处理冲突,试画出最后得到的哈希表,并求出平均查找长度。

四、算法设计题

① 试写一个判别给定二叉树是否为二叉排序树的算法,设此二叉树以二叉链表作为存储结构,且树中结点的关键字均不同。

② 试将折半查找的算法改写成递归算法。

第 9 章

排序

计算机中存储的数据,初始时没有任何排列规律,根据实际需求,经常要排列成有规律的数据序列,也就是将数据序列按升序或降序规律排列。在程序设计语言中,程序员经常用选择排序和起泡排序对数据序列进行排序处理。实质上,除上述两种排序方法外,还有几十种其他的排序方法。本章将介绍几种较为常用的排序算法。读者可以通过相关书籍和资料去查看另外的一些排序方法。

9.1 排序的基本概念及方法分类

9.1.1 排序概念

排序是现实世界中经常进行的一种操作,实质上,排序就是将一组"无序"的序列调整为"有序"的序列的过程。例如,对下列杂乱无章的整数序列排序

$$52,49,80,36,14,58,61,23,97,75$$

经调整后,可改为如下升序序列

$$14,23,36,49,52,58,61,75,80,97$$

给排序下一个较为严格的定义如下:

假设含 n 个记录的序列为

$$\{R_1, R_2, \cdots, R_n\} \tag{9-1}$$

其相应的关键字序列为

$$\{K_1, K_2, \cdots, K_n\}$$

这些关键字的排列方式有多种,其中至少有一种排列方式能使得关键字之间存在着这样一个关系:

$$Kp_1 \leqslant Kp_2 \leqslant \cdots \leqslant Kp_n \quad (1 \leqslant i \leqslant n)$$

按此关系将式(9-1)中的记录序列重新排列为

$$\{Rp_1, Rp_2, \cdots, Rp_n\}$$

即为有序记录。将这一过程称为排序。

9.1.2 排序方法分类

总体上,排序方法分为内部排序和外部排序两大类。若整个排序过程不需要访问外存便能完成,则称此类排序为内部排序;反之,若待排序的记录数量很大,整个序列的排序过程不可能在内存中一次完成,需要借助于外存才能实现,则称此类排序为外部排序。本章将介绍几种常用的内部排序方法。

内部排序方法有很多种,排序的过程是一个逐步扩大记录的有序序列长度的过程。在排序过程中,参与排序的一个记录序列存在两个区域:有序序列区和无序序列区,如图 9.1 所示。有序序列区中的记录已经排列有序,其个数可以为 0 个或多个;无序序列区中的记录是待排序的记录。在排序过程中,将无序序列区中的待排序记录不断地按指定的排列规律存入有序序列区中,逐渐扩大有序序列区的长度,最终使得无序序列区消失,完成排序。

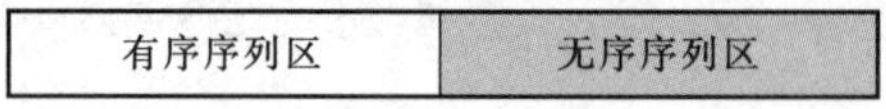

有序序列区	无序序列区

图 9.1　排序记录的整体划分

内部排序有多种分类方法。

(1)按排序过程中依据的原则不同,可将内部排序分为如下 5 类。

①插入排序:将无序序列区中的数据记录向有序序列区中插入,使有序序列增长的排序方法。

②交换排序:通过比较数据记录的关键字大小来决定是否交换记录,从而排定记录所在位置的方法。

③选择排序:从无序序列区中选出关键字最小(升序排列)或最大(降序排列)的记录,并将它交换到有序序列区中指定位置的方法。

④归并排序:将两个小的有序记录序列合并成一个大的有序记录序列,逐步增加有序序列区长度的方法。

⑤计数排序:通过统计小于(升序排列)或大于(降序排列)待排序记录关键字的记录个数,从而决定待排序的记录所在的位置的方法。

(2)按排序方法的时间复杂性不同,可将内部排序分为如下 3 类。

①简单排序方法:$T(n) = O(n^2)$;

②先进排序方法:$T(n) = O(n\log_2 n)$;

③基数排序方法:$T(n) = O(d \cdot n)$。

(3)按记录的存储方式不同,可将内部排序分为如下 3 类。

①移动记录排序法:待排序的记录存储在一组地址连续的空间中,需要通过交换记录才能排列有序。

②表排序法:待排序的记录存储在一个单链表或静态链表上,排序时不需要移动记录,只要修改记录指针即可。

③地址排序:待排序的记录存储在一个地址连续的空间上,另设一个指示各个记录存放位置的地址向量,在排序过程中不移动记录位置,而移动地址向量中对应记录的"地址",最后再参照地址向量中的记录位置来重新调整原始记录的排列顺序。

在后面的排序算法中,将把各类排序方法有机地融合到一起加以介绍。在学习过程中,读者一定要注意领会算法的基本思想和方法,最好能上机调试依据算法所编制的程序,这样更能加深理解算法的内涵。

9.1.3 排序数据的数据类型说明

在本章介绍的各种排序方法,如不特殊声明,均是指将待排序的记录存于一组连续的空间(数组)上,即顺序存储结构;排序所依据的关键字为整数类型;排序结果要求为升序。待排序的记录数据类型定义如下:

```
# define MAXSIZE 10          /* 一个用作示例的排序顺序表的最大长度 */
typedef int KeyType;          /* 定义关键字类型为整数类型 */
typedef struct
{ KeyType key;                /* 关键字项 */
  InfoType others;            /* 其他数据项,可能有多项,这里不作要求 */
} RecType;                    /* 记录类型 */
typedef struct
{ RecType r[MAXSIZE+1];       /*  r[0]闲置或用作监视哨单元 */
  int length;                 /* 排序顺序表长度,即其中的记录个数 */
}SortList;                    /* 排序顺序表类型 */
```

这是在算法设计时供参考的类型需求,在学习过程中,读者可以通过一维整型数组来实现算法中的要求,即可以将上述排序顺序表类型改为如下的简单定义形式:

```
int r[ MAXSIZE+ 1];
```

9.2 插入排序

9.2.1 直接插入排序

直接插入排序(straight insertion sort)是一种最简单的排序方法,它的基本操作是将一个记录插入到已排好序的有序表中,从而得到一个新的、记录数增加 1 的有序表。

(1)基本思想

假设在排序过程中,记录序列 $R[1..n]$ 的状态如图 9.2 所示,则一趟直接插入排序的基本思想为:将记录 $R[i]$ 插入到有序子序列 $R[1..i-1]$ 中,使记录的有序序列从 $R[1..i-1]$ 变为 $R[1..i]$。$R[i]$ 的插入过程就是完成排序中的一趟。随着有序区的不断扩大,使 $R[1..n]$ 全部有序,最终完成排序。

有序序列 $R[1..i-1]$	$R[i]$	无序序列 $R[i+1..n]$

图 9.2 插入排序过程示意图

要将 $R[i]$ 插入到前面的有序序列中,只要将该记录的关键字与第 $i-1$ 个记录开始的记录关键字进行比较,当它比前面的数小时,前面的记录顺序后移,否则将该记录存入该单元。在此,还要注意将 $a[i]$ 临时存储到其他单元中,可将其存入 $R[0]$ 单元作为监视哨。

(2)直接插入排序算法

由直接插入排序的基本思想很容易给出其算法如下:

```
void InsertSort(SortList * L)                    /*对排序顺序表L做直接插入排序*/
{ int i,j;
  for(i=2;i<=L->length;i++)
  { L->r[0]=L->r[i];                             /*待排序记录暂存入监视哨位置*/
    for(j=i-I;L->r[0].key<L-> r[j].key;j--)
      L->r[j+1]=L->r[j];                         /*比待排序记录关键字大的记录后移*/
    L->r[j+1]=L->r[0];                           /*将待排序记录插入到正确位置*/
  }
}
```

【例 9.1】 已知序列{70,83,100,65,10,32,7,65,9},给出采用直接插入排序法对该序列做升序排列的排序过程。

其过程如图 9.3 所示。

```
初始值:[70],83,100,65,10,32,7,65,9
第 1 趟:[70,83],100,65,10,32,7,65,9
第 2 趟:[70,83,100],65,10,32,7,65,9
第 3 趟:[65,70,83,100],10,32,7,65,9
第 4 趟:[10,65,70,83,100],32,7,65,9
第 5 趟:[10,32,65,70,83,100],7,65,9
第 6 趟:[7,10,32,65,70,83,100],65,9
第 7 趟:[7,10,32,65,65,70,83,100],9
第 8 趟:[7,9,10,32,65,65,70,83,100]
```

图 9.3   直接插入排序示例

注意:方括号内的数据序列为有序序列,下同。

(3)算法分析

从上面的叙述中可知,直接插入排序的算法简洁,容易实现,那么它的时空性能如何呢?

从空间来看,它只需要一个记录的辅助空间($R[0]$),即 $S(n)=O(1)$;从时间来看,n 个记录要进行 $n-1$ 趟插入过程,每一趟都要进行与关键字的比较和记录的移动,但比较的次数是不固定的。最好的情况下是记录已经是排列有序的,则每一趟只需比较一次,就可找到插入记录的位置,不需移动记录,即 $T(n)=O(n)$;最坏情况下是记录是逆序存放的,则每一趟都要与前面的所有关键字进行比较并移动记录,即 $T(n)=O(r^2)$。所以平均时间性能为 $T(n)= O(n^2)$。

由此可知,直接插入排序算法非常适合于记录基本有序且记录数不多的情形。

9.2.2　折半插入排序

直接插入排序在查找待排序记录位置时使用的是顺序查找。第 8 章介绍了折半查找的性能要比顺序查找好得多,所以在有序序列中查找待插入记录的位置时可以使用折半查找法。

(1)基本思想

因为 $R[1..i-1]$ 是一个按关键字有序的序列,则可以利用折半查找定位记录 $R[i]$ 在 $R[1..i]$ 中插入位置,再将插入位置开始的记录顺序后移一个位置,将 $R[i]$ 插入到指定位置。

(2)折半插入排序算法:

```
void BiInsertSort(SortList * L)                  /*对顺序表L做折半插入排序*/
{ int i,j,low,high,m;
```

```
for(i=2;i<=L->length;++i)
{ L->r[0]=L->r[i];                    /* 将 r[i]暂存到 0 号单元 */
  low=1; high=i- 1;
  while(low<= high)                    /* 在 R[ow..high]中折半查找插入的位置 */
  { m=(low+ high)/2;
      if(L->r[0].key<L->r[m].key)
        high=m-1;                       /* 插入点在低半区 */
      else low= m+1;                    /* 插入点在高半区 */
  }
      for(j=i-1;j>=high+1;- -j)         /* 插入点及其后的记录顺序后移 * /
        L->r[j+1]=L->r[j];
      L->r[high+1]=L->r[0];            /* 待排序记录存入插入点 */
  }
}
```

【例9.2】对数据序列{70,83,100,65,10,32,7,65,9}给出折半插入排序的操作过程。其过程如图 9.4 所示。

$$初始值:[70],83,100,65,10,32,7,65,9$$
$$第 1 趟:[70,83],100,65,10,32,7,65,9$$
$$第 2 趟:[70,83,100],65,10,32,7,65,9$$
$$第 3 趟:[65,70,83,100],10,32,7,65,9$$
$$第 4 趟:[10,65,70,83,100],32,7,65,9$$
$$第 5 趟:[10,32,65,70,83,100],7,65,9$$
$$第 6 趟:[7,10,32,65,70,83,100],65,9$$
$$第 7 趟:[7,10,32,65,65,70,83,100],9$$
$$第 8 趟:[7,9,10,32,65,65,70,83,100]$$

图 9.4 折半插入排序示例

（3）算法分析

折半插入排序比直接插入排序明显地减少了关键字之间的"比较"次数,但记录"移动"的次数没有改变。因此,折半插入排序的时间复杂度仍为 $O(n^2)$。因为减少了比较次数,所以该算法仍会比直接插入排序算法好些。

9.2.3 希尔排序

希尔排序(shell sort)又称缩小增量排序。当待排序记录数较少,且已基本有序时,使用直接插入排序速度较快。希尔排序就是利用直接插入排序的这一优点对待排序的记录序列先做"宏观"调整,再做"微观"调整。

（1）基本思想

将整个记录序列按下标的一定增量分成若干个子序列,对每个子序列分别进行直接插入排序。然后再将增量缩小,划分子序列,分别进行直接插入排序。如此重复进行,最后再对整个序列进行一次直接插入排序。

（2）希尔插入排序算法

```
void ShellInsort(SortList * L,int dk)    /* 对每一个由 dk 划分的子序列进行 */
{ int i,j;
  for(i=dk+1;i<=L-> length;++i)           /* 直接插入排序 */
    if(L->r[i].key<L->r[i-dk].key)
```

```
{ L->r[0]=L->r[i];
  for(j= i-dk;j>0&&L->r[0].key<L->r[j].key;j-=dk)
    L->r[j+dk]=L->r[j];
  L->r[j+dk]= L->r[0];
  }
}
void ShellSort(SortList * L,int dlta[],int t)
{ int k;
  for(k=0;k<t;k++)                          /*对每个增量 dlta[k]进行希尔排序*/
  ShellInsort(L,dlta[k]);
}
```

【例 9.3】 给出对整数序列{70,83,100,65,10,32,7,65,9}按增量序列{3,2,1}进行希尔排序的过程。

其过程如图 9.5 所示。

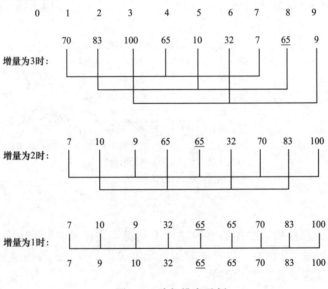

图 9.5 希尔排序示例

(3)算法分析

希尔排序的时间性能计算较为复杂,算法要进行 t 趟,其中 t 为增量序列的长度。每一趟的时间耗费主要在 n/t 个小的子序列上,总的时间复杂度约为 $O(n^{4/3})$。空间上只需一个辅助单元,所以空间复杂性 $S(n)=O(1)$。希尔排序比较适合于处理大批量的杂乱无章的数据序列。另外,从本算法及例 9.3 也可以看出,希尔排序算法是不稳定的。

9.3 交换排序

9.3.1 起泡排序

(1)起泡排序的基本思想

从序列的第 1 条记录开始,将相邻的两条记录关键字进行比较,遇反序则交换相应的记录位置。n 个记录参与排序时,至多要进行 $n-1$ 趟,其中每一趟都会将当前序列的关键字最大值记录交换到所在的位置。

（2）起泡排序算法

```
void BubbleSort(Sortlist * L)
{ int i,j;RecType t;
  for(i=1;i<L-> length;i++)                /* 比较的趟数 */
    for(j=1;j<= L->length-i;j+ +)          /* 每趟比较的次数 */
      if(L->r[j].key>L->r[j+1].key)        /* 相邻记录的关键字进行比较 */
      {t=L->r[j];L->r[j]= L->r[j+1];L->r[j+1]=t;}   /* 交换 */
}
```

【例 9.4】　给出对整数序列$\{70,83,100,65,10,32,7,65,9\}$进行起泡排序的过程。

其过程如图 9.6 所示。

由此看出,通过比较相邻的两条记录关键字,小的记录像气泡一样上升,大的记录像石头一样下沉,故而称为起泡排序。

初始值	一	二	三	四	五	六	七	八
1	70	70	70	65	10	10	7	7	7
2	86	83	65	10	32	7	10	9	9
3	100	65	10	32	7	32	9	10
4	65	10	32	7	65	9	32
5	10	32	7	65	9	65
6	32	7	65	9	65
7	7	65	9	70
8	65	9	83
9	9	100

图 9.6　起泡排序示例

（3）算法分析

比较的次数为$(n-1)+(n-2)+\cdots+(n-(n-1))=(n-1)((n-1)+(n-(n-1)))/2=n(n-1)/2$,因此,$T(n)= O(n^2)$。交换的次数要视比较而定,有反序才交换。因此起泡排序算法比较适合于记录序列基本有序的情况。若初始序列已有序,则没有必要进行 $n-1$ 趟扫描过程,因此对上面起泡排序算法改进如下:

```
void BubbleSort(Sortlist * L)
{ int i,j;RecType t;
  int flag=1;                           /* 初始时置交换标记为真 */
  for(i=1;flag&&i<L-> length;i++)
    for(flag=0,j=1;j<=L->length-i;j++)
                                        /* 下一趟排序开始时,置交换标记为假 */
      if(L->r[j].key>L->r[j+ 1].key)
      {t=L->r[j];L->r[j]=L->r[j+1];L->r[j+1]=t;
        flag=1;                         /* 有交换,则置交换标记为真,需要进行下趟排序 */
      }
}
```

这样做可以减少比较的次数,同时也减少了交换的次数。最好时间性能接近于$O(n)$,但最坏时间性能仍为 $O(n^2)$,所以平均时间复杂性为 $O(n^2)$。

若初始序列为反序,则交换的次数必为 $O(n^2)$,为了考虑这种情况,可以使用反向起泡排序。若综合两种情况,可以考虑使用双向起泡排序,这两个算法读者自己思考。

该算法仅需要一个用交换记录的辅助空间,因此算法的空间性能 $S(n)=O(1)$。

9.3.2 快速排序

快速排序是霍尔发明的,因此又称霍尔排序。

(1)基本思想

将每一条记录定位到指定的位置上。实质上,就是将序列中的某条记录当成一个标尺,凡是比该记录关键字小的记录移到该记录的前面,不小于该记录关键字的记录移到该记录的后面。这样就确定了该记录的位置,也称该记录为"枢轴记录"。

通常,将待排序记录序列中的第1条记录定为枢轴记录。反向扫描到比枢轴记录关键字小的记录,与枢轴记录交换位置,再正向扫描到比枢轴记录关键字大的记录,与枢轴记录交换位置,如此进行,直到找到枢轴记录确定的位置为止。再对未排序的子序列分别进行快速排序,直到所有记录均完成定位。从上述分析可以看出快速排序是递归的。

实质上,在排序过程中枢轴记录反复与其他记录交换是没有必要的,当确定枢轴记录位置后,一次将枢轴记录写入其中可极大地减少记录移动的次数。

(2)快速排序算法

```
void QSort(SortList * L,int low,int high)
{ int i,j;
  if(low< high)
  { i= low;j= high;                    /* 指定排序记录上界和下界 */
    L->r[0]=L->r[i];                    /* 暂存枢轴记录 */
    while(i<j)
    { while(i<j&&L->r[j].key>=L->r[0].key) j--; /* 反向定位移动的记录位置 */
      L->r[i]=L-> r[j];
      while(i<j&&L->r[i].key<=L->r[0].key) i++; /* 正向定位移动的记录位置 */
      L->r[j]=L->r[i];
    }
    L->r[i]=L->r[0];                    /* 将枢轴记录存入指定位置 */
    QSort(L,low,i-1);                   /* 对排在枢轴记录前面的记录快速排序 */
    QSort(L,i+1,high);                  /* 对排在枢轴记录后边的记录快速排序 */
  }
}
void QuickSort(SortList * L)
{ QSort(L,1,L->length);}               /* 对所有记录进行快速排序 */
```

【例 9.5】 给出对整数序列{70,83,100,65,10,32,7,65,9}进行快速排序的过程。

其过程如图 9.7 所示。

最终排序结果为:

0	1	2	3	4	5	6	7	8	9
	7	9	10	32	65	<u>65</u>	70	83	100

(3)算法分析

在每一趟快速排序中,关键字比较的次数和移动的次数均不超过 n,时间性能主要取决于递归的深度,而深度是与记录初始序列有关的。最坏情况是初始序列已基本有序,则递归的深度接近于 n,算法时间复杂性 $T(n)=O(n^2)$。最好情况是初始序列非常均匀,则递归的深度接近于 n 个结点的完全二叉树的深度 $log_2 n + 1$,算法时间复杂性 $T(n)=O(nlog_2 n)$。空间上,因为用递归实现的,所以也要看递归的深度。最好时 $S(n)=O(nlog_2 n)$,最坏时 $S(n)=O(n^2)$。

因此,快速排序算法主要适合于关键字大小分布比较均匀的记录序列。

由于关键字值相同的记录可能会交换位置,所以快速排序算法是不稳定的排序方法。

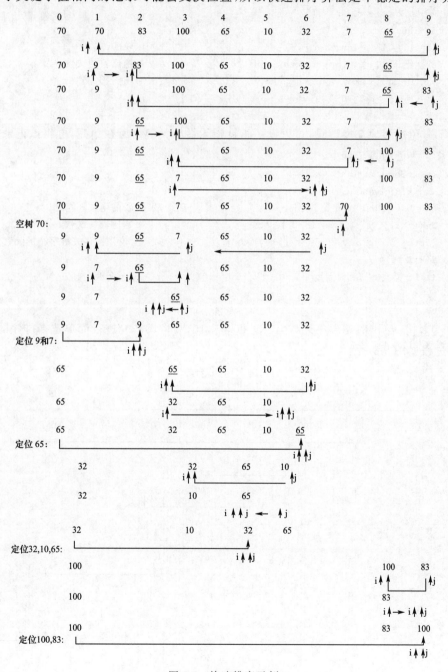

图 9.7 快速排序示例

9.4 选择排序

9.4.1 简单选择排序

(1)基本思想。从无序的记录序列中选出一个关键字最小的记录存入指定的位置。

(2)简单选择排序的算法。

```
void SelectSort(SortList * L)
{ int i,j;RecType t;
  for(i=1;i<L->length;i++)                    /* 比较的趟数 */
    for(j=i+1;j<=L->length;j++)               /* 每趟比较的次数 */
      if(L->r[i].key>L->r[j].key)             /* 关键字比较 */
      { t=L->r[i];L->r[i]=L->r[j];L->r[j]=t;} /* 交换 */
}
```

为了避免过多地交换记录,可以设一指针指示最小关键字所在单元,再将该记录交换到指定位置。改进的算法如下:

```
void SelectSort(SortList * L)
{ int i,j,k;RecType t;
  for(i=1;i<L->length;i++)                    /* 比较的趟数 */
  { for(k=i,j=i+1;j<=L->length;j++)           /* 每趟比较的次数 */
      if(L->r[k].key>L->r[j].key) k=j;        /* 比较并保存关键字小的元素下标 */
    if(k! =i)
    {t=L->r[k];L->r[k]=L->r[i];L->r[i]=t;}    /* 交换/
  }
}
```

【例 9.6】 给出对整数序列{70,83,100,65,10,32,7,65,9}进行简单选择排序的过程。
其过程如图 9.8 所示。

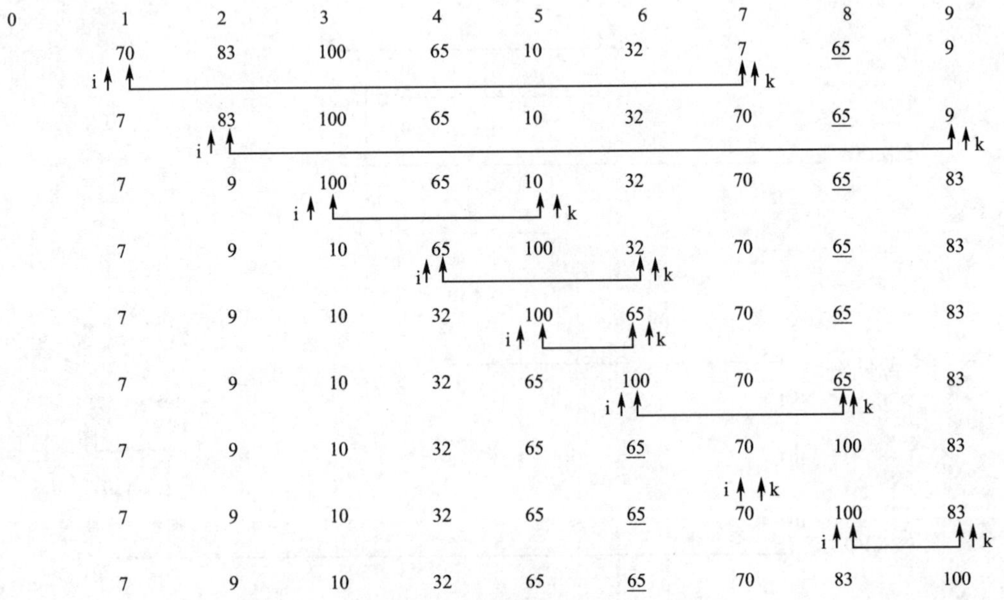

图 9.8 简单选择排序示例

(3)算法分析

从算法可以看出,无论如何,比较的次数是固定不变的,为$(n-1)((n-1)+1)/2=n(n-1)/2$,即$O(n^2)$。移动的次数与关键字值有关,若记录序列是基本有序的,则移动次数接近于0,即$O(1)$;若记录序列是反序的,则移动次数接近于$3n(n-1)/2$,即$O(n^2)$。由此,简单选择排序算法的时间性能$T(n)=O(n^2)$。空间上只需要一个交换变量用的临时空间,即$S(n)=O(1)$。

9.4.2 堆排序

堆排序(heap sort)是 J.Williams 在 1964 年提出的一种选择排序方法。堆排序是将记录序列存储在一个一维数组空间上,并将该序列看成是一棵完全二叉树中的结点序列$\{r_1, r_2, \cdots, r_n\}$,若编号分别满足如下要求:

$$r_i \leqslant \begin{cases} r_{2i} \\ r_{2i+1} \end{cases} \quad \text{或} \quad r_i \geqslant \begin{cases} r_{2i} \\ r_{2i+1} \end{cases}$$

则称该结构分别为小(顶)堆和大(顶)堆。

由此,堆或者是空二叉树,或者是一棵满足如下特性的完全二叉树:其左、右子树均是堆,并且当左子树或右子树不空时,根结点的值小于(或大于)左、右子树根结点的值。由此,若上述数列是堆,则r_1必是数列中的最小值或最大值,故分别称为小(顶)堆或大(顶)堆。

(1)基本思想。堆排序就是利用堆的特性对记录序列进行排序的一种方法。具体做法是:先建一个大顶堆,即先选得一个关键字为最大的记录,然后与序列中最后一个记录交换,再对序列中前$n-1$条记录进行“筛选”,重新将它调整成为一个大顶堆,再将堆顶记录和第$n-1$个记录交换。如此反复进行,直至所有元素都安排完为止。

实质上,堆排序就是由建初始堆和调整建堆(筛选)两个过程组成。在此,所谓筛选是指对一棵左、右子树均为堆的完全二叉树,经调整根结点后使之成为堆的过程。建堆时一定要从最后一个非叶子结点开始。

(2)堆排序算法。堆排序的关键是调整建堆,建初始堆时也是要从最后一个非叶子结点开始向根结点方向进行调整建堆。假设完全二叉树的第i个结点的左子树、右子树已是堆,则对第i个结点进行调整时,需要将$r[2i].key$与$r[2i+1].key$之中的最大者与$r[i].key$进行比较,若$r[i].key$较小,则与之交换。这有可能破坏下一级的堆,因此需要继续采用上述方法调整构造下一级的堆。如此重复,直到将以i为根的子树构成堆为止。

①调整建堆算法。

```
void AdjustTree(SortList * L,int n,int k)          /* n 为最大下标值,k 为调整点下标 */
{ int i,j; RecType t;
  i=k; j=2 * i;
  while(j<= n)                                     /* 沿关键字较大的孩子结点向下筛选 */
  {if(j<n&&L->r[j+1].key>L->r[j].key)
    j=j+1;                                         /* j 为 i 的孩子结点中关键字值较大的记录的下标 */
  if(L->r[i].key>L->r[j].key) break;
  else
  {t=L->r[i];L->r[i]=L->r[j];L->r[j]=t;            /* 将 r[i]调整到双亲结点位置上 */
    i=j;
```

```
        j=2 * i;
        }
    }
}
```

② 堆排序算法。

```
void HeapSort(SortList * L)
{ int i; RecType t;
    for(i=L—>length/2;i>=1;i——)                    /* 建立初始堆 */
        AdjustTree(L,L—>length,i);
    for(i=L—>length;i>=2;i——)                      /* 进行 n-1 次循环,完成堆排序 */
    { t=L—>r[i];L—>r[i]=L—>r[1];L—>r[1]=t;/* r[i]与 r[1]交换 */
        AdjustTree(L,i-1,1);                        /* 筛选调整堆 */
    }
}
```

【例 9.7】 给出对整数序列{70,83,100,65,10,32,7,65,9}进行堆排序的过程。

其过程如图 9.9 所示。

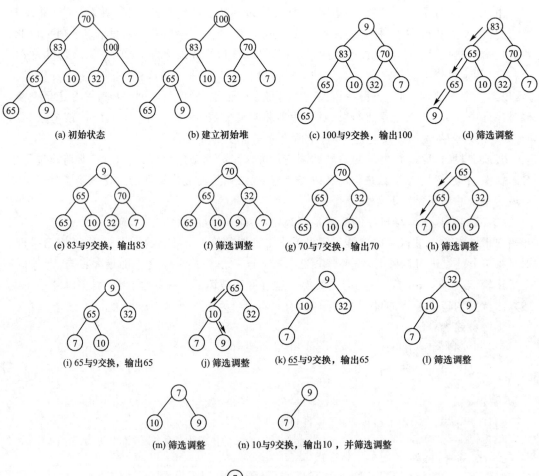

图 9.9 堆排序示例

(3)算法分析。对深度为 k 的堆,"筛选"所需进行的关键字比较的次数至多为 $2(k-1)$;对 n 个关键字建成深度为 $\log_2 n+1$ 的堆,所需进行的关键字比较的次数至多为 $4n$;调整"堆顶"$n-1$ 次,总共进行的关键字比较的次数不超过 $2(\log_2(n-1)+\log_2(n-2)+\cdots+\log_2 2)<2n(\log_2 n)$。因此,堆排序的时间性能 $T(n)=O(n\log_2 n)$。空间上,只需要一个记录的辅助空间,因此 $S(n)=O(1)$。

堆排序比较适合于排序数据量大、且杂乱无章的记录序列,而不适合于小的记录序列排序。堆排序算法是不稳定的排序方法,这一点读者自己去思考。

9.5 归并排序

(1)基本思想

归并排序的基本思想来源于有序序列的合并,即将两个或多个有序序列合并为一个大的有序序列。在内部排序中,通常采用的是 2_路归并排序,即将两个位置相邻的有序子序列归并为一个有序序列,再不断地扩大有序序列的长度,直到整个序列有序。初始时认为每一个记录都是自身有序的。

(2)归并排序算法。

①有序表合并算法。

```
void Merge(RecType * SR,RecType * TR,int i,int m ,int n)
{/ * 将有序序列 SR[i..m]和 SR[m+1..n]合并为有序列序列 TR[i..n] * /
   int j2=m+ 1,j1=i,k=i;
   while(j1<=m&&j2<=n)
      if(SR->r[j1].key<=SR->r[j2].ker) TR->r[k++]=SR->r[j1++];
      else TR->r[k++]=SR->r[j2++];
   while(j1<=m)
      TR->r[k++]= SR->r[j1++];              / * 将 SR[i..m]中剩余的记录复制到 TR * /
   while(j2<= n)
      TR->r[k++]=SR->r[j2++];               / * 将 SR[j..n]中剩余的记录复制到 TR * /
   for(k=i;k<=n;k++)                         / * 将 TR[i..n]复制到 SR[i..n]中 * /
      SR->r[k]=TR->r[k];
}
```

②路归并排序算法。

```
void Msort(RecType * SR,RecType * TR,int s,int t)
{/ * 将 SR[s..t]进行 2_路归并排序为 TR[s..t]。* /
   int m;
   if(s= =t)
   TR->r[s]=SR->r[s];
   else
   { m=(s+t)/2;              / * 将 SR[s..t]平分为 SR[S..m]和 SR[m+1..t] * /
     Msort(SR,TR,s,m);       / * 递归地将 SR[s..m]归并为有序的 TR[s..m] * /
     Msort(SR,TR,m+1,t);     / * 递归地 SR[m+1..t]归并为有序的 TR[m+1..t] * /
```

```
    Merge(SR,TR,s,m,t);        /*归并*/
    }
}
mergesort(SortList * L)
{ RecType T[MAXSIZE+1];
  Msort(L->r,T,1,L->length);
}
```

【例9.8】 给出对整数序列{70,83,100,65,10,32,7,65,9}进行归并排序的过程。

其过程如图9.10所示。

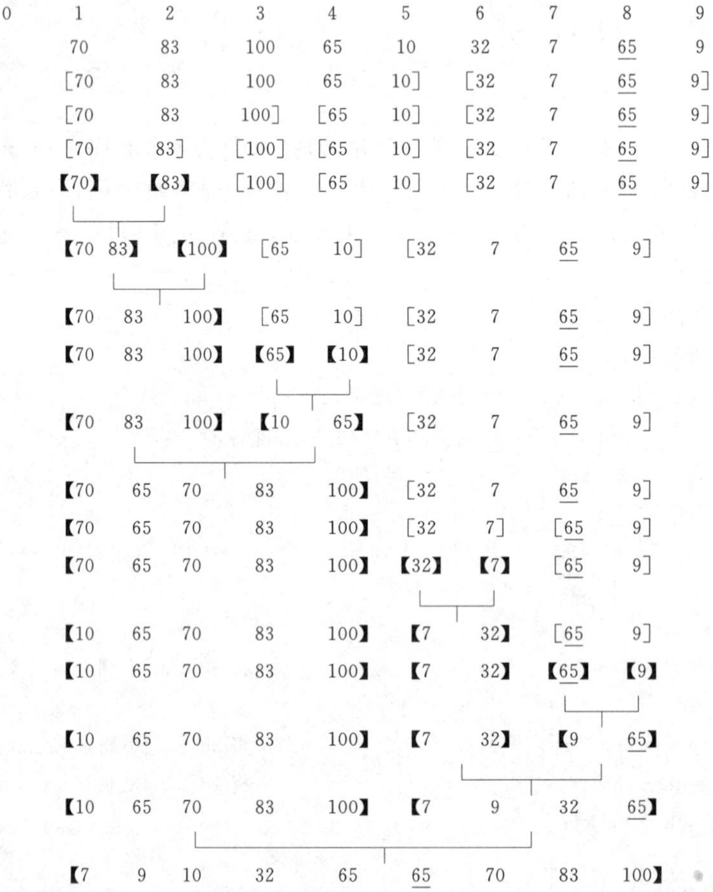

```
 0    1    2    3    4    5    6    7    8    9
      70   83   100  65   10   32   7    65   9
     [70   83   100  65   10] [32   7    65   9]
     [70   83   100][65   10] [32   7    65   9]
     [70   83] [100] [65   10] [32   7    65   9]
    【70】 【83】[100] [65   10] [32   7    65   9]
    【70  83】【100】 [65   10] [32   7    65   9]
    【70  83   100】 [65   10] [32   7    65   9]
    【70  83   100】【65】【10】[32   7    65   9]
    【70  83   100】【10   65】[32   7    65   9]
    【70  65   70   83   100】[32   7]  [65   9]
    【70  65   70   83   100】[32   7]  [65   9]
    【70  65   70   83   100】【32】【7】[65   9]
    【10  65   70   83   100】【7    32】[65   9]
    【10  65   70   83   100】【7    32】【65】【9】
    【10  65   70   83   100】【7    32】【9   65】
    【10  65   70   83   100】【7    9    32   65】
    【7   9    10   32   65   65   70   83   100】
```

图9.10 归并排序示例

其[…]表示划分区间,【…】表示有序序列。通过此例可以看出,归并排序就是先划分排序区间,当分到只有一条记录时,再与相邻的一个被划分的记录合并,然后逐渐扩大有序记录的范围,直到整个记录序列均有序为止。

(3)算法分析。由于2_路归并排序算法是通过递归划分有序段的,且递归的深度恰好与 n 个结点的完全二叉树的深度相同,每个有序段的长度均不超过 n,所以两个有序段的合并算法时间数量级不会超过 $O(n)$。因此,对 n 个记录进行归并排序的时间性能 $T(n)=O(n\log_2 n)$。空间上,需要两个与待排序记录序列空间等长的辅助空间及递归时深度为 $\log_2 n$ 的栈空间,因此总的空间需求为 $S(n)=O(n+\log_2 n)$。

9.6 基数排序

基数排序是一种多关键字的排序思想。假设有 n 个记录构成的序列 $\{R_1, R_2, \cdots, R_n\}$，其中，每个记录 $R_i (1 \leqslant i \leqslant n)$ 中含有 d 个关键字 $(k_i^0, k_i^1, \cdots, k_i^{d-1})$，若对于序列中任意两个记录 R_i 和 R_j，$(1 \leqslant i < j \leqslant n)$ 都满足下列有序关系：

$$k_i^0, k_i^1, \cdots, k_i^{d-1} < k_j^0, k_j^1, \cdots, k_j^{d-1}$$

则称上述记录序列对关键字 $(k_i^0, k_i^1, \cdots, k_i^{d-1})$ 有序。其中 K^0 被称为最主位关键字，K^{d-1} 被称为最次位关键字。

实现多关键字排序通常有两种作法：最高位优先（MSD）法和最低位优先（LSD）法。MSD 是先对最主位关键字 K^0 进行排序，并按 K^0 的不同值将记录序列分成若干子序列，再分别对 K^1 进行排序，……，依次类推，直到最后对最次位关键字 K^{d-1} 排序完成为止。LSD 是先对最次位关键字 K^{d-1} 进行排序，然后对 K^{d-2} 进行排序，……，依次类推，直到对最主位关键字 K^0 排序完成为止。排序过程中不需要根据前一个关键字的排序结果，将记录序列分割成若干个（前一个关键字不同的）子序列。比如，对一张学生成绩表进行按成绩排序时，可能有的排序过程是：先按总分或平均分排序，当总分或平均分相同时再按某一单科成绩排序，当这两项都相同时，可考虑再按另一单科成绩排序等。

在此主要介绍一种基于 LSD 方法的链式基数排序算法。

（1）基本思想。借助"多关键字排序"的思想实现"单关键字排序"。对于数字型或字符型的单关键字，可以看作由多个数位或多个字符构成的多关键字，此时可以采用"分配－收集"的方法进行排序，这一过程称作基数排序法，其中，每个数字或字符可能的取值个数称为基数。比如，扑克牌的花色基数为 4，面值基数为 13。

【例 9.9】 写出将一副杂乱无章的扑克牌整理有序的思想方法。

因为扑克牌上有两个值，一为"花色"，一为"面值"。在整理扑克牌时，既可以先按花色整理，也可以先按面值整理。比如，先红、黑、方、花的顺序分成 4 摞（分配），按此顺序叠放在一起（收集），再按面值 A，2，3，…，10，J，Q，K 的顺序分成 13 摞（分配），再按此顺序再叠放在一起（收集），如此进行二次分配和收集即可将扑克牌排列有序。若先面值，再按花色来整理，也可以经过上述分配、收集后使之排列有序。

【例 9.10】 假设每个学生记录含有 3 个关键字：系别、班号和班内的序列号，其中以系别为最主位关键字，则进行 LSD 的排序过程见表 9.1。

表 9.1   学生记录的 LSD 排序过程

无序序列	3,2,30	1,2,15	3,1,20	2,3,18	2,1,20
对 K^2 排序	1,2,15	2,3,18	3,1,20	2,1,20	3,2,20
对 K^1 排序	3,1,20	2,1,20	1,2,15	3,2,30	2,3,18
对 K^0 排序	1,2,15	2,1,20	2,3,18	3,1,20	3,2,30

（2）链式基数排序算法。假如多关键字的记录序列中，每个关键字的取值范围相同，则按 LSD 法进行排序时，可以采用"分配－收集"的方法，其好处是不需要进行关键字之间的比较。

在描述算法之前,先定义如下数据结构:

```
# define RADIX 10                          /* 关键字基数 */
# define MAX_NUM_OF_KEY 8                   /* 关键字项数的最大值 */
typedef char KeyType                        /* 关键字类型 */
typedef struct node
{ KeyType keys[MAX_NUM_OF_KEY+1];
  struet node * link;
} RecType;
```

基数为 r、关键字位数为 d 的链式基数排序算法如下:

```
RecType * RadixSort(RecType * L,int r,int d)
{ RecType * head[MAXR], * tail[MAXR];       /* 定义链队列的头、尾指针 */
  int i,j,k;
  for(i=0;i<d;i++)                          /* 从低位到高位循环 */
  { for(j=0;j<r;j++) head[j]=NULL;          /* 初始化队列的头指针 */
    while(L! = NULL)
    { k=L->keys[d-i-1]-'0';                 /* 将关键字的第 i 位赋给 k */
      if(head[k]==NULL) head[k]= tail[k]=L; /* 进行分配 */
      else { tail[k]->link=L;tail[k]=L;}
      L=L-> link;                           /* 取下一个待排序的元素 */
    }
    L= NULL;
    for(j=r-1;j>=0;j--)                      /* 进行收集 */
      if(head[j]! =NULL)
      { tail[j]->link=L;
        L= head[j];
      }
  }
  return L;                                  /* 返回排序后的链表指针 */
}
```

【例 9.11】 给出对整数序列{369,367,167,239,237,138,230,139}进行基数排序的过程。

其过程如图 9.11 所示。

从而得到记录了一个按关键字有序的序列。

(3)算法分析。在链式基数排序的过程中,共进行了 d 遍的分配和收集,每一遍分配和收集的时间为 $O(n+r)$,所以链式基数排序的时间复杂度为 $O(d(n+r))$。链式基数排序所需要的辅助空间为 $O(n+r)$。基数排序是稳定的。

初始链表　L→369→367→167→239→23→138→230→139

第1次分配(按个位排序)

head[0]→230←tail[0]

head[7]→367→167→237←tail[7]

```
                    head[8]→ 138 ←tail[8]
                    head[9]→ 369 → 239 → 139 ←tail[9]
第 1 次收集  L→ 230 → 367 → 167 → 237 → 138 → 369 → 239 → 139
第 2 次分配(按十位排序)
                    head[3]→ 230 → 237 → 138 → 239 → 139 ←tail[3]
                    head[6]→ 367 → 167 → 369 ←tail[6]
第 2 次收集  L→ 230 → 237 → 138 → 239 → 139 → 367 → 167 → 369
第 3 次分配(按百位排序)
                    head[1]→ 138 → 139 → 167 ←tail[1]
                    head[2]→ 230 → 237 → 239 ←tail[2]
                    head[3]→ 367 → 369 ←tail[3]
第 3 次收集  L→ 138 → 139 → 167 → 230 → 237 → 239 → 367 → 369
```

图 9.11　链式基数排序示例

9.7　内部排序的比较与选择

从前面的比较和分析可知,每种排序方法都有其优缺点,适用于不同的情况。在实际应用中,应根据具体情况进行选择。本节将对前述各种内排序算法进行综合的分析和比较。

9.7.1　内部排序算法性能比较

本章讨论的各种内部排序方法的性能见表 9.2。

表 9.2　　　　　　　　　　　　　　各种排序方法性能比较

排序方法	时间复杂度	辅助空间	稳定性
直接插入排序	$O(n^2)$	$O(1)$	稳定
折半插入排序	$O(n^2)$	$O(1)$	稳定
希尔排序	$O(n^{4/3})$	$O(1)$	不稳定
起泡排序	$O(n^2)$	$O(1)$	稳定
快速排序	$O(n\log_2 n)$	$O(n\log_2 n)$	不稳定
简单选择排序	$O(n^2)$	$O(1)$	稳定
堆排序	$O(n\log_2 n)$	$O(1)$	不稳定
归并排序	$O(n\log_2 n)$	$O(n)$	稳定
基数排序	$O(d(n+r))$	$O(n+r)$	稳定

9.7.2　内部排序算法的选择

从表 9.2 可以看出,没有哪一种排序方法是绝对好的。每一种排序方法都有其优缺点,适用于不同的环境。因此,在实际应用中,应根据具体情况做选择。首先考虑排序对稳定性的要求,若要求稳定,则只能在稳定方法中选取,否则可以在所有方法中选取;其次要考虑待排序记录数的大小,若 n 较大,则可在改进方法中选取,否则可在简单方法中选取;最后再考虑其他因素。综合考虑以上几点可以得出下面结论:

(1)当待排序的记录数较大,关键字的值分布比较随机,且对排序的稳定性不做要求时,宜采用快速排序法。

(2)当待排序的记录数较大,内存空间有允许,且要求排序稳定时,宜采用归并排序法。

(3)当待排序的记录数较大,关键字值的分布可能出现有序的情况,且对排序的稳定性不做要求时,宜采用堆排序法或归并排序法。

(4)当待排序的记录数较小,关键字值的分布基本有序,且要求排序稳定时,宜采用插入排序法。

(5)当待排序的记录数较小,且对排序的稳定性不做要求时,宜采用选择排序法,若关键字值的分布不接近逆序,也可采用直接插入法。

(6)已知两个有序表,若要将它们组合成一个新的有序表,最好的排序方法是归并排序法。

9.8 外部排序简介

我们一般提到排序都是指内部排序,比如快速排序,堆排序,归并排序等,所谓内部排序就是可以在内存中完成的排序。RAM 的访问速度大约是磁盘的 25 万倍,我们当然希望如果可以的话都是内部排序来完成。但对于大数据集来说,内存是远远不够的,这时候就涉及外部排序的知识了。

外部排序指的是大文件的排序,即待排序的记录存储在外存储器上,待排序的文件无法一次装入内存,需要在内存和外部存储器之间进行多次数据交换,以达到排序整个文件的目的。外部排序最常用的算法是多路归并排序,即将原文件分解成多个能够一次性装入内存的部分,分别把每一部分调入内存完成排序。然后,对已经排序的子文件进行归并排序。

一般来说外部排序分为两个步骤:预处理和合并排序。即首先根据内存的大小,将有 n 个记录的磁盘文件分批读入内存,采用有效的内存排序方法进行排序,将其预处理为若干个有序的子文件,这些有序子文件就是初始顺串,然后采用合并的方法将这些初始顺串逐趟合并成一个有序文件。

1.外排序的最佳实现方法

外部排序是指大文件的排序,待排序的记录存储在外存储器上,在排序过程中需要多次进行内存和外存之间的交换。对外存文件中的记录进行排序后的结果仍然被放到原有文件中。

外存磁盘文件能够随机存取任何位置上的信息,所以在数组上采用的各种内部排序方法都能够用于外部排序。但考虑到要尽量减少访问外存的次数,故归并排序方法最适合于外部排序。

2.外部排序实现过程

外部排序过程可以分成两个相对独立的阶段：

(1)按可用内存的大小,把外存上含有 n 个记录的文件分成若干个长度为 L 的子文件,把这些子文件依次读入内存,并利用有效的内部排序方法对它们进行排序,再将排序后得到的有序子文件重新写入外存;

(2)对这些有序子文件逐趟归并,使其逐渐由小到大,直至得到整个有序文件为止。

其中,第一个阶段即为内部排序的操作,而第二个阶段涉及了外部排序中的归并。在前面提到,内存归并排序在开始时是把数组中的每个元素均看作是长度为 1 的有序表,在归并过程中,有序表的长度从 1 开始,依次为 2、4、8、……,直至有序表的长度 len 大于等于待排序的记录数 n 为止。而在对外存文件的归并排序中,初始有序表的长度通常是从一个确定的长度开始而不是从 1 开始,这是为了能够有效地减少归并的趟数和访问外存的次数,以提高外部排序的效率。所以,在第一阶段要按照初始有序表确定的长度在原文件上依次建立好每个有序表,在第二个阶段再调用对文件的归并排序算法完成排序。

9.9 本章小结

排序是数据处理中最常用、最重要的一种运算。排序分为两类:内部排序和外部排序。

本章重点介绍了几种内部排序方法:插入排序(直接插入排序、折半插入排序和希尔排序),交换排序(起泡排序和快速排序),选择排序(简单选择排序和堆排序),归并排序(2_路归并排序)和基数排序的基本思想、排序过程和实现算法,简要地分析了各种排序方法的时间复杂度和空间复杂度。最后将各种内部排序方法进行比较,并提出一些参考建议。

在一般情况下,简单排序(如直接插入排序、简单选择排序、冒泡排序等)的时间复杂度为 $O(n^2)$,但在某些特殊情况下也可能取得很好的效果。例如,当参加排序的原始记录关键字序列基本有序或局部有序时,起泡排序和直接插入排序方法的时间复杂度变为 $O(n)$。若参加排序的记录数 n 较小,适合选用简单排序方法;若参加排序的记录数 n 较大,应采用时间复杂度为 $O(n\log_2 n)$ 的排序方法,如:快速排序、堆排序或归并排序。快速排序是目前被认为最好的内排序方法,若待排序的关键字是随机分布的,则快速排序的平均运行时间最短。

1.本章的复习要点

(1)要求理解排序的基本概念,包括:排序的定义,记录关键字,排序的稳定性,排序的性能分析方法,算法的时间复杂度(记录关键字的比较次数和移动次数)和空间复杂度(辅助空间)分析方法。

(2)熟练掌握各种内部排序算法的基本思想、特点及排序过程,特别是:直接插入排序、起泡排序、快速排序、简单选择排序、堆排序和 2_路归并排序及链表的合并。

(3)熟记各种排序算法的时间复杂度和空间复杂度的分析结果。

(4)能够根据问题的要求选择排序方法,设计和编写算法并上机验证。

2.本章的重点和难点

本章的重点是:掌握各种排序方法的基本思想、排序过程及算法实现,特别是对堆排序、

快速排序、起泡排序和归并排序中一趟归并过程的理解。

本章的难点是：堆排序、快速排序的一次划分过程和2_路归并排序中一趟归并过程。

习题9

一、单项选择题

❶ 若对 n 个元素进行直接插入排序，在进行第 i 趟排序时，假定元素 $r[i+1]$ 的插入位置为 $r[j]$，则需要移动元素的次数为（　　）。

A.$j-i$　　　　B.$i-j-1$　　　　C.$i-j$　　　　D.$i-j+1$

❷ 若对 n 个元素进行直接插入排序，则进行任一趟排序的过程中，为寻找插入位置而需要的时间复杂度为（　　）。

A.$O(1)$　　B.$O(n)$　　C.$O(n^2)$　　D.$O(\log_2 n)$

❸ 在对 n 个元素进行直接插入排序的过程中，共需要进行（　　）趟。

A.n　　B.$n+1$　　C.$n-1$　　D.$2n$

❹ 对 n 个元素进行直接插入排序时间复杂度为（　　）。

A.$O(1)$　　B.$O(n)$　　C.$O(n^2)$　　D.$O(\log_2 n)$

❺ 在对 n 个元素进行冒泡排序的过程中，第一趟排序至多需要进行（　　）对相邻元素之间的交换。

A.n　　B.$n-1$　　C.$n+1$　　D.$n/2$

❻ 在对 n 个元素进行冒泡排序的过程中，最好情况下的时间复杂度为（　　）。

A.$O(1)$　　B.$O(\log_2 n)$　　C.$O(n^2)$　　D.$O(n)$

❼ 在对 n 个元素进行冒泡排序的过程中，至少需要（　　）趟完成。

A.1　　B.n　　C.$n-1$　　D.$n/2$

❽ 在对 n 个元素进行快速排序的过程中，若每次划分得到的左、右两个子区间中元素的个数相等或只差一个，则整个排序过程得到的含两个或两个元素的区间个数大致为（　　）。

A.n　　B.$n/2$　　C.$\log_2 n$　　D.$2n$

❾ 在对 n 个元素进行快速排序的过程中，第一次划分最多需要移动（　　）次元素，包括开始把支点元素移动到临时变量的一次在内。

A.$n/2$　　B.$n-1$　　C.n　　D.$n+1$

❿ 在对 n 个元素进行快速排序的过程中，最好情况下需要进行（　　）趟。

A.n　　B.$n/2$　　C.$\log_2 n$　　D.$2n$

⓫ 在对 n 个元素进行快速排序的过程中，最坏情况下需要进行（　　）趟。

A.n　　B.$n-1$　　C.$n/2$　　D.$\log_2 n$

⓬ 在对 n 个元素进行快速排序的过程中，平均情况下的时间复杂度为（　　）。

A.$O(1)$　　B.$O(\log_2 n)$　　C.$O(n^2)$　　D.$O(n\log_2 n)$

⓭ 在对 n 个元素进行快速排序的过程中，最坏情况下的时间复杂度为（　　）。

A.$O(1)$　　B.$O(\log_2 n)$　　C.$O(n^2)$　　D.$O(n\log_2 n)$

⓮ 在对 n 个元素进行快速排序的过程中，平均情况下的空间复杂度为（　　）。

A.$O(1)$ B.$O(\log_2 n)$ C.$O(n^2)$ D.$O(n\log_2 n)$

⑮ 在对 n 个元素进行直接插入排序的过程中,算法的空间复杂度为(　　)。

A.$O(1)$ B.$O(\log_2 n)$ C.$O(n^2)$ D.$O(n\log_2 n)$

⑯ 对下列四个序列进行快速排序,各以第一个元素为基准进行第一次划分,则在该次划分过程中需要移动元素次数最多的序列为(　　)。

A.1,3,5,7,9   B.9,7,5,3,1

C.5,3,1,7,9   D.5,7,9,1,3

⑰ 假定对元素序列(7,3,5,9,1,12,8,15)进行快速排序,则进行第一次划分后,得到的左区间中元素的个数为(　　)。

A.2   B.3   C.4   D.5

⑱ 在对 n 个元素进行简单选择排序的过程中,需要进行(　　)趟选择和交换。

A.n B.$n+1$ C.$n-1$ D.$n/2$

⑲ 在对 n 个元素进行堆排序的过程中,时间复杂度为(　　)。

A.$O(1)$ B.$O(\log_2 n)$ C.$O(n^2)$ D.$O(n\log_2 n)$

⑳ 在对 n 个元素进行堆排序的过程中,空间复杂度为(　　)。

A.$O(1)$ B.$O(\log_2 n)$ C.$O(n^2)$ D.$O(n\log_2 n)$

㉑ 假定对元素序列(7,3,5,9,1,12)进行堆排序,并且采用小根堆,则由初始数据构成的初始堆为(　　)。

A.1,3,5,7,9,12   B.1,3,5,9,7,12

C.1,5,3,7,9,12   D.1,5,3,9,12,7

㉒ 假定一个初始堆为(1,5,3,9,12,7,15,10),则进行第一趟堆排序后得到的结果为(　　)。

A.3,5,7,9,12,10,15,1   B.3,5,9,7,12,10,15,1

C.3,7,5,9,12,10,15,1   D.3,5,7,12,9,10,15,1

㉓ 若对 n 个元素进行归并排序,则进行归并的趟数为(　　)。

A.n B.$n-1$ C.$n/2$ D.$\lceil \log_2 n \rceil$

㉔ 若一个元素序列基本有序,则选用(　　)方法较快。

A.直接插入排序   B.简单选择排序

C.堆排序   D.快速排序

㉕ 若要从 1000 个元素中得到 10 个最小值元素,最好采用(　　)方法。

A.直接插入排序   B.简单选择排序

C.堆排序   D.快速排序

㉖ 若要对 1000 个元素排序,要求既快又稳定,则最好采用(　　)方法。

A.直接插入排序   B.归并排序

C.堆排序   D.快速排序

㉗ 若要对 1000 个元素排序,要求既快又节省存储空间,则最好采用(　　)方法。

A.直接插入排序   B.归并排序   C.堆排序   D.快速排序

㉘ 在平均情况下速度最快的排序方法为(　　)。

A.简单选择排序   B.归并排序   C.堆排序   D.快速排序

二、填空题

❶ 每次从无序子表中取出一个元素,把它插入到有序子表中的适当位置,此种排序方法叫作_____排序;每次从无序子表中挑选出一个最小或最大元素,把它交换到有序表的一端,此种排序方法叫作_____排序。

❷ 每次直接或通过支点元素间接比较两个元素,若出现逆序排列时就交换它们的位置,此种排序方法叫作_____排序;每次使两个相邻的有序表合并成一个有序表的排序方法叫作_____排序。

❸ 在简单选择排序中,记录比较次数的时间复杂度为_____,记录移动次数的时间复杂度为_____。

❹ 对 n 个记录进行冒泡排序时,最少的比较次数为_____,最少的趟数为_____。

❺ 快速排序在平均情况下的时间复杂度为_____,在最坏情况下的时间复杂度为_____。

❻ 若对一组记录(46,79,56,38,40,80,35,50,74)进行直接插入排序,当把第 8 个记录插入到前面已排序的有序表时,为寻找插入位置需比较_____次。

❼ 假定一组记录为(46,79,56,38,40,84),则利用堆排序方法建立的初始小根堆为_____。

❽ 假定一组记录为(46,79,56,38,40,84),在冒泡排序的过程中进行第一趟排序后的结果为_____。

❾ 假定一组记录为(46,79,56,64,38,40,84,43),在冒泡排序的过程中进行第一趟排序时,元素 79 将最终下沉到其后第_____个元素的位置。

❿ 假定一组记录为(46,79,56,38,40,80),对其进行快速排序的过程中,共需要_____趟排序。

⓫ 假定一组记录为(46,79,56,38,40,80),对其进行快速排序的过程中,含有两个或两个以上元素的排序区间的个数为_____个。

⓬ 假定一组记录为(46,79,56,25,76,38,40,80),对其进行快速排序的第一次划分后,右区间内元素的个数为_____。

⓭ 假定一组记录为(46,79,56,38,40,80),对其进行快速排序的第一次划分后的结果为_____。

⓮ 假定一组记录为(46,79,56,38,40,80,46,75,28,46),对其进行归并排序的过程中,第二趟归并后的子表个数为_____。

⓯ 假定一组记录为(46,79,56,38,40,80,46,75,28,46),对其进行归并排序的过程中,第三趟归并后的第 2 个子表为_____。

⓰ 假定一组记录为(46,79,56,38,40,80,46,75,28,46),对其进行归并排序的过程中,仅需要_____趟完成。

⓱ 在时间复杂度为 $O(n\log_2 n)$ 的所有排序方法中,_____排序方法是稳定的。

⓲ 在时间复杂度为 $O(n^2)$ 的所有排序方法中,_____排序方法是不稳定的。

⓳ 在所有排序方法中,_____排序方法采用的是二分法的思想。

⓴ 在所有排序方法中,_____方法使数据的组织采用的是完全二叉树的结构。

㉑ 在所有排序方法中,_____方法采用的是两两有序表合并的思想。

㉒ _____排序方法使键值大的记录逐渐下沉,使键值小的记录逐渐上浮。

㉓ _____排序方法能够每次使无序表中的第一个记录插入到有序表中。

㉔ _____排序方法能够每次从无序表中顺序查找出一个最小值。

三、应用题

❶ 已知一组记录为(46,74,53,14,26,38,86,65,27,34),给出采用直接插入排序法进行排序时每一趟的排序结果。

❷ 已知一组记录为(46,74,53,14,26,38,86,65,27,34),给出采用冒泡排序法进行排序时每一趟的排序结果。

❸ 已知一组记录为(46,74,53,14,26,38,86,65,27,34),给出采用快速排序法进行排序时每一趟的排序结果。

❹ 已知一组记录为(46,74,53,14,26,38,86,65,27,34),给出采用简单选择排序法进行排序时每一趟的排序结果。

❺ 已知一组记录为(46,74,53,14,26,38,86,65,27,34),给出采用堆排序法进行排序时每一趟的排序结果。

❻ 已知一组记录为(46,74,53,14,26,38,86,65,27,34),给出采用归并排序法进行排序时每一趟的排序结果。

四、算法设计题

❶ 编写一个双向起泡的排序算法,即相邻两趟向相反方向起泡。

❷ 试以单链表为存储结构实现简单选择排序的算法。

第 10 章

文件

和表类似,文件是大量记录的集合。习惯上称存储在主存储器(内存储器)中的记录集合为表,称存储在二级存储器(外存储器)中的记录集合为文件。数据结构中所讨论的文件主要是数据库意义上的文件,而不是操作系统意义上的文件。操作系统中研究的文件是一维的无结构连续字符序列,数据库中所研究的文件是带有结构的记录集合,每个记录可由若干个数据项构成。

本章讨论文件在存储器中的表示方法及其各种运算的实现方法。

10.1 文件的基础知识

文件是数据存储在外存储器中的数据结构。计算机在进行数据处理时,经常涉及到有关文件的操作。本节主要介绍文件的有关概念。

1.文件的定义和术语

文件(file)是性质相同的记录的集合。文件被放置在外存,文件可以将数据长久地保存在计算机的外存储器中。在本章以前介绍的结构都是存储在计算机的内存储器中,那些结构都称为表。数据存储在外存储器上的结构称为文件。数据结构中所讨论的文件主要是数据库意义上的文件,数据库中所研究的文件是带有结构的记录集合,每个记录可由若干个数据项构成。结点是表的基本单位。记录则是文件中存取的基本单位。表的结点由数据项组成,数据项是访问表的最小单位。在文件中,数据项被称为字段(Field)。记录由字段组成,字段是可以访问文件的最小单位。在记录中,其值能唯一标识一个记录的字段称为主关键字段。其他不能唯一标识一个记录的数据项则称为次关键字段。主关键字段(或次关键字段)的值称为主关键字(或次关键字)。在不易混淆时,将主关键字项简称为关键字。

见表 10.1 是一个简单的职工文件,每个职工情况是一个记录。每个记录由 7 个字段组成。其中"职工编号"作为主关键字项,它能唯一标识一个记录。而姓名、性别、职务、工资(元)字段只能作为次关键字项,因为这些字段的值对不同的记录可以是相同的。

表 10.1　　　　　　　　　　　　　职工文件示例

职工编号	姓名	性别	职务	婚姻状况	工资（元）	其他
126	张淼	女	程序员	未婚	1270	
175	李丽	女	分析员	已婚	3100	
180	赵炎	男	程序员	未婚	1500	
202	陈霞	女	程序员	未婚	2860	
221	周力群	男	分析员	已婚	4100	
231	刘菁	女	分析员	已婚	3100	

关键字文件，可以按照记录中关键字的多少，分成单关键字文件和多关键字文件。若文件中的记录只有一个唯一标识记录的主关键字，则称其为单关键字文件；若文件中的记录除了含有一个主关键字外，还含有若干个次关键字，则称其为多关键字文件。

文件又可分成定长文件和不定长文件。

定长文件是指，文件中记录含有的信息长度必须相同。不定长文件是指，文件中记录含有的信息长度可以不等。见表 10.1 的职工文件是一个定长文件。

对文件的结构也从文件的逻辑结构、存储结构以及文件的各种操作（运算）这个三方面进行研究。文件的操作是定义在逻辑结构上的，但操作的具体实现要在存储结构上进行。

2.文件的逻辑结构及操作

文件中各记录之间存在着逻辑关系。不同结构的文件中的记录间的逻辑关系可能不同。具有线性结构的文件是指，文件的各个记录按照某种次序排列起来时（这种排列的次序可以是记录中关键字的大小，也可以是各个记录存入该文件的时间先后等等），各记录之间就自然地形成了一种线性关系。在这种次序下，文件中每个记录最多只有一个后继记录和一个前驱记录，而文件的第一个记录只有后继没有前驱，文件的最后一个记录只有前驱而没有后继。

对于文件的操作主要有检索和维护两种。

（1）检索操作

检索操作是从文件中查找满足给定条件的记录，它既可以按记录的逻辑号（即记录存入文件时的顺序编号）查找，也可以按关键字查找。按检索条件的不同，可将检索分为四种查找。下面以表 10.1 的职工文件为例说明四种查找的意义。

● 简单查找：只找单个关键字等于给定值的那个记录。

例如，查找职工编号＝202 的记录，或者查找姓名＝"张淼"的记录。

● 范围查找：只找单个关键字属于某个范围内的所有记录。

例如，查找工资＞3000 的所有职工的记录。

● 函数查找：根据一个函数查找某个关键字的函数值。

例如，查询全体职工的平均工资是多少。

● 布尔查找：用布尔运算（与、或、非）组合查找条件的查找。

例如，若要找出所有工资低于 2000 的程序员以及所有工资低于 4020 的分析员，查询条件是：

（职务＝"程序员"）and（工资＜2000）or（职务＝"分析员"）and（工资＜4020）

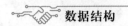

（2）维护操作

维护操作是指对文件进行记录的插入、删除及修改等更新操作。文件的维护操作还包括为了提高文件的效率所进行的文件再组织操作、文件破坏后的恢复操作以及文件中数据的安全保护等。

3.文件的实时处理和批量处理

文件的操作有实时处理和批量处理两种不同的处理方式。实时处理是指文件操作响应时间要求严格，要求在接受操作请求后几秒种内完成。而批量处理在响应时间要求上比较宽松，接受文件操作请求后不必立即进行，可以隔一段时间后处理一批操作。在文件处理时间上，不同的文件系统有不同的要求。例如，商店的刷卡系统中，顾客交费刷卡操作应当是实时处理。而银行的统计系统可以将一天的存款和提款记录在一个事务文件上，在一天的营业之后再进行批量处理。

4.文件的存储结构

文件的存储结构是指文件在外存上的组织方式。存储结构涉及数据在文件中的不同组织方式。数据的基本组织方式有四种：顺序组织，索引组织，散列组织和链组织。文件中记录的组织方式往往是这四种基本方式的结合。

选择哪一种文件组织方式，取决于对文件中记录的使用方式和频繁程度、存取要求、外存的性质和容量。磁带是顺序存取设备，磁盘是直接存取设备；磁盘可以是单片的，也可以是由若于个盘片组成的盘组。磁盘上的磁道是盘片上的同心圆。同一个盘组上，半径相同的磁道合在一起称为一个柱面。大的存储系统可以由多个磁盘组构成。

提示：磁带只适用于存储顺序文件。磁盘适用于存储顺序文件、索引文件、散列文件和多关键字文件等。

10.2　顺序文件

顺序文件具有以下特点：

● 在顺序文件中，所有逻辑记录在存储介质中的实际顺序与它们进入存储器的顺序一致。

● 顺序文件的主要优点是顺序存取速度快，适宜于顺序存取和成批处理。

● 顺序文件的缺点是不利于修改。

● 顺序文件特别适应于磁带存储器，也适应于磁盘存储。

提示：顺序文件是指按记录写入文件的先后顺序存放，其逻辑顺序和物理顺序一致的文件。顺序文件可分为顺序有序文件和顺序无序文件两种。

若顺序文件中的记录按其主关键字有序，则称此顺序文件为顺序有序文件；否则称为顺序无序文件。为了提高检索效率，常常将顺序文件组织成有序文件。本节假定顺序文件是有序的。

存储在顺序存取存储器（如磁带）上的文件，都只能是顺序文件。顺序文件只能按顺序查找法存取，即顺序读文件，按记录的主关键字逐个查找。例如，要想检索第 i 个记录，必须从第 1 个记录开始，检索前 $i-1$ 个记录后才能检索到第 i 个记录。这种查找法适合于批量检索。

存储在直接存取存储器(如磁盘)上的顺序文件可以用顺序查找法存取,也可以用分块查找法或折半查找法进行存取。

顺序文件不能按顺序表那样的方法进行插入、删除和修改。通常采用批量处理的方式来实现对顺序文件的更新,这一方式必须引入一个附加文件,把所有对顺序文件的更新请求,先都放入这个较小的事务文件中,当事务文件变得足够大时,将事务文件按主关键字排序,再按事务文件对主文件进行一次全面的更新,产生一个新的主文件。然后,清空事务文件,以便用来积累此后的更新内容。

顺序文件的主要优点是连续存取的速度较快,即若文件中第 i 个记录刚被存取过,而下一个要存取的是第 $i+1$ 个记录,则这种存取将会很快完成。若顺序文件存放在单一存储设备(如磁带)上时,这个优点总是可以保持的,但若它是存放在多路存储设备(如磁盘)上时,则在多道程序并发运行的情况下,由于别的用户可能驱使磁头移向其他柱面,就会降低这一优点。因此,顺序文件多用于磁带。

10.3 索引文件

索引文件是提高查找效率的文件组织形式。

10.3.1 索引文件的特点和术语

1.索引文件的特点

- 索引文件由索引表和主文件两部分构成。
- 索引表是指示逻辑记录和物理记录之间对应关系的表。
- 索引文件的检索方式为直接存取或按关键字存取。
- 索引文件的修改比较容易实现。
- 索引文件只能是磁盘文件。
- 主文件有序的索引文件称为索引顺序文件,主文件无序的索引文件称为索引非顺序文件。
- 索引表都是有序的,查找索引表时可以用折半查找法。

2.索引文件的术语

(1)主文件、索引表和索引项

索引文件通常是在文件本身(称为主文件)之外,另外建立一个索引表。索引指明逻辑记录和物理记录之间的一一对应关系。索引表和主文件一起构成的文件称作索引文件。

索引表中的每一项称作索引项,索引项都是由主关键字和该关键字所在记录的物理地址组成的。索引表必须按主关键字有序,而主文件本身可以按主关键字有序也可以无序。

(2)索引顺序文件和索引非顺序文件

主文件本身按主关键字有序的索引文件称为索引顺序文件(Indexed Sequentail File),主文件无序的索引文件称为索引非顺序文件(Indexed NonSequentail File)。

索引顺序文件的主文件中记录按关键字有序,可对一组记录建立索引项,这种索引表称之为"稀疏索引"。索引非顺序文件的主文件中记录是无序的,则必须为每个记录建立一个

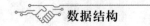

索引项,这样建立的索引表称为"稠密索引"。

10.3.2 索引文件的存储

索引文件在存储器上分为两个区:索引区和数据区,前者存放索引表,后者存放主文件。在建立文件过程中,按输入记录的先后次序建立数据区和索引表,这样的索引表其关键字是无序的,待全部记录输入完毕后再对索引表进行排序,排序后的索引表和主文件一起就形成了索引文件。例如,表 10.2 的文件是主文件,主关键字是职工编号。表 10.3 是按主关键字排序的索引表。表 10.2 和表 10.3 一起形成了一个索引文件。

表 10.2　　　　　　　　　　数据主文件

物理地址	职工编号	姓名	其他
1001	103	张苗	
1002	110	王庶	
1003	107	张冶	
1004	105	李明	
1005	106	陈莹	
1006	112	刘冰	
1007	114	李俪	
1008	109	赵哲	

表 10.3　　　　　　　　　　按主关键字排序后的索引表

索引文件的物理地址	关键字	主文件的物理地址
201	103	1001
201	105	1004
201	106	1005
202	107	1003
202	109	1008
202	110	1002
203	112	1006
203	114	1007

10.3.3 索引文件的检索与修改

1.索引文件的检索

检索分两步进行,首先将存储在外存上的索引表读入内存,查找所需记录在主文件中的物理地址,然后再将含有该记录的块读入内存。检索索引文件只需两次访问外存:一次读索引,一次读记录。并且由于索引表是有序的,所以对索引表的查找可用顺序查找或折半查找等方法。

若索引表不大,则可将索引表一次读入内存,以后检索时就不用从外存中再读索引表。

当记录数目很大时,索引表也很大,以至于一个页块容纳不下。在这种情况下查阅索引仍要多次访问外存。可以对索引表再建立一个索引,称为查找表。

2.在索引文件中插入记录

在索引文件插入记录时,将插入记录置于数据区的末尾,并在索引表中插入索引项。

3.删除索引文件中的记录

在索引文件删除记录时,要修改主关键字,同时修改索引表。

上述的多级索引是一种静态索引,各级索引均为顺序表,其结构简单,但修改很不方便,每次修改都要重组索引。当数据文件在使用过程中记录变动较多时,应采用动态索引,例如二叉排序树、B-树(或其变形),这些都是树表结构,插入、删除都很方便。又由于它们本身是层次结构,因而无须建立多级索引,而且建立索引表的过程即为排序过程。

当数据文件的记录数不很多,内存容量足以容纳整个索引表时,可采用二叉排序树作索引。当文件很大时,索引表本身也在外存,则查找索引时需多次访问外存,访问次数为查找路径上的结点数。为减少访问外存的次数,就应尽量缩减索引表的深度。对于该种情况,可以用 m 阶 B-树作为索引表。m 的选择取决于索引项的多少和缓冲区的大小。评价外存的索引表的查找性能,主要着眼于访问外存的次数,即索引表的深度。

10.4 索引顺序文件

索引非顺序文件适合于随机存取,其主文件是无序的。非顺序存取将会频繁地引起磁头移动,索引非顺序文件不适合于顺序存取。索引顺序文件的主文件是有序的,它既适合于随机存取,也适合于顺序存取。

索引非顺序文件的索引是稠密索引,而索引顺序文件的索引是稀疏索引。索引顺序文件的索引占用空间较少。索引顺序文件是最常用的一种文件组织。两种最常用的索引顺序文件是 ISAM 文件和 VSAM 文件。

10.4.1　ISAM 文件

ISAM(Indexed Sequential Access Methed)是索引顺序存取方法。它是一种专为磁盘存取设计的文件组织方式,采用静态索引结构。

1.ISAM 文件的特点

● ISAM 是索引顺序存取方法,该方法专为磁盘存取设计。

● ISAM 文件是属于索引顺序文件的组织方式。

● ISAM 文件由多级主索引、柱面索引、磁道索引和主文件组成。

2.ISAM 文件的组织结构

磁盘是以盘面、柱面和磁道三级地址存取的设备,可对磁盘上的数据文件建立盘组、柱面和磁道多级索引。下面介绍在同一个盘组上建立的 ISAM 文件的方法。

ISAM 文件由多级主索引、柱面索引、磁道索引和主文件组成。文件的记录在同一盘组上存放时,应先集中放在一个柱面上,然后再顺序存放在相邻的柱面上。对同一柱面,则应按盘面的次序顺序存放。

主索引是柱面索引的索引。若文件占用的柱面索引很大,一级主索引也可采用多级主索引。若柱面索引较小时,主索引可省略。主索引和柱面索引放在同一个柱面(0 号柱面)

上。主索引放在该柱面最前的一个磁道上,其后的磁道中存放柱面索引。每个存放主文件的柱面都建立有一个磁道索引,放在该柱面的最前面的磁道上。其后的若干个磁道是存放主文件记录的基本区,该柱面最后的若干个磁道是溢出区。基本区中的记录是按主关键字大小顺序存储的,溢出区被整个柱面上的基本区中各磁道共享。当基本区中某磁道溢出时,就将该磁道的溢出记录,按主关键字大小链成一个链表(以下简称溢出链表)放入溢出区。磁道索引中的每一个索引项,都由两个子索引项组成:基本索引和溢出索引项。

3.ISAM 文件的检索

提示:在 ISAM 文件上检索记录的步骤如下:

(1)从主索引出发,找到相应的柱面索引;

(2)从柱面索引找到记录所在柱面的磁道索引;

(3)从磁道索引找到记录所在磁道的起始地址,由此出发在该磁道上进行顺序查找,直到找到为止。

若找遍该磁道均不存在此记录,则表明该文件中无此记录;若被查找的记录在溢出区,则可从磁道索引项的溢出索引项中得到溢出链表的头指针,然后对该表进行顺序查找。

为了提高检索效率,通常可让主索引常驻内存,并将柱面索引放在数据文件所占空间居中位置的柱面上,这样,从柱面索引查找到磁道索引时,磁头移动距离的平均值最小。

4.在 ISAM 文件中插入记录

当插入新记录时,首先找到它应插入的磁道。若该磁道不满,则将新记录插入该磁道的适当位置上即可;若该磁道已满,则新记录直接插入到该磁道的溢出链表上。插入后,可能要修改磁道索引中的基本索引项和溢出索引项。

5.删除 ISAM 文件中的记录

删除 ISAM 文件中记录时,先找到待删除的记录,在其存储位置上作删除标记,不需要移动记录或改变指针。在经过多次的增删后,再整理 ISAM 文件。ISAM 文件需要周期性地进行整理。把记录读入内存重新排列,复制成一个新的 ISAM 文件,填满基本区而空出溢出区。

10.4.2 VSAM 文件

VSAM(Virtual Storage Access Method)是虚拟存储存取方法。它是一种索引顺序文件的组织方式,采用 B+树作为动态索引结构。

1.VSAM 文件的特点

● VSAM 是虚拟存储存取方法,该方法为磁盘存取设计。

● VSAM 文件是属于索引顺序文件的组织方式。

● VSAM 文件采用动态索引结构。

2.介绍 B+树

B+树是一种常用于文件组织的 B-树的变型树。一棵 m 阶的 B+树和 m 阶的 B-树的差异是:①有 k 个孩子的结点必有 k 个关键字;②所有的叶结点,包含了全部关键字的信息及指向相应的记录的指针,且叶子结点本身依照关键字的大小,自小到大顺序链接;③上面各层结点中的关键字,均是下一层相应结点中尽最大关键字的复写(当然也可采用"最小关键字复写"的原则),因此,所有非叶结点可看作是索引部分。

例如,如图 10.1 所示是一棵 3 阶的 B+树。通常在 B+树上有两个头指针 root 和 sqt,

前者指向根结点,后者指向关键字最小的叶子结点。

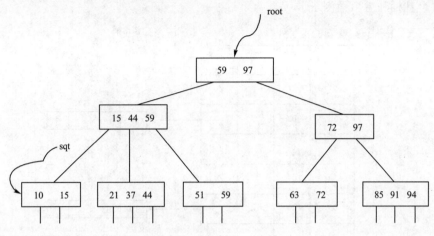

图 10.1 3 阶 B+树

3.VSAM 文件的查找、插入与删除

对 B+树进行查找有两种运算,一种是从最小关键字起进行顺序查找;另一种是从根结点开始进行随机查找。

对 B+树进行随机查找、插入和删除的过程与 B-树类似。只是在查找到非叶结点上的关键字等于给定值,并不终止,而是继续向下查找,直到叶子结点。在 B+树中,不管查找成功与否,每次查找都是走了一条从根到叶子结点的路径。在 B+树中,每个叶子结点对应一个记录,它适宜于稠密索引。

在 VSAM 文件中删除记录时,需将同一控制区间中比删除记录关键字大的记录向前移动,把空间留给以后插入的新记录。若整个控制区间变空,则回收作空闲区间用,且需删除顺序集中相应的索引项。

10.5 散列文件

散列文件是利用散列存储方式组织的文件,亦称直接存取文件。

散列文件的特点如下:

- 散列文件是使用散列技术组织成的文件。
- 散列文件中的记录通常是成组存放的,存放一组的存储单位称为桶。
- 散列文件是随机存放的,查找、存取和删除方便。

10.5.1 散列文件的存储

散列文件的存储类似于散列表,根据文件中关键字的特点,设计一个散列函数和处理冲突的方法,将记录散列到外存储设备上。

在散列文件中,磁盘上的文件记录成组存放,将若干个记录组成一个存储单位,这个存储单位叫作桶(Bucket)。假如一个桶能存放 n 个记录,当桶中已有 n 个同义词的记录时,存放第 $n+1$ 个同义词会发生"溢出"。处理溢出主要采用拉链法。

当发生"溢出"时,将第 $n+1$ 个同义词存放到另一个桶中,称此桶为"溢出桶"。称前 n

个同义词存放的桶为"基桶"。溢出桶和基桶大小相同。相互之间用指针相链接。如图 10.2 所示是一个基桶和溢出桶例子。

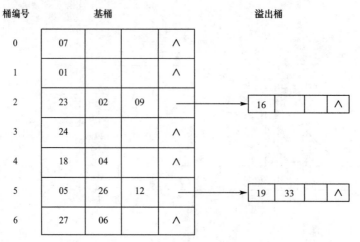

图 10.2　基桶和溢出桶

10.5.2　散列文件的查找

当在基桶中没有找到待查记录时,就沿着指针到所指溢出桶中进行查找。同一散列地址的溢出桶和基桶,在磁盘上的物理位置不要相距太远。

对散列文件进行查找时,首先根据给定的关键字的值求出散列桶地址,将基桶的记录读入内存,进行顺序查找,若找到关键字等于给定值的记录,则检索成功;否则,读入溢出桶的记录继续进行查找。

10.5.3　散列文件的删除操作

删除散列文件中的一个记录,是对被删记录作删除标记。阶段性地重新组织文件。散列文件的优点是文件随机存放,记录不需进行排序,插入、删除操作方便,存取速度快,不需要索引,节省存储空间。其缺点是不能进行顺序存取,只能按关键字随机存取,不能进行复合询问,在经过多次插入、删除后,造成文件结构不合理,需要重新组织文件。

10.6　多关键字文件

除了对主关键字建立索引外,对次关键字也建立相应索引的文件称为多关键字文件。次关键字索引本身可以是顺序表,也可以是树表。

提示:多关键字文件有以下特点。

①多关键字文件不仅对主关键字索引,还对其余的次关键字进行索引。

②多重表文件是对数据文件中的主关键字和次关键字分别建立索引,索引是用指针构成链表。

③倒排文件也是对数据文件中的主关键字和次关键字分别建立索引,但索引是用倒排表。同一类关键字用一个倒排表,一个倒排表中按关键字标出有序的记录号。

10.6.1 多重表文件的概念

多重表文件的主文件是一个顺序文件,每个需要查询的次关键字建立一个索引,并将具有相同次关键字的记录链接成一个链表,将此链表的头指针、链表长度及次关键字作为索引表的一个索引项。

见表 10.4 是一个多重表文件的示例。在这个多重表文件中,主关键字是职工号,职务和工资级别也是要进行查找的次关键字。在主文件中为关键字"职务"设立了链接字段,该字段将相同职务的记录链在一起。在主文件中为关键字"工资级别"设立了链接字段,该字段将相同的工资级别记录链在一起。

见表 10.5 是职务索引,见表 10.6 是工资级别索引。有了这些索引,便易于处理各种有关次关键字的查询。例如,要查询所有软件人员,则只需在职务索引中先找到次关键字"软件人员"的索引项,然后从它的头指针出发,列出该链表上所有的记录即可。若要查询工资级别为 11 的所有硬件人员,则既可以从职务索引的"硬件人员"的头指针出发,也可以从工资级别索引的"11"的头指针出发,读出链表上的每个记录,判定它是否满足查询条件。

表 10.4 多重表的主文件

物理地址	职工号	姓名	职务	工资级别	职务链	工资链
101	03	丁丽	硬件人员	12	110	∧
102	10	王明	硬件人员	11	107	106
103	07	张华	软件人员	13	108	107
104	05	李征	打字人员	14	105	110
105	06	刘建	打字人员	13	∧	103
106	12	赵伟	软件人员	11	∧	∧
107	14	陈辰	硬件人员	13	∧	∧
108	09	马越	软件人员	10	106	∧
109	01	郑忠	打字人员	14	104	104
110	11	林业	硬件人员	14	102	∧

表 10.5 职务索引

次关键字	第一人的头指针	人数
硬件人员	101	4
软件人员	103	3
打字人员	109	3

表 10.6 工资级别索引

次关键字	第一人的头指针	人数
10	108	1
11	102	2
12	101	1
13	105	3
14	109	3

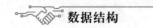

10.6.2　倒排文件

倒排文件是多关键字文件的一种,它和多重表文件的次关键字索引的结构不同。

1.倒排文件的概念

倒排文件中的次关键字索引称作倒排表。相同次关键字的不同记录之间不进行链接,而是在倒排表中列出具有该相同次关键字记录的各存储地址。主文件和倒排表一起就构成倒排文件。例如,对表10.4的主文件,表10.7是建立的职务倒排表,表10.8是建立的工资级别倒排表。

表 10.7　　　　　　　　　　　　　**职务倒排表**

次关键字	物理地址
硬件人员	101,102,110
软件人员	103,106,108
打字人员	104,105,109

表 10.8　　　　　　　　　　　　**工资级别倒排表**

次关键字	物理地址
10	108
11	102,106
12	101
13	103,105,107
14	104,109,110

2.倒排表的查找

在一般的文件组织中,是先找到记录,然后再找该记录所含的各个次关键字。而倒排文件中,是先给定次关键字,然后查找含有该次关键字的各个记录。对倒排文件的查找次序正好与一般文件的查找次序相反,因此称之为"倒排"文件。

对倒排文件还可以进行多关键字的组合查询。进行多关键字的组合查询时,可以对倒排表先进行查询的交、并等逻辑运算,得到结果后再对记录进行存取,而不必对每个记录随机存取。这种查询是把对记录的查询转换为地址集合查询,从而提高查找速度。在插入和删除记录时,也要修改倒排表。

10.7　本章小结

文件是大量性质相同的记录组成的集合,文件存储在外存储器中,如磁盘和磁带等。记录是文件可存取的基本数据单位,它由若干数据项组成。

在数据结构中,文件的基本运算主要有检索和修改两大类。检索按记录的逻辑号、关键字值或属性查找某个记录。修改包含对记录的插入、删除及对记录某些数据项的更新。

文件在存储介质上的组织方式分为顺序组织、索引组织、散列组织和链组织4种。常用的文件类型有顺序文件、索引文件、散列文件和多关键字文件。

如何有效地实现文件结构是本章的重点,这种实现的关键在于文件的存储结构,即文件在外存中的组织方法。而组织方法的优劣决定了实现运算效率的高低。

本章简要介绍了文件的基本概念、文件在外存储器中的组织方式和操作方法,着重介绍了常用的 5 种文件:顺序文件、索引文件、索引顺序文件(IsAm 和 VSAM)、散列文件、多关键字文件(多重表文件和倒排文件)的组织方法和操作实现。每一种方法都包括三个方面的内容:构造方法、在这类文件上实现查询和修改运算的方法,以及各种类型文件的优点、缺点和适用范围。

1.本章的复习要求

(1)熟悉常用的几种文件在存储介质上的特点和组织方法。

(2)熟练掌握常用文件的主要操作,即如何实现查询、插入、删除和更新基本运算。

(3)了解各种类型文件的优点、缺点及其适用范围。

(4)了解和比较文件中基本运算的实现方法与内存中数据的实现方法的不同。

2.本章的重点和难点

本章的难点是索引顺序文件(ISAM 和 VSAM)的组织方法。

///////////////////// 习题10 /////////////////////

一、选择题

❶ 散列文件使用散列函数将记录的关键字值计算转化为记录的存放地址,因为散列函数是一对一的关系,则选择好的(   )方法是散列文件的关键。

A.散列函数   B.除余法中的质数

C.冲突处理   D.散列函数和冲突处理

❷ 顺序文件采用顺序结构实现文件的存储,对大型的顺序文件的少量修改,要求重新复制整个文件,代价很高,采用(   )的方法可降低所需的代价。

A.附加文件   B.按关键字大小排序

C.按记录输入先后排序   D.连续排序

❸ 用 ISAM 组织文件适合于(   )。

A.磁带   B.磁盘

❹ 下述文件中适合于磁带存储的是(   )。

A.顺序文件 B.索引文件   C.散列文件   D.多关键字文件

❺ 用 ISAM 和 VSAM 组织文件属于(   )。

A.顺序文件 B.索引文件   C.散列文件

❻ SAM 文件和 VASM 文件属于(   )。

A.索引非顺序文件 B.索引顺序文件 C.顺序文件   D.散列文件

❼ B+树应用在(   )文件系统中。

A.ISAM   B.VSAM

二、判断题

❶ 文件是记录的集合,每个记录由一个或多个数据项组成,因而一个文件可看作由多个记录组成的数据结构。   (   )

❷ 倒排文件是对次关键字建立索引。   (   )

❸ 倒排序文件的优点是维护简单。   (   )

④ 倒排文件与多重表文件的次关键字索引结构是不同的。 （　）

⑤ Hash 表与 Hash 文件的唯一区别是 Hash 文件引入了'桶'的概念。 （　）

⑥ 文件系统采用索引结构是为了节省存储空间。 （　）

⑦ 对处理大量数据的外存介质而言,索引顺序存取方法是一种方便的文件组织方法。

（　）

⑧ 对磁带机而言,ISAM 是一种方便的稳健组织方法。 （　）

⑨ 直接访问文件也能顺序访问,只是一般效率不高。 （　）

⑩ 存放在磁盘,磁带上的文件,即可以是顺序文件,也可以是索引结构或其他结构类型的文件。 （　）

⑪ 检索出文件中的关键码值落在某个连续的范围内的全部记录,这种操作称为范围检索。对经常需要做范围检索的文件进行组织,采用散列法优于顺序检索法。 （　）

三、填空题

① 文件可按其记录的类型不同而分成两类,即_____和_____文件。

② 数据库文件按记录中关键字的多少可分成_____和_____两种文件。

③ 从用户的观点看,文件的逻辑结构通常可以区分为两类:一类是如 dBASE 中数据库文件那样的文件组织结构,称为_____文件;另一种是诸如用各种文字处理软件编辑成的文本文件,称为_____文件。从文件在存储器上的存放方式来看,文件的物理结构往往可区分为三类,即_____,_____和_____。B+树适用于组织_____的索引结构,m阶 B+树每个结点至多有_____个儿子,除根结点外每个结点至少有_____个儿子,根结点至少有_____个儿子,有 k 个儿子的结点必有_____个关键码。

④ 文件由_____组成;记录由_____组成。

⑤ 物理记录之间的次序由指针相链表示的顺序文件称为_____。

⑥ 顺序文件中,要存取第 I 个记录,必须先存取_____个记录。

⑦ 索引顺序文件既可以顺序存取,也可以_____存取。

⑧ 建立索引文件的目的是_____。

⑨ 索引顺序文件是最常用的文件组织之一,通常用_____结构来组织索引。

⑩ 倒排序文件的主要优点在于_____。

⑪ 检索是为了在文件中寻找满足一定条件的记录而设置的操作。检索可以按_____检索,也可以按_____检索;按_____检索又可以有_____检索和_____检索。

⑫ 散列检索技术的关键是_____和_____。

⑬ VSAM 系统是由_____、_____、_____构成的。

⑭ VSAM(虚拟存储存取方法)文件的优点是:动态地_____,不需要文件进行_____,并能较快地_____进行查找。

四、简答题

① 什么是文件?

② 文件存储结构的基本形式有哪些? 一个文件采用何种存储结构应考虑哪些因素?

③ 什么是索引文件?

④ 什么是索引顺序文件?

⑤ 索引顺序存取方法(ISAM)中,主文件已按关键字排序,为何还需要主关键字索引?

❻ 分析 ISAM 文件（INDEXED SEQUENTIAL ACCESS METHORD）和 VSAM 文件（VIRTUAL STORAGEACCESS METHORD）的应用场合、优缺点等。

❼ 一个 ISAM 文件除了主索引外,还包括哪两级索引?

❽ 倒排文件【山东工业大学 1998 一、1—3(2 分)】

❾ 为什么在倒排文件(inverted files)组织中,实际记录中的关键字域(key fields)可删除以节约空间? 而在多表(multilists)结构中这样做为什么要牺牲性能?

❿ 简单比较文件的多重表和倒排表组织方式各自特点。

⓫ 组织待检索文件的倒排表的优点是什么?

⓬ 为什么文件的倒排表比多重表组织方式节省空间?

⓭ 试比较顺序文件,索引非顺序文件,索引顺序文件,散列文件的存储代价,检索,插入,删除记录时的优点和缺点。

⓮ 已知两个各包含 N 和 M 个记录的排好序的文件能在 $O(N+M)$ 时间内合并为一个包含 $N+M$ 个记录的排好序的文件。当有多于两个排好序的文件要被合并在一起时,只需重复成对地合并便可完成。合并的步骤不同,所需花费的记录移动次数也不同。现有文件 F1,F2,F3,F4,F5,各有记录数为 20,30,10,5 和 30,试找出记录移动次数最少的合并步骤。

⓯ 已知职工文件中包括职工号、职工姓名、职务和职称 4 个数据项(表 10.9)。职务有校长、系主任、室主任和教员;校长领导所有系主任,系主任领导他所在系的所有室主任,室主任领导他所在室的全体教员;职称有教授、副教授和讲师 3 种。请在职工文件的数据结构中设置若干指针和索引,以满足下列两种查找的需要:

(1)能够检索出全体职工间领导与被领导的情况;

(2)能够分别检索出全体教授、全体副教授、全体讲师。

要求指针数量尽可能少,给出各指针项索引的名称及含义即可。

表 10.9　　　　　　　　　　　　　　职工文件表

职工号	职工姓名	职务	职称
001	张军	教员	讲师
002	沈灵	系主任	教授
003	叶明	校长	教授
004	张莲	室主任	副教授
005	叶宏	系主任	教授
006	周芳	教员	教授
007	刘光	系主任	教授
008	黄兵	教员	讲师
009	李民	室主任	教授
010	赵松	教员	副教授
…	…	…	…

参考文献

[1]严蔚敏等.数据结构[M].北京:清华大学出版社,1997.4

[2]殷人昆.数据结构[M].北京:清华大学出版社,2001.3

[3]范策等.算法与数据结构[M].北京:机械工业出版社,2004.

[4]胡学刚.数据结构算法设计指导[M].北京:清华大学出版社,1999.2

[5]黄水松等.数据结构与算法习题解析[M].北京:电子工业出版社,1996.8

[6]蒋盛益等.《数据结构》学习指导与训练[M].北京:中国水利水电出版社,2003.8

[7]前沿考试研究室.计算机专业研究生入学考试全真题解－－－－数据结构与程序设计分册[M].北京:人民邮电出版社,2003.6

[8]何军等.数据结构500题[M].北京:人民邮电出版社,2003.4

[9]何军等.数据结构课程辅导与习题解析[M].北京:人民邮电出版社,2003.3

[10]徐孝凯.数据结构辅导与提高[M].北京:清华大学出版社,2003.12

[11]薛晓燕等.数据结构习题集与解题指导[M].北京:科学技术文献出版社,1995.7